FORSCHUNGSBERICHT DES LANDES NORDRHEIN-WESTFALEN

Nr. 3082 / Fachgruppe Wirtschafts- und Sozialwissenschaften

Herausgegeben vom Minister für Wissenschaft und Forschung

Alfred Pfaller, Ph. D.

Forschungsinstitut der
Friedrich-Ebert-Stiftung
Bonn-Bad Godesberg

Industrieexporte aus Entwicklungsländern im weltwirtschaftlichen Interessenkonflikt

Westdeutscher Verlag 1981

CIP-Kurztitelaufnahme der Deutschen Bibliothek

Pfaller, Alfred:
Industrieexporte aus Entwicklungsländern im weltwirtschaftlichen Interessenkonflikt / Alfred Pfaller. - Opladen : Westdeutscher Verlag, 1981.
(Forschungsberichte des Landes Nordrhein-Westfalen ; Nr. 3082 : Fachgruppe Wirtschafts- u. Sozialwiss.)
ISBN-13: 978-3-531-03082-1 e-ISBN-13: 978-3-322-87571-6
DOI: 10.1007/978-3-322-87571-6

NE: Nordrhein-Westfalen: Forschungsberichte des Landes ...

Herstellung: Westdeutscher Verlag GmbH

ISBN-13: 978-3-531-03082-1

Inhalt

Verzeichnis der Tabellen

Verzeichnis der Abbildungen

Vorbemerkungen

Als nach dem zweiten Weltkrieg der Welthandel zu seiner gewaltigen, fast drei Jahrzehnte währenden Expansion ansetzte, waren die Rollen zwischen den verschiedenen Weltregionen relativ klar verteilt. Einige wenige Länder in Europa und im angelsächsischen Siedlungsbereich außerhalb Europas tauschten untereinander Waren aller Arten, insbesondere aber industriell gefertigte Produkte aus. Vom Rest der Welt bezogen sie fast ausschließlich Rohstoffe und landwirtschaftliche Erzeugnisse. Der Export industrieller Erzeugnisse war ihre unbestrittene Domäne. In einer bemerkenswerten ökonomischen Gewaltanstrengung schloß sich den westlichen Industrieländern bald Japan an, erkämpfte sich durch preisliche Unterbietung zunächst Anteile an einigen Gütermärkten und rückte in kürzester Zeit in die Spitzengruppe der industriellen Exportländer auf. Gegen Mitte des Expansionszeitraumes des Welthandels, also zu Beginn der 60er Jahre, begann sich die Situation auf den Weltmärkten abermals zu verschieben. Länder und Territorien, in denen es gegen Ende des Krieges kaum eine nennenswerte Industrieproduktion gab, die allenfalls als Exporteure von Primärgütern und vielleicht geringer Mengen handwerklicher Erzeugnisse aufgetreten waren, fingen an, industriell gefertigte Waren auszuführen - und erhebliche Unruhe in den etablierten Industrieländern auszulösen.

Heute sind die Exporte der neu industrialisierenden Länder zu einem politisch sensiblen Härtetest für die Freiheit des internationalen Güteraustausches geworden. Die hochentwickelten Länder, die ihre Ein- und Ausfuhren nach dem Krieg vervielfachten, haben ernste Schwierigkeiten mit der neu heranwachsenden, aber insgesamt noch sehr bescheidenen Konkurrenz bekommen. Auf der anderen Seite verknüpfen die neuen Exportländer mit ihren industriellen Ausfuhren die Hoffnung, die nationale Wirtschaftsentwicklung abzusichern und voranzutreiben. Für sie ist das weitere Vordringen auf den Weltmärkten vielfach zu einem nationalen Anliegen geworden.

Der Wandel in den internationalen Wettbewersbverhältnissen und der davon ausgehende Veränderungsdruck auf die Austauschstrukturen haben in den Industrieländern die längst entschieden geglaubte Frage nach der Vorteilhaftigkeit offener Importmärkte wieder aufleben lassen. Während sich die herkömmliche liberale Sichtweise offiziell fast durchwegs behauptet, hat in der wirtschaftspolitischen Arena längst ein Kampf um Positionen im Welthandel begonnen. Die sich herausschälende Neuaufteilung der industriellen Produktion zwischen den einzelnen Ländergruppen (gemeinhin als "Neue Internationale Arbeitsteilung" bezeichnet) wird keineswegs so hingenommen, wie es die handelspolitische Orthodoxie vorschreibt. Verschiedene Seiten versuchen, auf die Entwicklung in ihrem Interesse Einfluß zu nehmen, ohne daß allerdings ganz klar wäre, was im jeweiligen Interesse wünschenswert ist.

Die vorliegende Studie sucht unter einer wirtschaftspolitischen Perspektive die Konsequenzen zu erfassen, die sich aus dem Vordringen von Produkten aus neu industrialisierenden Ländern auf den Weltmärkten ergeben. Wirtschaftspolitische Perspektive heißt dabei, daß es sich nicht nur um ökonomische Entwicklungen im Sinne von "naturhaft" stattfindenden Prozessen handelt, sondern immer auch um Interessen und um zielgerichtete politische Einflußnahme. Die Untersuchung kreist um zwei Fragen:

1. Wie werden unterschiedliche Interessen vom Wandel in der internationalen Arbeitsteilung betroffen?
2. Welche politischen Konsequenzen ergeben sich daraus?

Die letztere Frage wird sowohl unter dem Blickwinkel des Beobachters (was tun die politischen Akteure?) als auch unter dem des beratenden Teilnehmers gestellt, (was kann getan werden, um bestimmte Ziele zu erreichen?). Vor der Untersuchung der Interessenkonstellationen wird die Entwicklung der Industriegüterexporte aus neu industrialisierenden Ländern überblicksmäßig dargestellt. Außerdem werden die ökonomischen Grundlagen des Wandels in den internationalen Wettbewerbsverhältnissen analysiert.

Aus der Fragestellung ergibt sich, daß es der Studie weder um die Bereitstellung neuer empirischer Evidenz geht noch um außenwirtschaftliche Theoriebildung im Sinne der ökonomischen Wissenschaftsdisziplin.

Vielmehr geht es ihr darum, die verschiedenen Dimensionen der "Neuen Internationalen Arbeitsteilung" soweit zu erkunden und miteinander in Beziehung zu setzen, daß ein politisch relevantes "Gesamtverständnis" (im Unterschied zu einem für Theoriebildung benötigten Partialverständnis) dieses Realitätskomplexes möglich wird. Empirische Erkenntnisse und theoretische Aussagen müssen zu diesem Zweck auf ihre Bedeutung für den zu untersuchenden Zusammenhang hinterfragt und entsprechend eingeordnet bzw. auch beiseite gelassen werden.

Die im Hinblick auf das Untersuchungsziel angebrachte pragmatische Einstellung zu außenwirtschaftlichen Partialtheorien gilt auch in Bezug auf die Verwendung einiger zentraler Vokabeln. Am Ausgangspunkt des Interesses steht das Phänomen, daß die internationalen Warenströme seit etwa 25 Jahren eine ganz bestimmte Richtungsänderung aufweisen. Wir bezeichnen diesen Veränderungsvorgang als geographische Produktionsumschichtung oder als Wandel in der internationalen Arbeitsteilung, ohne dabei immer eine Aussage darüber implizieren zu wollen, wieweit "Nationen" an der Produktion, an der Ausfuhr und am Erlös beteiligt sind. Wie sich herausstellen wird, ist es nämlich durchaus zweifelhaft, ob die Substitution inländischer durch eingeführte Produkte stets eine erweiterte "Arbeitsteilung" im strikten Sinne des Wortes bedeutet.

Die spezifischen Warenströme, die uns interessieren, umfassen industriell oder handwerklich verarbeitete Produkte, wie sie in etwa den Kategorien 5 bis 8 (ohne 68) der internationalen Handelsstatistik entsprechen. Sie werden synonym als Industriegüter, als Fertigwaren oder auch als Halb- und Fertigwaren bezeichnet. Streng genommen gehören zu dieser Gütergruppe auch industriell weiterverarbeitete Nahrungs- und Genußmittel wie z.B. Zucker, Konserven aller Art, alkoholische Getränke oder Zigaretten. Bei der quantitativen Erfassung des Phänomens in Kapitel I werden sie jedoch aufgrund nur schwer zu bewältigender statistischer Probleme außer acht gelassen.

Die geographischen Regionen, deren Fertigwarenexporte unseren Untersuchungsgegenstand bilden, umfassen jene Länder und abhängigen Gebiete, die bis zum Zweiten Weltkrieg über keine nennenswerte Industrieproduktion verfügten und die als Exporteure derartiger Güter erst in der Nachkriegszeit in Erscheinung traten. Wir nennen sie die "neu industrialisierenden Länder", wobei wir uns nicht auf die engere und analytisch wenig tragfähige Länderauswahl beschränken wollen, die seit neuem mit diesem Terminus. besonders in seiner, "NICs" abgekürzten, englischen Fassung bezeichnet wird. Synonym dazu werden die Worte Entwicklungsländer, unterentwickelte Länder und Dritte Welt verwendet, wobei wir uns wiederum aus jeder begrifflichen Diskussion um Entwicklung und Unterentwicklung von vornherein ausklammern wollen. In die solchermaßen benannte Kategorie von Ländern schließen wir die nördlichen Mittelmeeranrainer (mit Ausnahme von Frankreich und Italien) und Israel ebenso ein wie die "neu industrialisierenden" Staatshandelsländer Rumänien, Bulgarien und China (um nur die für unsere Problematik relevanten zu nennen). Ihnen stehen gegenüber die sogenannten Industrieländer, die wir bisweilen auch als "alte Industrieländer" bezeichnen werden.

I. Die Entwicklung der Industriegüterausfuhren aus neu industrialisierenden Ländern

In den Ländern, die im 19. und zu Beginn des 2o. Jahrhunderts die technologisch-industrielle Entwicklung Europas und Nordamerikas nicht mitgemacht hatten, waren die im zweiten Drittel dieses Jahrhunderts einsetzenden oder neu aktivierten Industrialisierungsbemühungen ganz überwiegend auf die Versorgung der jeweiligen Binnenmärkte ausgerichtet. Dennoch weist die internationale Handelsstatistik seit Ende des Zweiten Weltkrieges immer auch Exporte industriell gefertigter Güter aus dem Kreis dieser Länder aus. Sie kamen aus Ländern bzw. abhängigen Territorien (wie z.B. Hongkong und Singapur), die von Anfang an auch für den Auslandsmarkt produzierten, aber auch aus solchen (wie z.B. Indien, Pakistan und Spanien), deren Industrie zu jener Zeit noch in erster Linie den heimischen Markt im Auge hatte. [1)] Mit der im Zuge der Nachkriegsliberalisierung einsetzenden Expansion des Welthandels nahmen dann auch die Fertigwarenexporte aus neu industrialisierenden Ländern rasch zu.

Für 1963 sind die Industrieexporte der gesamten Welt statistisch mit 66,5 Mrd. US $ ausgewiesen. Davon kamen 4 Mrd. (ca. 6 %) aus neu industrialisierenden Ländern. [2)] 64 % aller exportierten Fertigwaren gingen in die Industrieländer. Das entspricht einem Wert von 42,6 Mrd. US $, einer Summe, an der neu industrialisierende Exportländer mit knapp 2 Mrd. US $ (4,6 %) beteiligt waren. Die alten Industrieländer nahmen also knapp die Hälfte der Fertigwarenexporte der neu industrialisierenden Länder auf.

In den folgenden 15 Jahren wuchsen die Industriegüterexporte der Welt jährlich real um ungefähr 9 %, die der neu industrialisierenden Länder jedoch um jährlich über 12 %. [3)] Ihr Anteil erhöhte sich dadurch bis zum Jahre 1977 auf 11 %, wobei allerdings die im Jahre

---

1) Siehe zu den frühen Industrialisierungsphasen dieser Länder die Serie von Fallstudien des Kieler Instituts für Weltwirtschaft und ihre Zusammenfassung in Donges/Müller-Ohlsen 1978: S. 9 ff.

2) Die Daten stammen aus dem Weltentwicklungsbericht 198o der Weltbank (S. 166 f.)

3) Berechnung nach Daten aus Weltbank 198o: S. 131

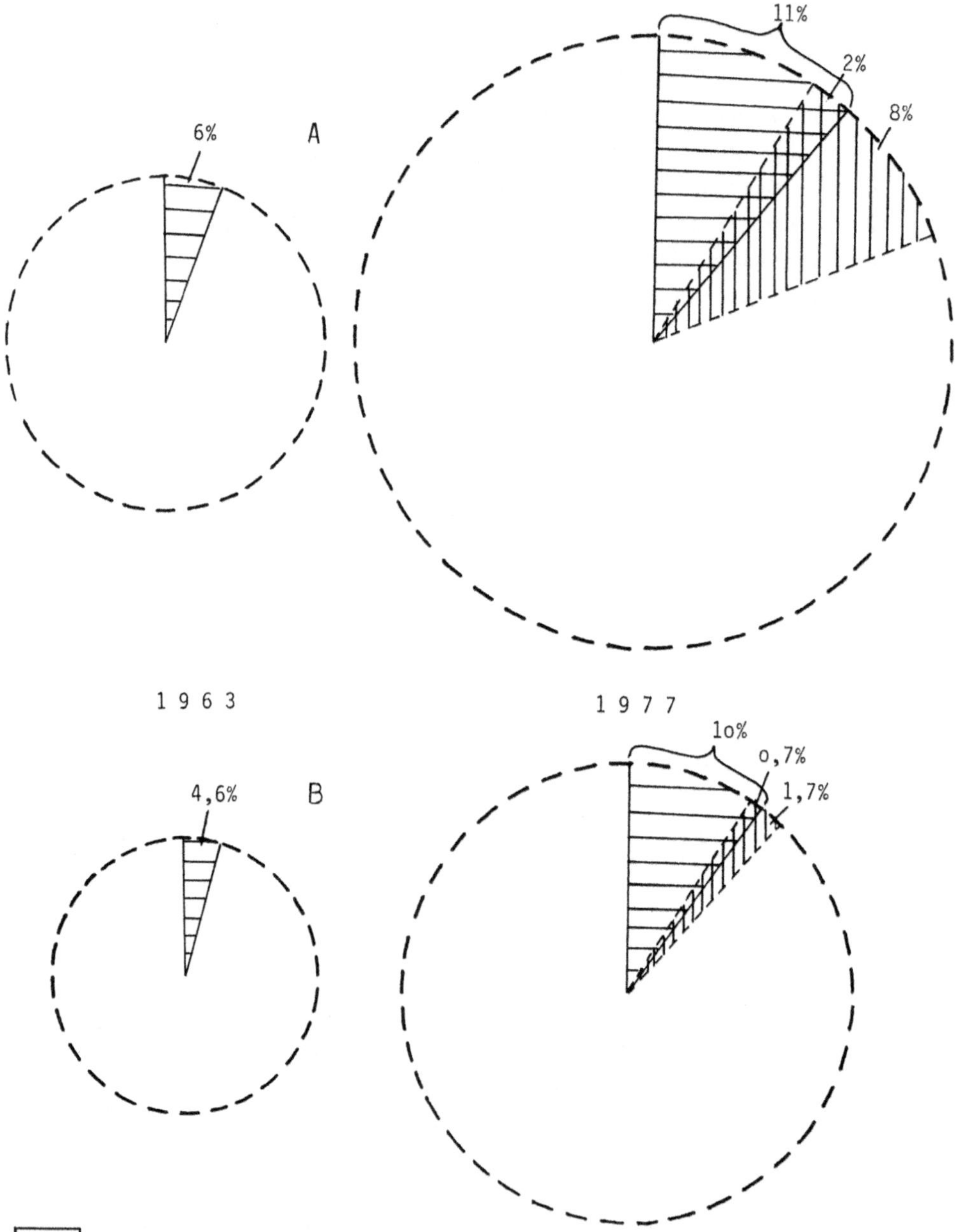

Exporte aus neu industrialisierenden Ländern

Exporte aus Staatshandelsländern

Exporte aus neu industrialisierenden Ländern des Staatshandelsbereiches

Datenquelle: Weltbank: Weltentwicklungsbericht 198o

Abb. 1: Entwicklung der Weltausfuhren von Industrieprodukten (A) und der Industriegütereinfuhren der westl. Industrieländer (B)

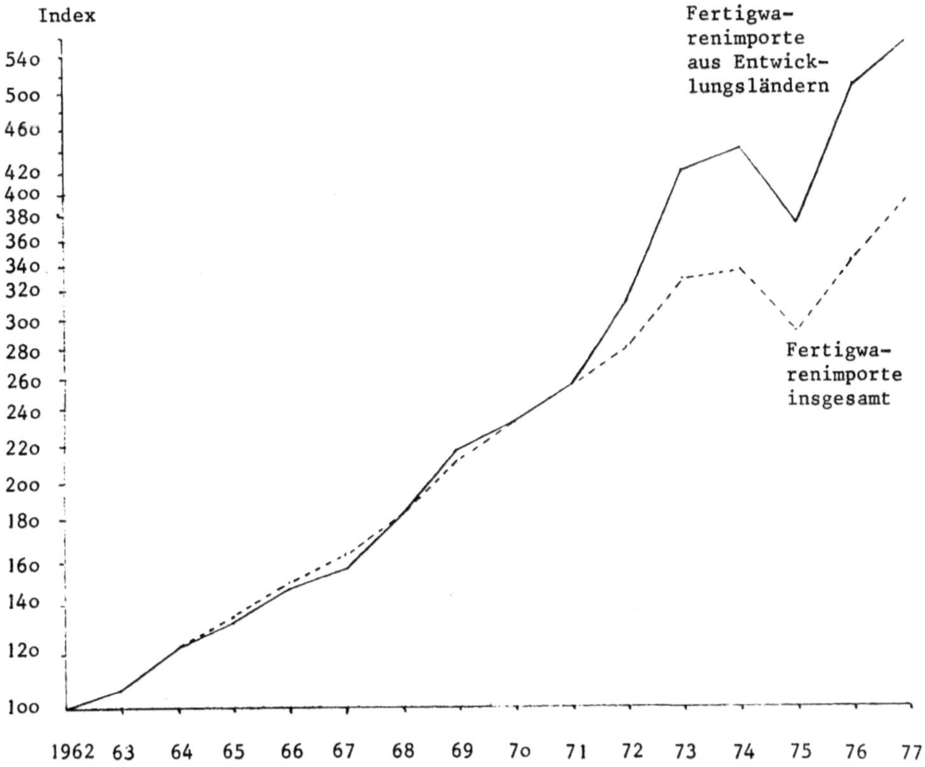

Quelle: UNCTAD 1978a: S. 4

Abb. 2: Entwicklung der Fertigwarenimporte der westlichen Industrieländer von 1962 bis 1977 insgesamt sowie aus nichteuropäischen Entwicklungsländern

1963 statistisch noch nicht ausgewiesenen Entwicklungsländer des Staatshandelsblocks mit erfaßt sind. Die alten Industrieländer bildeten noch immer den größten Markt für Industrieexporte, von denen sie 59 % absorbierten. Der Anteil der neu industrialisierenden Länder an diesem Markt war inzwischen auf 1o % (38,6 Mrd. - gegenüber 1963 stark entwertete - US $) gestiegen. Die Abbildung Nr. 1 veranschaulicht die dargestellte Entwicklung.

Das Wachstum der aus Entwicklungsländern stammenden Fertigwareneinfuhren der Industrieländer wird in seinem Verlauf noch einmal in der Abbildung Nr. 2 verdeutlicht. Es zeigt sich, daß dieses Wachstum erst in den 7o-er Jahren überdurchschnittlich wurde.

Zählt man, wie viele internationale Statistiken, die südeuropäischen Länder geschlossen zur Kategorie der "Industrieländer" und schließt außerdem die osteuropäischen Länder aus der Entwicklungsländerkategorie aus, weisen die Entwicklungsländeranteile an den Weltindustrieexporten zwar deutlich geringere Werte, aber größere Zuwachsraten auf. Die entsprechenden Zahlen sind in Tabelle 1 ausgewiesen.

Tabelle 1: Anteil der Halb- und Fertigwarenexporte aus nichteuropäischen Entwicklungsländern am Weltmarkt und am Importmarkt der Industrieländer

	1955	1963	1976
Weltmarkt	4,4	4,3	7,7
Industrieländermarkt	3,6	3,9	7,9

Quelle: GATT 1978: Tabelle A3

Sieht man sich die Zusammensetzung des industriellen Exportangebotes der Dritten Welt an, so fällt sofort zweierlei auf:

1. der enorm hohe Anteil an Produkten der Textil- und Bekleidungsindustrie zu Beginn der Exportausweitung (196o über die Hälfte);
2. der starke Rückgang des Textilanteils in den darauffolgenden Jahren und die explosionsartige Zunahme von Produkten des Maschinen- und Apparatebaus jeglicher Art (einschließlich der Elektroindustrie) sowie der metallverarbeitenden Industrie.

Insgesamt können etwa vier Fünftel der 196o/61 aus der Dritten Welt in die Industrieländer exportierten Fertigwaren als arbeitsintensive Produkte relativ einfacher Herstellung bezeichnet werden, als Güter, an deren Preis die Lohnkosten für lediglich angelernte Arbeitskräfte einen überdurchschnittlich hohen Anteil ausmachen. [4)]

Im Exportsortiment von 1976 war der Anteil der als arbeitsintensiv einzustufenden Produktkategorien auf etwa zwei Drittel zurückgegangen. Es muß allerdings in Betracht gezogen werden, daß unter den Exporten der insgesamt als wenig arbeitsintensiv geltenden Großkategorie "Maschinen" Erzeugnisse wie Elektronik-

---

4) Vgl. die Ergebnisse der Untersuchung von Mahfuzur (1973).

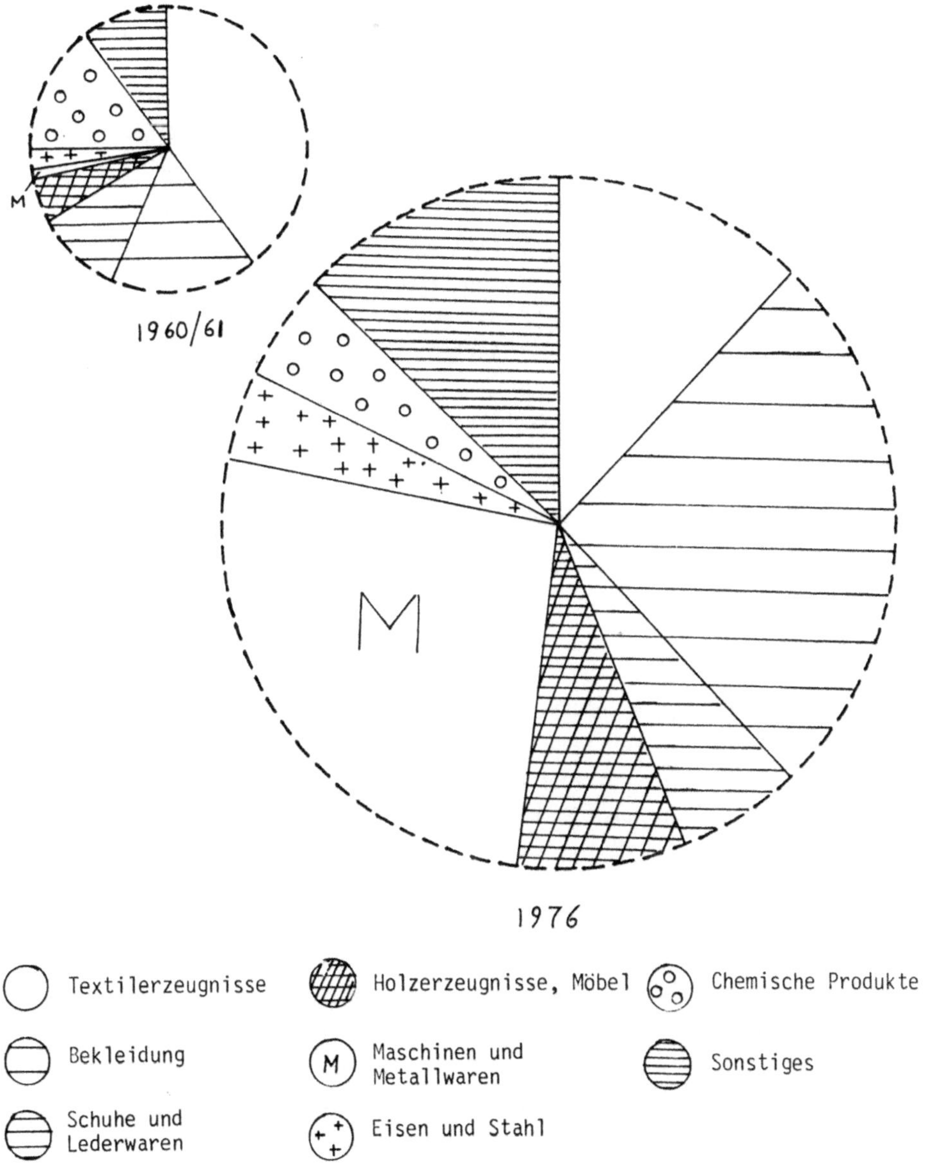

Datenquellen: Mahfuzur 1973: S. 131 ff (für 196o/61)
UNCTAD 1978a: S. 4o (für 1976)

Abb. 3: Zusammensetzung der Fertig- und Halbfertigwarenimporte der westlichen Industrieländer aus neu industrialisierenden Ländern 196o/61 und 1976 teile, Rundfunkgeräte und dergleichen einen wichtigen Platz einnehmen, die hinwiederum sehr arbeitsintensiv sind. [5] Dessen ungeachtet zeigt jedoch der Vergleich 196o - 1976 einen deutlichen Zuwachs des Anteils von Gütern, deren Herstellung einer gewissen fortgeschrittenen technologischen Fähigkeit bedarf. Dazu gehören im einzelnen: Stähle der verschiedensten Arten, Hochseeschiffe, Traktoren, elektrische Generatoren, Automobile, Flugzeuge (Brasilien), wissenschaftliche und medizinische Geräte, Uhren, elektrische Haushaltsmaschinen u.a. Die Abbildung Nr. 3 gibt einen Überblick über die Veränderung des Exportsortiments.

Der Ausfuhrerfolg der neu industrialisierenden Länder zeigt sich in erster Linie in den Anteilen, die sie an den einzelnen Märkten erringen. Die Bedeutung einer Produktgruppe in ihrem gesamten Exportsortiment ergibt sich sowohl aus der Größe des entsprechenden Weltmarktes als auch aus dem Anteil, den die neu industrialisierenden Länder an ihm halten. Zunächst wären da die jeweiligen Importmärkte zu betrachten.

Über die Hälfte der Industriegütereinfuhren der OECD-Länder (zu denen außer den alten Industrieländern auch die nördlichen Mittelmeeranrainer gehören), entfielen 1976 auf die beiden Produktkategorien "Maschinen" und "Chemieerzeugnisse". Der Anteil der Entwicklungsländer an diesen Märkten war insgesamt äußerst gering (weniger als 5 %), kam jedoch bei den Erzeugnissen der Elektroindustrie auf über 12 %, im Teilbereich "Telekommunikation" (Rundfunk, Fernsehen, Telefon, etc.) sogar auf nahezu 17 %. Die größten Exporterfolge, nämlich Marktanteile von 29 bis 44 %, errangen die Entwicklungsländer jedoch in drei Produktgruppen, die zusammen nur etwa 7 % der OECD-Einfuhren ausmachen, nämlich Bekleidung, Schuhen sowie Ledererzeugnissen und Reiseartikeln. [6] Alle drei Gütergruppen sind ausgesprochen arbeitsintensiv. Anteile zwischen 12 und 2o % wurden außer im großen Importmarkt für Elektroerzeugnisse in den mittelgroßen Märkten für Textilerzeugnisse, nichtmetal-

---

[5] Fast ein Viertel der unter die Rubrik "Maschinen und Produkte der metallverarbeitenden Industrie" fallenden OECD-Einfuhren aus Entwicklungsländern waren im Jahre 1976 Produkte der Kategorie 724 (Telekommunikationsausrüstung, in erster Linie Radios, Fernsehempfänger, Transistoren und Teile hierfür). Daten aus OECD, Statistics of Foreign Trade. Zur Arbeitsintensität der Elektronikindustrie siehe UNCTAD 1978 b: S.v.

[6] Kategorien 61 und 83 der internationalen Handelsstatistik (SITC)

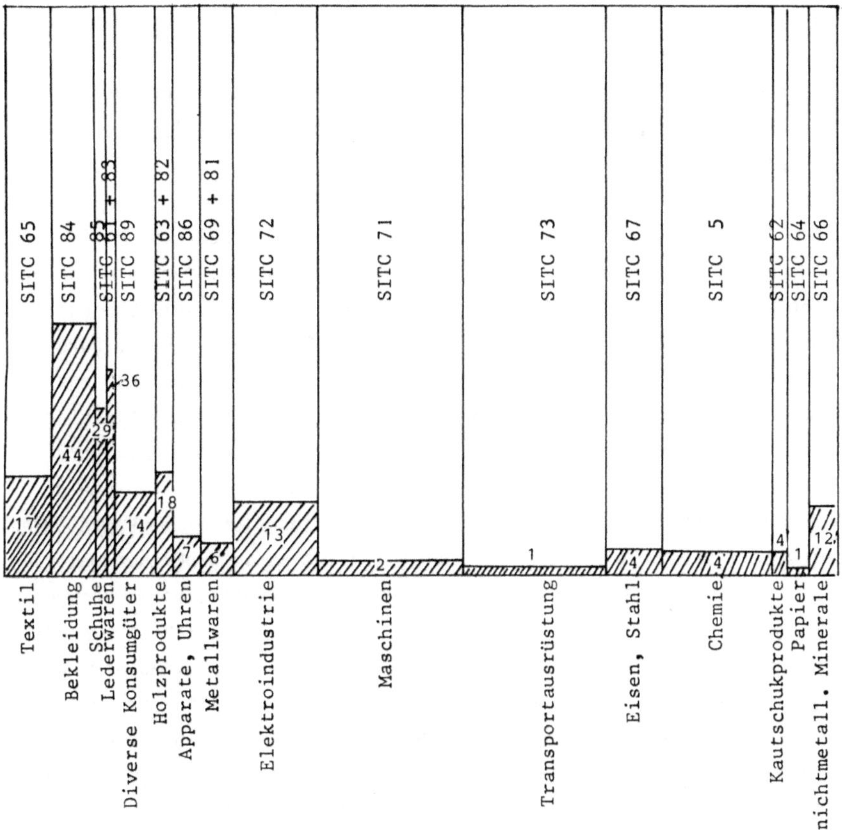

Abb. 4: Die Marktanteile der außereuropäischen Entwicklungsländer an den Industriegüterimporten der OECD-Länder im Jahre 1976

Jede Säule stellt die Gesamtimporte der betreffenden Produktgruppe dar. Die Breite der Säulen entspricht den jeweiligen Importwerten in US-Dollar.

Schraffierter Teil der Säulen: Importe aus Entwicklungsländern. Die Zahl gibt den prozentualen Anteil an.

Datenquelle: OECD, Statistics of Foreign Trade

lische Minerale [7] und "diverse Konsumgüter" [8] sowie dem ausgesprochen kleinen Markt für Holzerzeugnisse und Möbel [9] erzielt. In dem der Kategorie "Diverses" zuzuordnenden und typisch arbeitsintensiven Teilbereich Spielwaren und Sportartikel belief sich der Entwicklungsländeranteil auf 28 %.

Die Abbildung Nr. 4 zeigt für die Gesamtheit der OECD-Länder die Größe der einzelnen Importmärkte und den jeweiligen Anteil der Entwicklungsländerexporte. In der Abbildung Nr. 5 findet sich die gleiche Darstellung separat für die wichtigsten Teilmärkte der OECD, nämlich die Europäische Gemeinschaft, die USA und Japan. Die Größe der drei Rechtecke entspricht dabei der Größe der entsprechenden industriellen Importmärkte. Die Relationen der branchenspezifischen Marktgrößen und der Marktdurchdringung ähneln sich in den drei Blöcken, wohingegen das Niveau der durchschnittlichen Marktanteile der Entwicklungsländer markante Unterschiede aufweist. Weitaus am niedrigsten ist es im größten industriellen Importmarkt, dem der Europäischen Gemeinschaft. Darin spiegelt sich die überragende Bedeutung des im Rechteck mit erfaßten Handels unter den einzelnen EG-Ländern wider. Das sehr hohe Niveau der Entwicklungsländeranteile am japanischen Importmarkt, das sich besonders in den Branchen mit niedrigen Durchdringungswerten zeigt, hängt hinwiederum mit der insgesamt geringen japanischen Importneigung zusammen, die vor allem der Industrieländerkonkurrenz den Marktzugang erschwert. An Besonderheiten ist der überdurchschnittlich niedrige Entwicklungsländeranteil an den europäischen Importen von Elektroindustrieerzeugnissen hervorzuheben.

Nur etwas mehr als die Hälfte oder knapp zwei Drittel der Fertigwarenexporte aus neu industrialisierenden Ländern (je nachdem, auf welcher Seite man die europäischen "NICs" mitzählt) geht in die westlichen Industrieländer. Etwa 13 % gingen 1976

---

7) Diese Kategorie nimmt insofern eine Sonderstellung ein, als es sich bei knapp einem Drittel der darunter fallenden Entwicklungsländerexporte um geschliffene Diamanten aus Israel handelt, in deren Wert die von diesem Land importierten Rohdiamanten mit 9o % zu Buche schlagen. Ein weiteres knappes Drittel dieser Kategorie entfällt auf Edelsteine aus Indien, Hongkong und einigen wenigen anderen Ländern.

8) Spielwaren, Sportartikel, Schmuck, Plastikartikel, Druckerzeugnisse u.a.

9) SITC-Kategorien 63. und 82

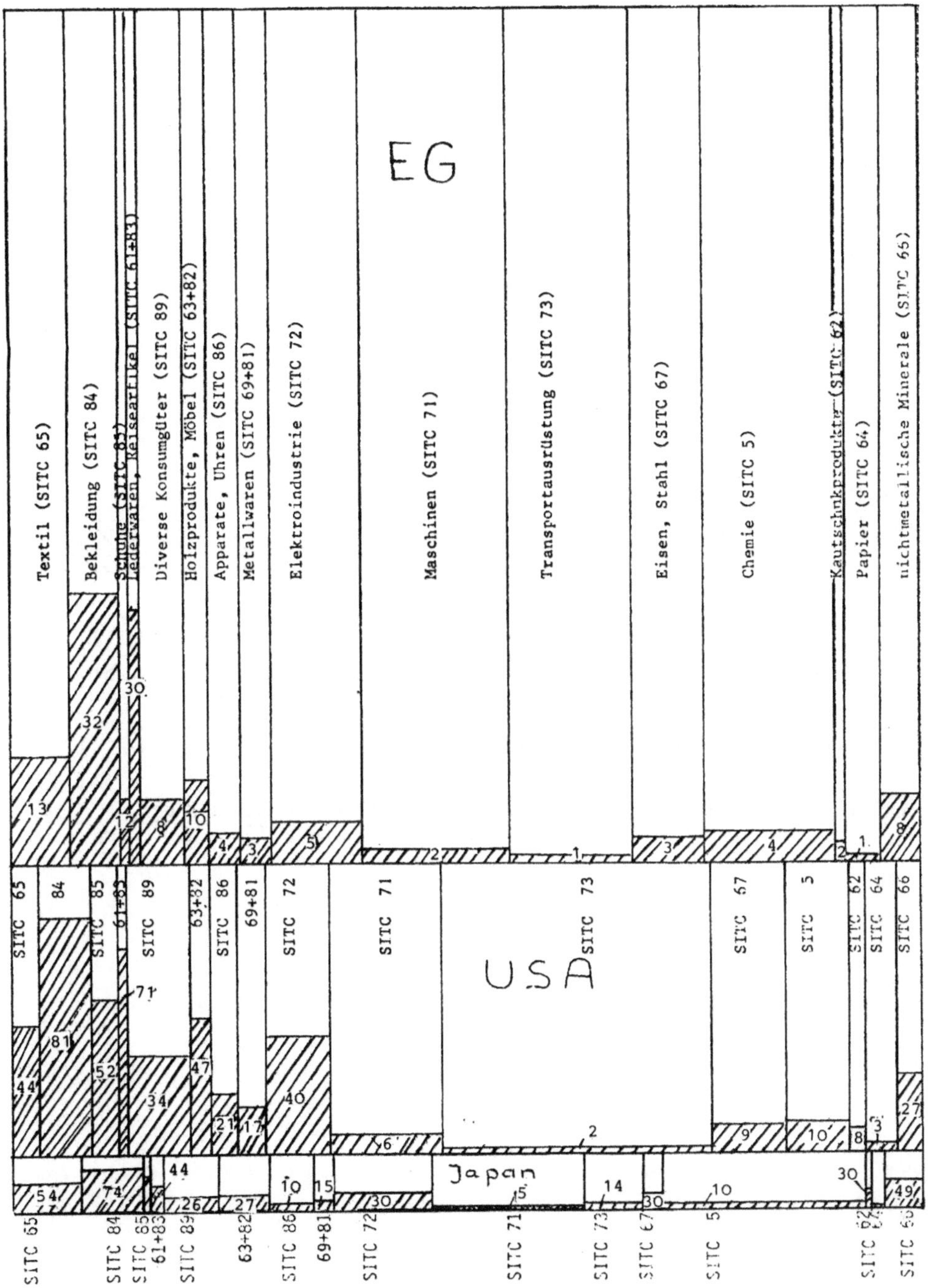

Abb. 5: Die Marktanteile der außereuropäischen Entwicklungsländer an den Industriegüterimporten der EG, der USA und Japans im Jahre 1976 (Erklärung und Quellen: s. Abb. 4)

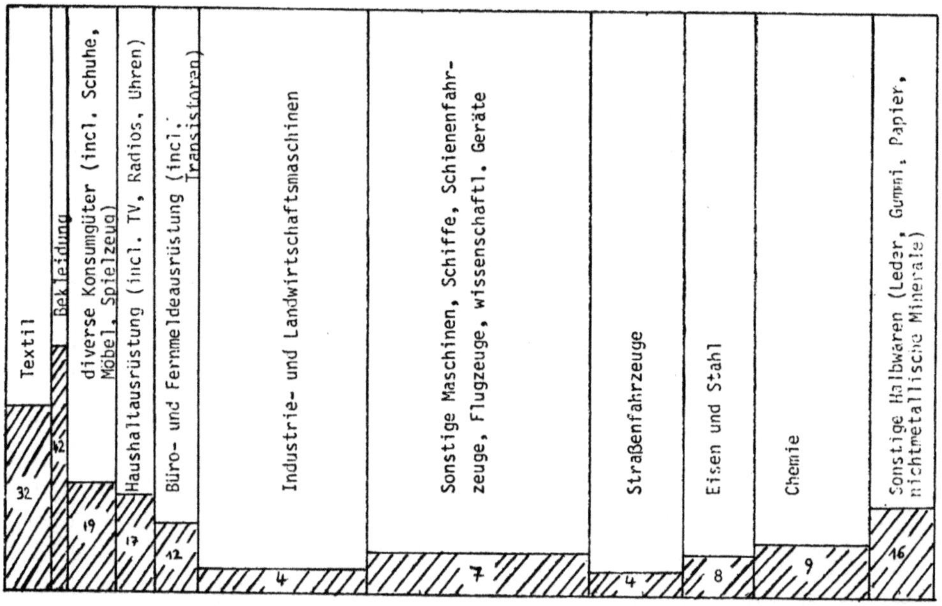

Jede Säule stellt die Gesamtimporte der betreffenden Produktgruppe dar. Die Breite der Säulen entspricht den jeweiligen Importwerten in US-Dollar.

Schraffierter Teil der Säulen: Importe aus Entwicklungsländern. Die Zahl gibt den prozentualen Anteil an.

Datenquelle: GATT 198o: Tabelle A21

Abb. 6 Die Marktanteile der außereuropäischen Entwicklungsländer an den Industriegüterimporten dieser Länder, 1978 in die sozialistischen Industrieländer, der Rest in die sogenannte Dritte Welt. Die Abbildung Nr. 6 zeigt den Erfolg der neu industrialisierenden Exportländer auf dem letztgenannten Markt. Die verfügbare statistische Information ließ nicht die gleiche Aufteilung der Produktgruppen zu, wie in den vorangegangen Abbildungen. Dennoch lassen sich einige Vergleiche anstellen. Die arbeitsintensiven Industriebereiche, in denen die neu industrialisierenden Länder am exportstärksten sind, machen einen deutlich geringeren Teil des gesamten industriellen Importmarktes der Dritten Welt aus. Dies hängt nicht zuletzt damit zusammen, daß die betreffenden Güter zur Produktionspalette vieler Entwicklungsländer gehören und daß die meisten dieser Länder ihre heimische Produktion gegen Importkonkurrenz schützen, sozusagen nur das einführen, was sie zu Hause noch nicht herstellen. Ansonsten liegen die Anteile der neu industrialisierenden Länder an den einzelnen Gütermärkten etwa auf dem gleichen durchschnittlichen Niveau wie an den Importmärkten der OECD-Länder.

Die Aufteilung der diversen Industrieexporte aus nicht-europäischen Entwicklungsländern auf die drei Marktblöcke Erste Welt (einschließlich Südeuropa), Zweite Welt und Dritte Welt geht aus der Abbildung Nr. 7 hervor. Darin lassen sich Produktgruppen erkennen, die ganz überwiegend für die Erste Welt bestimmt sind, nämlich Bekleidungsartikel und Konsumgüter der Kategorie "Diverses" (Schuhe, Lederartikel, Spielwaren, Möbel etc). Außerdem gehören dazu Büromaschinen, Taschenrechner, Transistoren und ähnliches sowie Rundfunk- und Fernsehgeräte, Uhren, Haushaltsmaschinen etc. (zusammengefaßt unter der Rubrik "Haushaltsausrüstung"). Andere, allerdings kaum ins Gewicht fallende Exporte sind überwiegend für die Dritte Welt bestimmt, nämlich Spezialmaschinen und Fahrzeuge. Auch die übrigen Kapitalgüter, chemische Produkte, Eisen und Stahl sowie erstaunlicherweise auch Textilerzeugnisse sind zu einem überdurchschnittlichen Teil für die Märkte der Dritten Welt bestimmt. Der Ostblockmarkt spielt für die nicht-europäischen neu industrialisierenden Länder nur eine geringe Rolle, am stärksten noch bei Textilprodukten, chemischen Erzeugnissen und sonstigen Halbwaren.

Betrachtet man die Entwicklung an den diversen Gesamt-Importmärkten im Zeitverlauf, so ergibt sich ein ambivalentes Bild. Wie aus der Abbildung Nr. 8 ersichtlich, verzeichneten die neu industrialisierenden Länder in den vergangenen zwei Jahrzehnten die größten Markt-

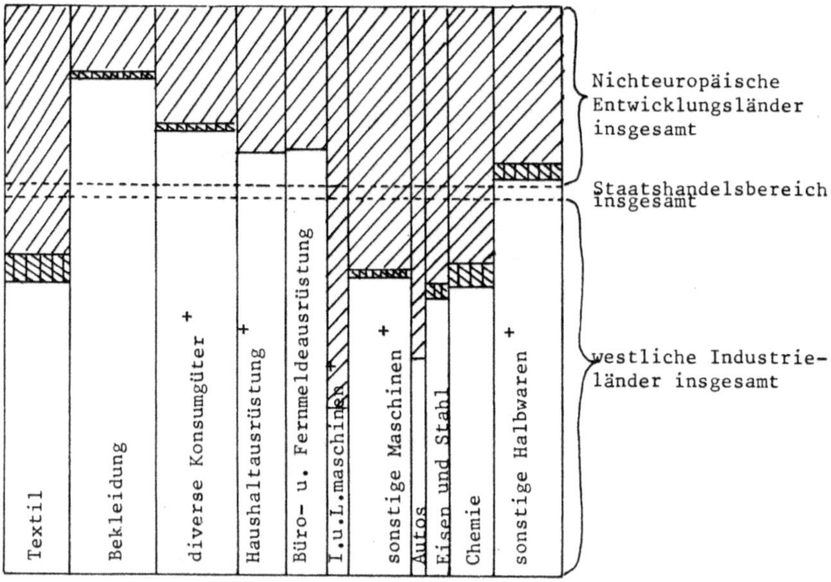

+für eine genauere Bezeichnung siehe Abb. 6

Jede Säule stellt die Gesamtexporte der betreffenden Produktgruppe dar. Die Breite der Säulen entspricht den jeweiligen Exportwerten in US-Dollar.

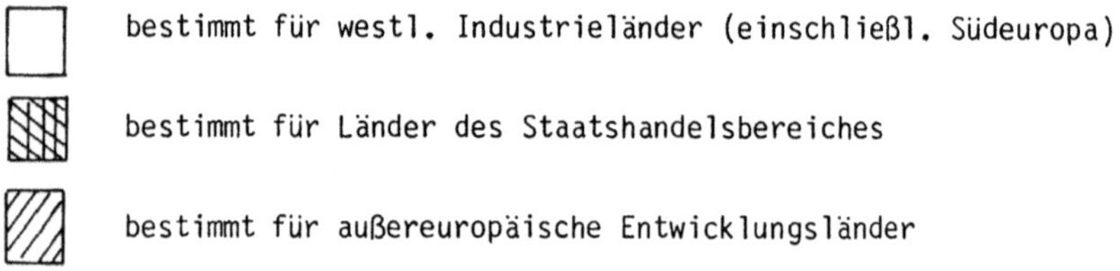

Datenquelle: GATT 1980: Tabelle A21

Abb. 7 Bestimmung der Industrieexporte aus nichteuropäischen Entwicklungsländern nach Marktblöcken und Produktgruppen, 1978 anteilsgewinne im japanischen, die geringsten im europäischen Markt (einschließlich EFTA). Seit Beginn der Ölkrise gelangen die größten Zuwächse im nordamerikanischen Markt, die geringsten wiederum im europäischen. Absolut gesehen ließ jedoch der europäische Markt die größte Expansion, nämlich eine wertmäßige Vervierfachung in den Jahren 1973 bis 1979, zu. Fast ebenso stark nahmen die Industrieausführen in die Dritte Welt zu (plus 29o % in laufenden Preisen). Die geringsten Zuwächse hingegen wurden mit plus 17o % auf dem japanischen Markt erzielt.

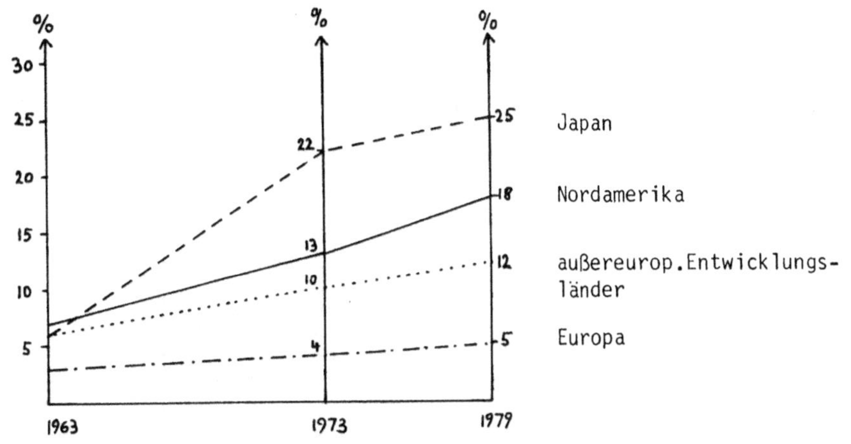

Datenquelle: GATT 198o: Tabellen A4 und A21

Abb. 8 Anteile der Exporte aus außereuropäischen Entwicklungsländern an den Halb- und Fertigwarenimporten verschiedener Regionen; 1963, 1973 und 1979

Unterteilt nach Branchen läßt sich in den siebziger Jahren das weiteste Vorrücken der neu industrialisierenden Länder auf zwei großen Märkten unterschiedlicher Dynamik erkennen, auf denen sie bis 1973 nur einen sehr geringen Anteil erzielt hatten ("Straßenfahrzeuge" und "Sonstige Maschinen") sowie auf dem kleinen, aber auch relativ dynamischen Importmarkt für Büro- und Fernmeldeausrüstung, an dem sie immerhin schon zu über 8 % beteiligt waren (siehe Abb. 9). Deutliche Zuwächse bei den Marktanteilen sind auch in den insgesamt sehr langsam wachsenden Bereichen Eisen und Stahl, Industrie- und Landwirtschaftsmaschinen sowie Haushaltsausrüstung

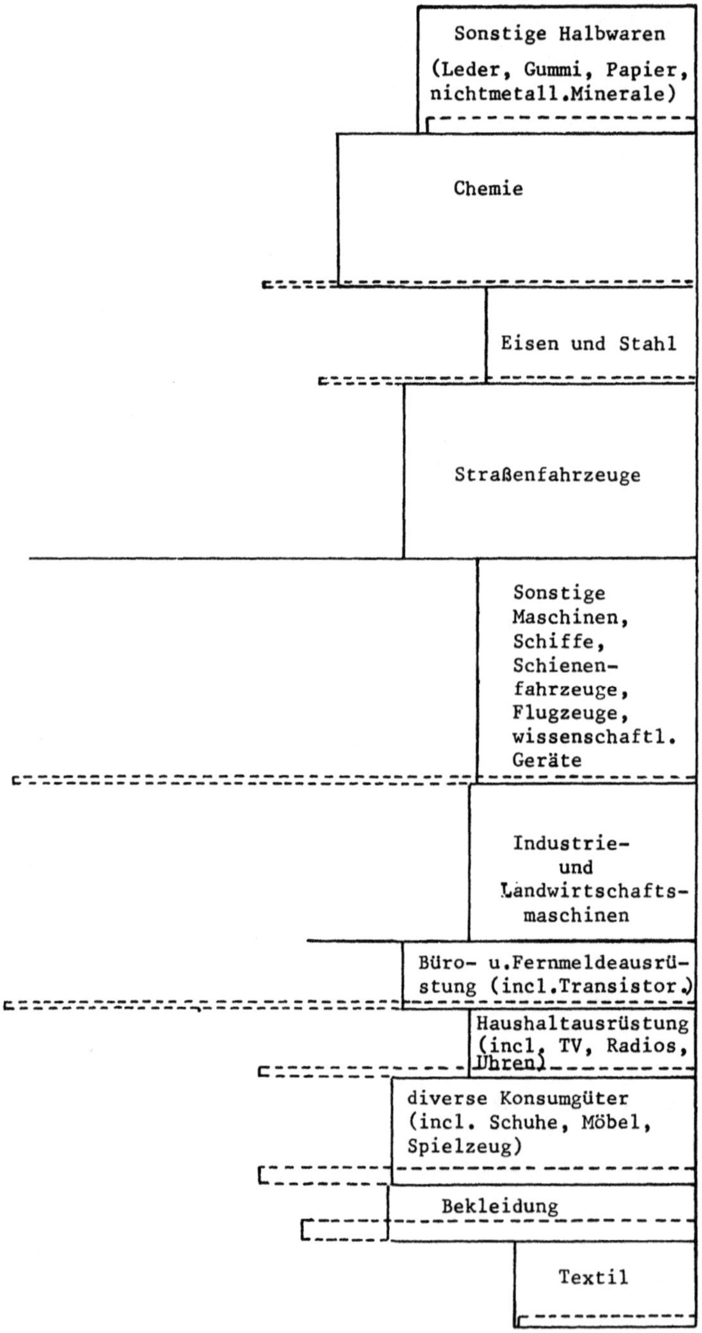

Die Breite der Säulen entspricht den Einfuhren der jeweiligen Produktgruppe im Jahre 1973, ihre Höhe der Einfuhrzunahme von 1973 - 1979.
Gestrichelte Säulen: Einfuhren aus Entwicklungsländern.

Datenquelle: GATT 1980: Tabelle A21

Abb. 9 Wachstum der Halb- und Fertigwareneinfuhren der westlichen Industrieländer, insgesamt sowie aus außereuropäischen Entwicklungsländern, 1973 - 1979

zu konstatieren. Während das Ausgangsniveau bei den beiden erstgenannten sehr niedrig lag und die erreichten Marktanteile deswegen auch weiterhin unbedeutend sind, stieg der Entwicklungsländeranteil bei der Haushaltsausrüstung von 11 auf 17 %. Die geringsten Zuwächse, verbunden sogar mit Marktanteilsverlusten, gab es auf dem äußerst undynamischen Textilmarkt (bedingt durch die dort herrschenden Importbeschränkungen) sowie den statistisch zusammengefaßten und insgesamt relativ dynamischen Märkten für diverse Halbfertigwaren.
Die stärkste industrielle Exportbranche der Entwicklungsländer, nämlich die Bekleidungsindustrie, fand in den Industrieländern einen insgesamt kleinen, aber dynamischen Importmarkt vor, an dem sie ihren ohnehin schon großen Anteil trotz umfangreicher, spezifisch gegen sie gerichteter Handelshemmnisse weiter ausdehnen konnte.

Die Gesamtnachfrage der Welt nach industriell erzeugten Produkten, also nicht nur nach Importen, bildet den eigentlichen Markt für die Fertigwarenausfuhr der neu industrialisierenden Länder. Diesbezügliche Daten stehen zwar nicht im gleichen Umfang wie für die Importmärkte zur Verfügung, zeigen aber dennoch eine eindrucksvolle Expansion der in der Dritten Welt hergestellten Industrieprodukte. Von der Nachfrage der westlichen Industrieländer nach Halb- und Fertigwaren entfiel im Jahre 196o o,4 % auf Importe aus der Dritten Welt. Bis 1975 war dieser Anteil um das Dreifache gestiegen. Während Entwicklungsländerexporte zwischen 196o und 197o 1 % des gesamten Nachfragezuwachses in den Industrieländern auf sich ziehen konnten, waren es in den darauffolgenden 5 Jahren bereits 7 %.[1o)] Im Textil- und Bekleidungssektor hielten die neu industrialisierenden Länder 1975 einen Marktanteil von 5 % (in der Bundesrepublik Deutschland 8 %). In einzelnen Produktkategorien kam er jedoch auf über 5o % (z.B. Herrenhemden in der EG). [11)]
Wie Chenery und Keesing berichten, kamen 1975 auch ca. die Hälfte der in den USA verkauften Radios und Schwarz-Weiß-Fernseher aus Entwicklungsländern. [11)]

Der Weltentwicklungsbericht der Weltbank für 198o führt über 9o Länder mit niedrigem und mittlerem Einkommen auf. Dazu kommen 7 Staatshandelsländer, die der gleichen Einkommensgruppe angehören.

1o) Alle Daten sind entnommen aus Chenery/Keesing 1979: S. 4o

11) Chenery/Keesing 1979: S. 41

Als neu industrialisierende Länder sind außerdem 5 Ölexportländer mit signifikantem Zahlungsbilanzüberschuß zu zählen. Etwa drei Viertel aller Fertigwarenexporte dieses Blocks von insgesamt 1o2 neu industrialisierenden Ländern gehen auf das Konto von lediglich 12 Ländern.

Wie aus der Abbildung Nr. 1o ersichtlich, handelt es sich um 5 ost-asiatische Länder einschließlich der Volksrepublik China, um 5 süd- und süd-osteuropäische Länder, 2 davon dem sogenannten Staatshandelsblock zugehörig, um 1 weiteres relativ hochentwickeltes Mittelmeerland (Israel) sowie um Indien und Brasilien. Über

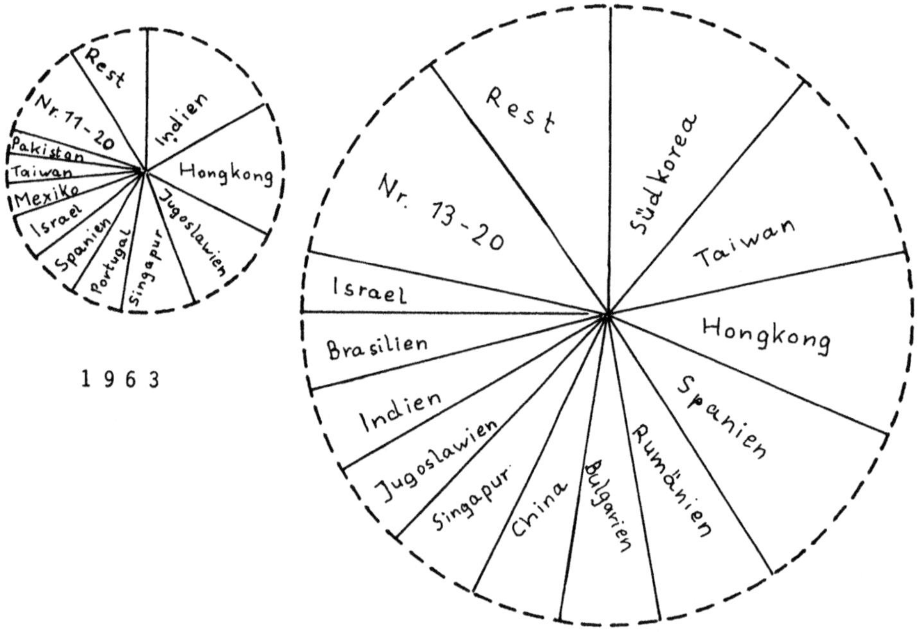

1 9 7 7

Datenquelle: Weltbank, Weltentwicklungsbericht 198o: Tabelle 12, Anhang

Abb. 1o Herkunft der Industrieexporte aus neu industrialisierenden Ländern, 1963 und 1977 die Hälfte des verbleibenden Viertels wurde 1977 von nur 8 weiteren Ländern eingenommen, nämlich in der Reihenfolge: Portugal, Griechenland, Argentinien, Mexiko, Malaysia, Kuwait, Philippinen und Pakistan.

Für 1963, als die Staatshandelsländer Rumänien und Bulgarien statistisch noch nicht erfaßt waren, zeigt die Graphik eine noch stärkere Konzentration an. Nur 4 Länder kamen damals für die Hälfte der Industrieexporte auf; 9 reichten, um die 75 % voll zu machen. Zwischen den einzelnen Ländern kam es zu erheblichen Änderungen in der Rangordnung. Der "Spitzenreiter" von 1963, Indien (damals 17 % der Exporte), fiel auf Platz lo zurück, das Nachbarland Pakistan (zusammen mit Bangladesh) von Platz lo auf Platz 19. An die Spitze schoben sich 2 Länder, die 15 Jahre zuvor noch relativ unbedeutende Exporteure waren, nämlich Südkorea (1963 auf Rang 13) und Taiwan (1963 auf Rang 9). Auch China war 1963 noch kaum als Fertigwarenexportland in Erscheinung getreten. Ihre schon damals bedeutenden Positionen mehr oder weniger behaupten konnten Hongkong, Singapur, Spanien und (mit Abstrichen) Jugoslawien. Portugal hingegen, das 1963 noch an 5. Stelle stand, erreichte 1977 nur noch den 13. Rang. Ägypten fiel vom 11. auf den 25. Platz zurück.

Aus den Verschiebungen wird deutlich, daß industrieller Exporterfolg nicht unbedingt eines auf lange Frist aufzubauenden Entwicklungsvorsprungs bedarf, sondern sich in relativ kurzen Zeiträumen selbst von niedrigen Ausgangsniveaus aus erreichen läßt. Das frappierendste Beispiel bietet Südkorea, das sich in kürzester Zeit mit seinen Ausfuhren vor Länder wie Spanien, Jugoslawien, Indien, Brasilien und Argentinien setzte, die bereits relativ frühzeitig ein fortgeschrittenes industrielles Entwicklungsstadium erreicht hatten.

Obwohl immer noch sehr wenige neu industrialisierende Länder den größten Teil des Marktes unter sich aufteilen, ist eine Tendenz abnehmender Konzentration unverkennbar. Immer mehr Entwicklungsländer exportieren immer mehr Güter. Wie aus Abb. 11 hervorgeht, hatten an der allgemeinen Ausfuhrexpansion auch viele (noch) relativ unbedeutende Exportländer teil. Die Rubrik "Rest" der Abb. lo umfaßte 1977 wesentlich mehr Länder als 15 Jahre zuvor.

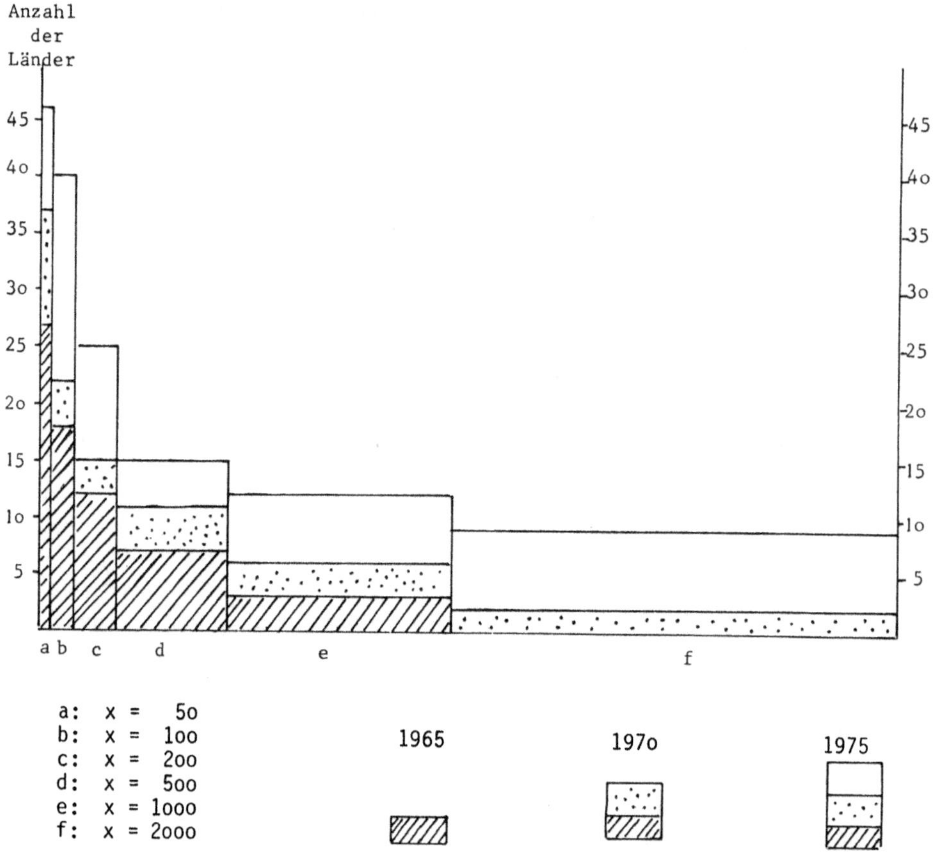

Zu jeder Säule gehören auch alle Länder, die in den Säulen rechts von ihr erfaßt sind.

Datenquelle: Chenery/Keesing 1979: S. 14

Abb. 11 Anzahl der neu industrialisierenden Länder mit Industrieexporten im Wert von mehr als x Mio Dollar (zu Preisen von 1975) 1965, 197o und 1975

Bei gleicher industrieller Leistungskraft exportieren große Länder natürlich tendenziell mehr als kleine. Zur Einschätzung der Export-"Leistung" der einzelnen Länder ist es deshalb von Interesse, den industriellen Ausfuhrwert auf die Bevölkerungszahl des jeweiligen Landes zu beziehen. Das sich ergebende Leistungsprofil ist in Abb. 12 zusammengefaßt.

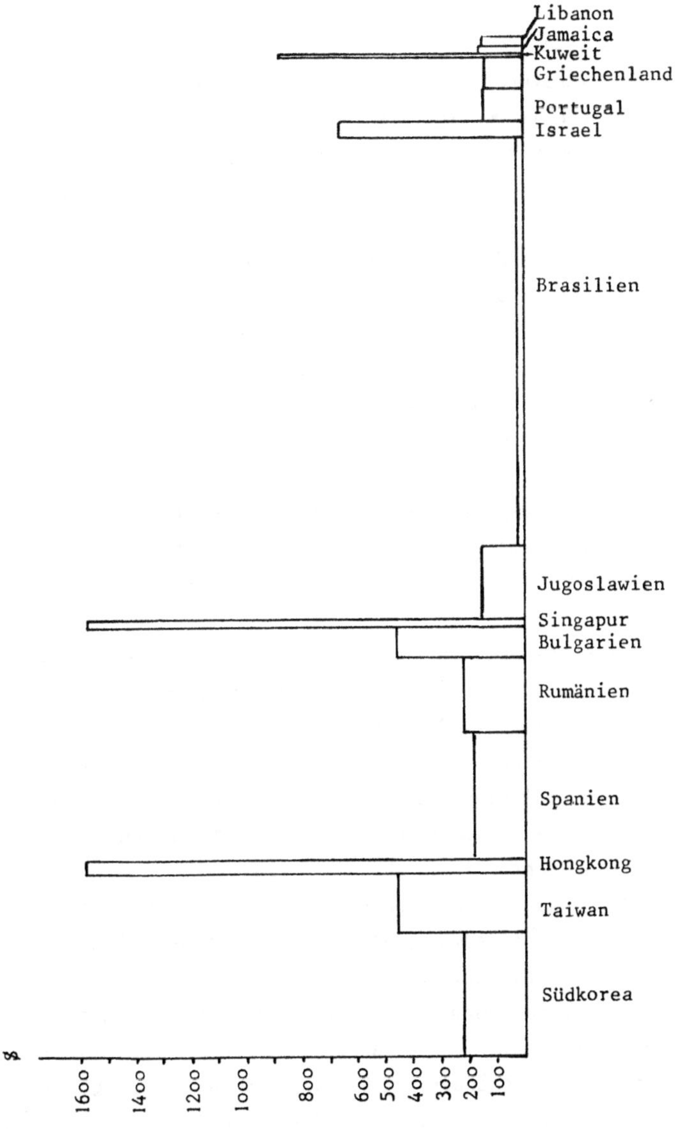

Die Breite der Säulen entspricht der Bevölkerungszahl des betreffenden Landes.

Datenquelle: Weltbank, Weltentwicklungsbericht 198o.

Abb. 12 Industrieexporte pro Kopf der Bevölkerung, 1977
(Länder mit Werten über 14o Dollar sowie Brasilien)

Als absolut exportstärkste neu industrialisierende Länder stechen die beiden Stadtstaaten Hongkong und Singapur hervor. Ihre industriellen Pro-Kopf-Ausfuhren liegen im Wert nicht sehr weit von denen der Bundesrepublik Deutschland entfernt. Mit beträchtlichem Abstand folgen die Sonderfälle Kuweit und Israel, in deren industriellem Exportwert jeweils ein außergewöhnlich hoher Rohstoff- bzw. Importanteil enthalten ist, gemessen an dem die eigentliche industrielle Wertschöpfung im Lande sehr gering ist. Die beiden absolut stärksten Entwicklungsländer Südkorea und Taiwan sowie die süd- und südosteuropäischen Länder gehören auch bei der Pro-Kopf-Betrachtung zur Spitzengruppe. Völlig bedeutungslos hingegen erscheint unter dieser Betrachtung die Industriegüterausfuhr der großen Länder China, Indien und Brasilien, die sozusagen nur aufgrund ihrer "Masse" eine führende Rolle unter den neu industrialisierenden Fertigwarenexporteuren spielen. Stattdessen sind die relativ unbedeutenden Exportländer Jamaica und Libanon (vor dem Bürgerkrieg) unter den 12 "leistungsstärksten" zu finden.

Ein weiterer Faktor, der bei der industriellen Exportstärke eines Landes ins Gewicht fällt, ist der Grad der Exportkonzentration auf Industriegüter. Wie aus Abb. 13 hervorgeht, sind die führenden Fertigwarenexporteure auch diejenigen, die sich am stärksten auf Industrieexporte spezialisiert haben, wohingegen mit abnehmendem Fertigwarenanteil an den Gesamtexporten auch der Umfang der Fertigwarenausfuhren zurückgeht. Dieses aus der Graphik klar ersichtliche Korrelationsmuster wird unterbrochen von einigen auf Industriegüter spezialisierten, aber insgesamt relativ exportschwächeren Ländern wie Jugoslawien, Portugal, Griechenland, Mexiko, Pakistan und dem Sonderfall Israel, deren "normaler" Platz in der Rangordnung der Fertigwarenexporteure weiter vorne wäre. Zieht man die Exportstruktur der entwickelten Industrieländer zum Vergleich heran, so zeigt sich, daß das Niveau von deren Fertigwarenanteil von den führenden neu industrialisierenden Exportländern durchaus erreicht wird.

Die entsprechenden Werte liegen für die Bundesrepublik bei 89, für Frankreich bei 77, für die USA bei 7o, für Dänemark bei 56 und für Holland bei 53 Prozent.

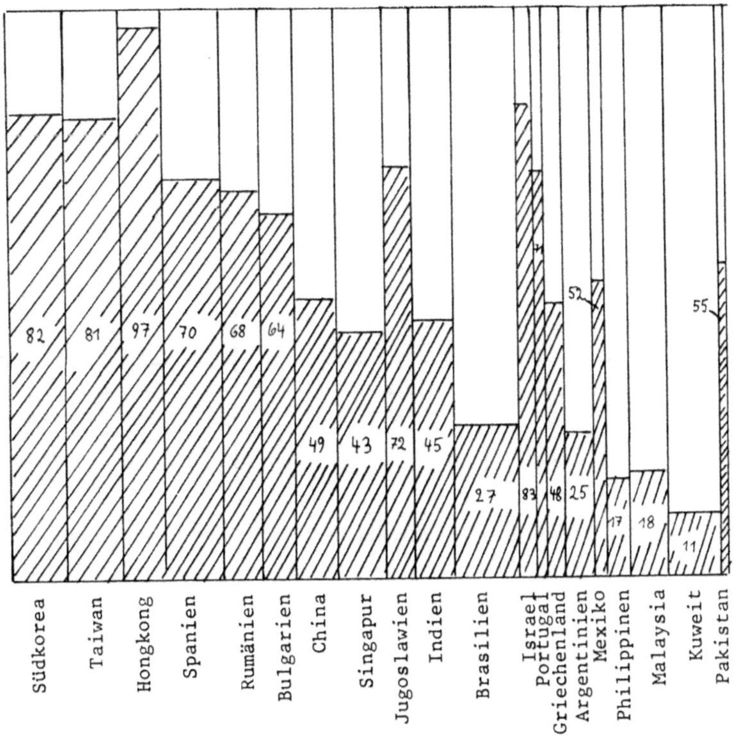

Die Länder sind - von links beginnend - in der Reihenfolge ihres absoluten industriellen Exportwertes aufgeführt.
Die Breite der Säulen entspricht dem Wert der Gesamtexporte. Schraffierter Teil der Säulen: Industrieexporte. Die Zahl gibt den prozentualen Anteil an.

Datenquelle: Weltbank, Weltentwicklungsbericht 198o.

Abb. 13 Anteil der Industrieexporte an den Gesamtexporten der 2o führenden neu industrialisierenden Exportländer, 1977

Tabelle 2 Veränderung der Exportstruktur in 26 neu industrialisierenden Ländern (Datenquelle: Weltbank, Weltentwicklungsbericht 198o)

Anteil der Industrieexporte an den Gesamtexporten	196o	1977
VI mehr als 8o %	Hongkong	Hongkong Israel + Südkorea ++++ Taiwan ++++
V 6o - 79 %	Israel	Portugal + Jugoslawien + Spanien +++ Bulgarien +++
IV 4o - 59 %	Portugal Jugoslawien Indien	Indien Singapur + Mexiko ++ Pakistan ++ Ägypten ++ Griechenland +++ Jamaica +++
III 25 - 39 %	Singapur	Brasilien ++ Argentinien ++ Haiti ++ Tunesien ++ Jordanien ++ Uruguay ++
II 1o - 24 %	Südkorea Taiwan Spanien Bulgarien Mexiko Pakistan Ägypten	Malaysia + Philippinen + Kuwait + Thailand + Kolumbien +
I weniger als 1o %	Griechenland Brasilien Argentinien Malaysia Philippinen Kuwait Thailand Kolumbien Jamaica Haiti Tunesien Jordanien Uruguay	

Die Anzahl der Kreuze gibt die Anzahl der Kategorien an, um die sich die Position des Landes seit 196o verändert hat.

Mit wenigen Ausnahmen (Hongkong, Indien) hat sich in allen neu industrialisierenden Exportländern die Fertigwarenausfuhr erst in den vergangenen zwei Jahrzehnten in den Vordergrund der Exportstruktur geschoben. Einen Hinweis auf das Ausmaß der Veränderung in der Exportstruktur der Dritten Welt gibt Tabelle 2.

Darin zeigt sich einerseits, daß die Verlagerung hin zu Industriegütern in mehreren Ländern (Südkorea, Taiwan, Spanien, Bulgarien, Griechenland, Jamaica) einer Revolutionierung gleichkam, und andererseits, daß die "industrielle Exportbewegung" ein sehr breites Spektrum von Entwicklungsländern erfaßt hat. Die letztere Feststellung wird unterstrichen durch die ergänzende Beobachtung, daß neben den in der Tabelle aufgeführten 12 weitere Länder aus Kategorie I in Kategorie II überwechselten, nämlich Kambodscha, Sri Lanka, Niger, Zentralafrika, Kongo, El Salvador, Marokko, Nicaragua, Dominikanische Republik, Guatemala, Costa Rica und die Türkei.

Die Entwicklung des Industriegüteranteils an den Gesamtexporten zeigt an, wie sich die Position der betreffenden Länder in der internationalen Arbeitsteilung verändert. Die Basis derartiger Veränderungen ist der Aufbau industrieller Produktionskapazitäten, aus dem heraus sich neue internationale Wettbewerbsfähigkeiten entwickeln. Hinter den Fertigwarenexporten der verschiedenen Länder stehen allerdings sehr unterschiedliche Industriestrukturen. Das Verhältnis von Industriegüterausfuhr und nationaler Industrieproduktion ist ein Indikator dafür, wie weit die Industrie eines Landes auf den internationalen Markt hin orientiert ist. Hinter einem bestimmten industriellen Exportvolumen kann eine relativ kleine, aber weltmarktorientierte, und eine große, aber weltmarktabgewandte nationale Industriestruktur stehen. Abb. 14 zeigt im internationalen Vergleich die Exportorientierung der Industriestrukturen der exportstärksten neu industrailisierenden Länder.

Die absolute Höhe der Säulen sagt dabei wenig aus, da die Bruttowerte des Exports in Beziehung zu den statistisch verfügbaren Nettowerten der industriellen Wertschöpfung gesetzt wurden. Die Graphik macht jedoch deutlich, daß an der Exportoffensive der neu industrialisierenden Länder diejenigen mit ausgesprochen weltmarktorientierten Industrien den größten Anteil haben. Unter den bedeutenden Exportländern

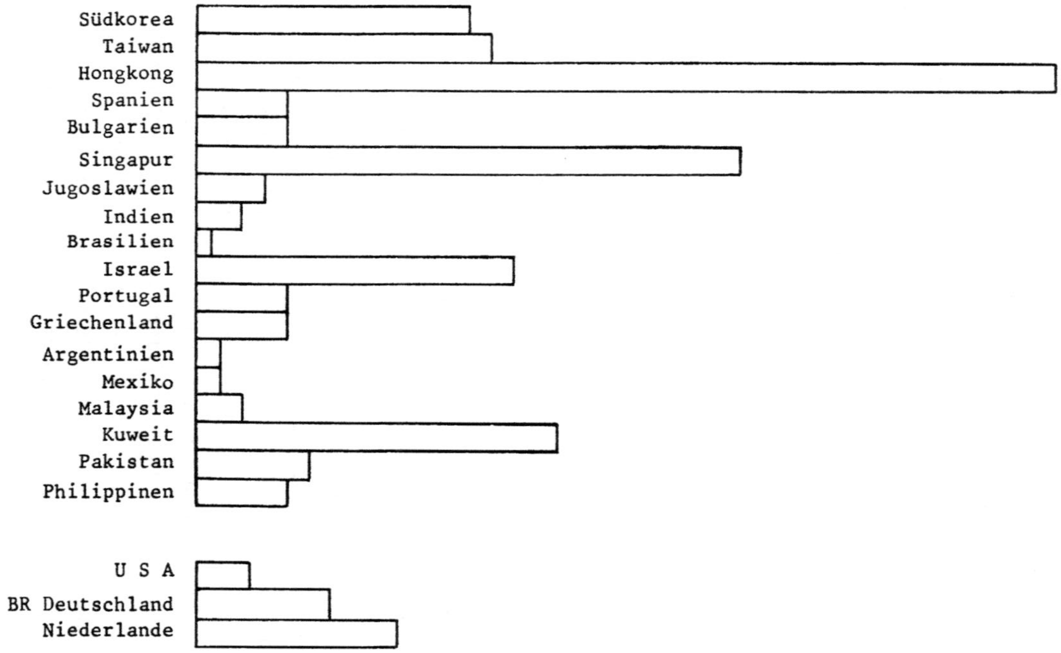

Datenquelle: Weltbank, Weltentwicklungsbericht 198o: Tabellen A3, A5, A9

Abb. 14 Verhältnis von Industrieexporten zu Industrieproduktion in den 18 wichtigsten neu industrialisierenden Exportländern (ausgenommen Rumänien und China) sowie 3 Industrieländern, 1977 finden sich aber auch solche mit weitgehend binnenmarktorientierten Industriestrukturen (insbesondere die drei großen lateinamerikanischen Länder). Sieht man von den ostasiatischen "Spitzenreitern" einschließlich Singapur und den Sonderfällen Israel und Kuweit ab, so zeigt sich z.B. die westdeutsche Industrie durchweg exportorientierter als die der neu industrialisierenden Länder. Die niederländische Industrie überragt sie darin sogar weit.

Die Frage, wie die wichtigen Industrieexporteure in der Gesamtgruppe der Entwicklungsländer zu verorten sind, bezieht sich nicht zuletzt auf ihren relativen Entwicklungsgrad, grob am Pro-Kopf-Produkt gemessen. Die Weltbank unterscheidet Entwicklungsländer mit niedrigem und solche mit mittlerem Einkommen.[12] Das Bruttosozialprodukt pro Kopf betrug 1978 bei letzteren im Durchschnitt 125o Dollar. Wie aus Abb. 15 ersichtlich, liegt der Wert der 2o wichtigsten Fertigwarenexporteure mit wenigen Ausnahmen nahe an oder über diesem Durchschnitt. Bei den Ausnahmen handelt es sich um die drei bevölkerungsreichen Großstaaten China, Indien und Pakistan sowie um die Philippinen. Ein großer Teil der Länder weist hingegen ein weit über dem Durchschnittswert liegendes Pro-Kopf-Einkommen aus. Von den 1o bedeutendsten Fertigwarenexporteuren sind 7, von den 2o bedeutendsten 13 den reichsten 2o Prozent der Entwicklungsländer zuzurechnen (arabische Ölüberschußländer nicht mitgerechnet). Umgekehrt befinden sich zwei Drittel dieser Einkommensschicht unter den 2o wichtigsten Exporteuren.

Für die Länder mit mittlerem Einkommen (insgesamt 58 einschließlich der zurechenbaren Staatshandelsländer) gibt die Weltbank ein durchschnittliches Wachstum des Bruttosozialproduktes pro Kopf von 196o bis 1978 von etwas über 3,7 % jährlich an.[13]
Abbildung 15 zeigt, daß 12 der 14 wichtigsten Industrieexportländer (wiederum mit Ausnahme von Indien und China) ein deutlich schnelleres Wachstum zu verzeichnen hatten, wie überhaupt aus der Graphik eine klare, wenn auch nicht rigoros durchgehaltene Beziehung zwischen Wirtschaftswachstum und industriellem Exportvolumen zu erkennen ist.

---

12) Weltbank, Weltentwicklungsbericht 198o, Anhang

13) Weltbank, Weltentwicklungsbericht 198o, Tabelle A 1

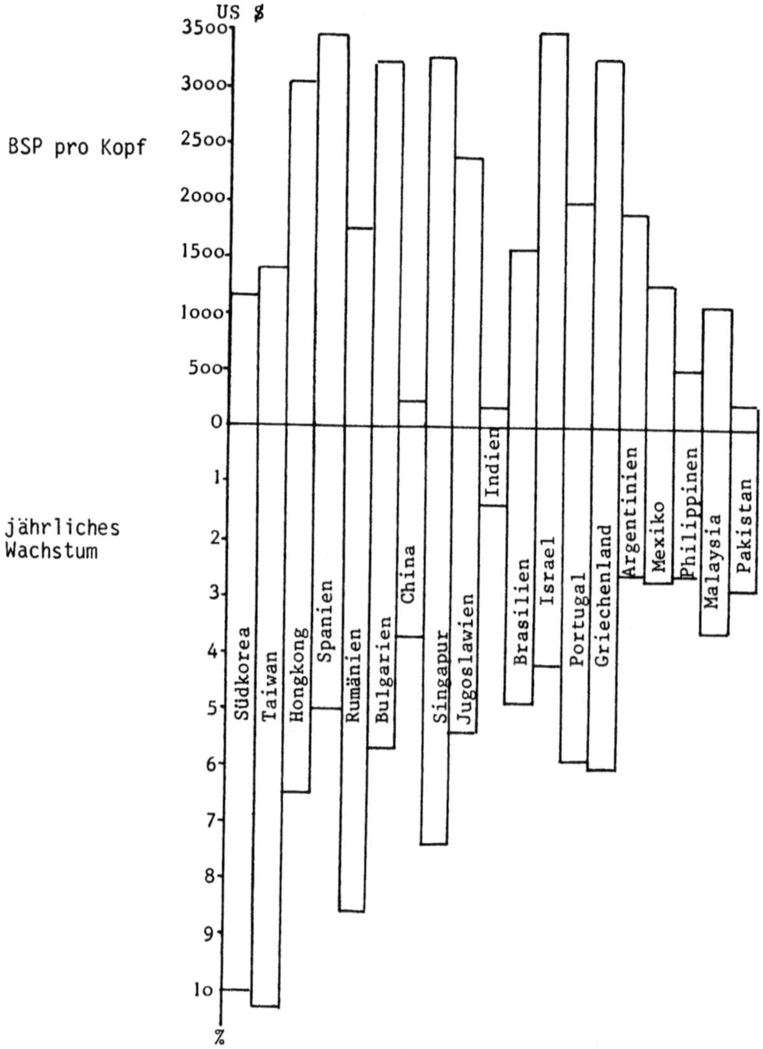

Datenquelle: Weltbank, Weltentwicklungsbericht 1980

Abb. 15 Bruttosozialprodukt pro Kopf im Jahre 1978 und dessen durchschnittliches jährliches Wachstum von 1960 bis 1978 bei den 19 wichtigsten neu industrialisierenden Fertigwarenexporteuren (ausgenommen Kuweit)

Sieht man sich die in Abb. 16 veranschaulichte industrielle Exportstruktur der erfolgreichsten neu industrialisierenden Fertigwarenausfuhrländer an, lassen sich grob drei Typen unterscheiden.

Der erste Typ ist gekennzeichnet durch das Übergewicht "traditioneller Exportbranchen" mehr oder weniger arbeitsintensiver Art bei gleichzeitigem starken Anteil "moderner" Bereiche (Maschinen aller Art, Apparate und Metallwaren). Zu diesem Typus gehören die drei ostasiatischen "Exportgiganten" Südkorea, Taiwan und Hongkong, aber auch das semi-industrialisierte Portugal. Daß gerade die erfolgreichsten Exportländer diese Struktur aufweisen, unterstreicht die nach wie vor entscheidende Bedeutung, die bei aller Diversifizierung die klassischen industriellen Exportbereiche für die Entwicklungsländer haben. Die Vorstellung, daß die zuerst im arbeitsintensiven Bereich erfolgreichen Exportländer diesen allmählich den nachrückenden Konkurrenten überlassen und sich technologisch anspruchsvolleren Bereichen zuwenden, läßt sich also nicht pauschal aufrecht erhalten. Vielmehr demonstrieren Korea, Taiwan und Hongkong bislang die Fähigkeit, in neue Exportbereiche vorzudringen, ohne die alten Domänen aufzugeben.

Im zweiten Strukturtyp nehmen "traditionelle" Branchen nicht mehr als ein Drittel der gesamten Industrieexporte ein. Es dominieren die Bereiche Maschinen- und Fahrzeugbau. Diese Struktur kennzeichnet einerseits die exportstarken europäischen Entwicklungsländer und andererseits die großen semi-industrialisierten lateinamerikanischen Länder. Unter den ostasiatischen Pionierexportländern verkörpert der Graphik nach Singapur par excellance den zweiten Typus, obgleich nicht übersehen werden darf, daß im Gegensatz zu Ländern wie Spanien, Jugoslawien oder Brasilien ein sehr großer Teil seiner "nicht-traditionellen" Industrieexporte auf die relativ arbeitsintensive Produktgruppe Elektronikteile entfällt, die in gewisser Weise das Pendant zu den Textilien Koreas und Taiwans darstellen. Bei Spanien, Bulgarien und Mexiko kommt als Besonderheit der hohe Anteil von Zwischenprodukten (Eisen, Stahl, Chemieprodukte u.a.) an den Exporten hinzug. Bereinigt man das Strukturbild der israelischen Industrieausfuhren um die (aufgrund des hohen Importwertanteils) übermäßig repräsentierten Diamanten, weist es ebenfalls die für Typ 2 charakteristischen Züge auf.

Für den dritten Typ ist ein geringer Anteil der "modernen" Bereiche an den gesamten Industrieexporten kennzeichnend. Den Extremfall stellt (das statistisch allerdings besonders ungenau ausgewiesene) China dar, dessen Fertigwarenausfuhren zu etwa zwei Dritteln aus Erzeugnissen der Textil- und Bekleidungsindustrie stammen und zu einem weiteren guten Fünftel aus Gütern, die ebenfalls den "traditionellen" Entwicklungsländer-Ausfuhrkate-

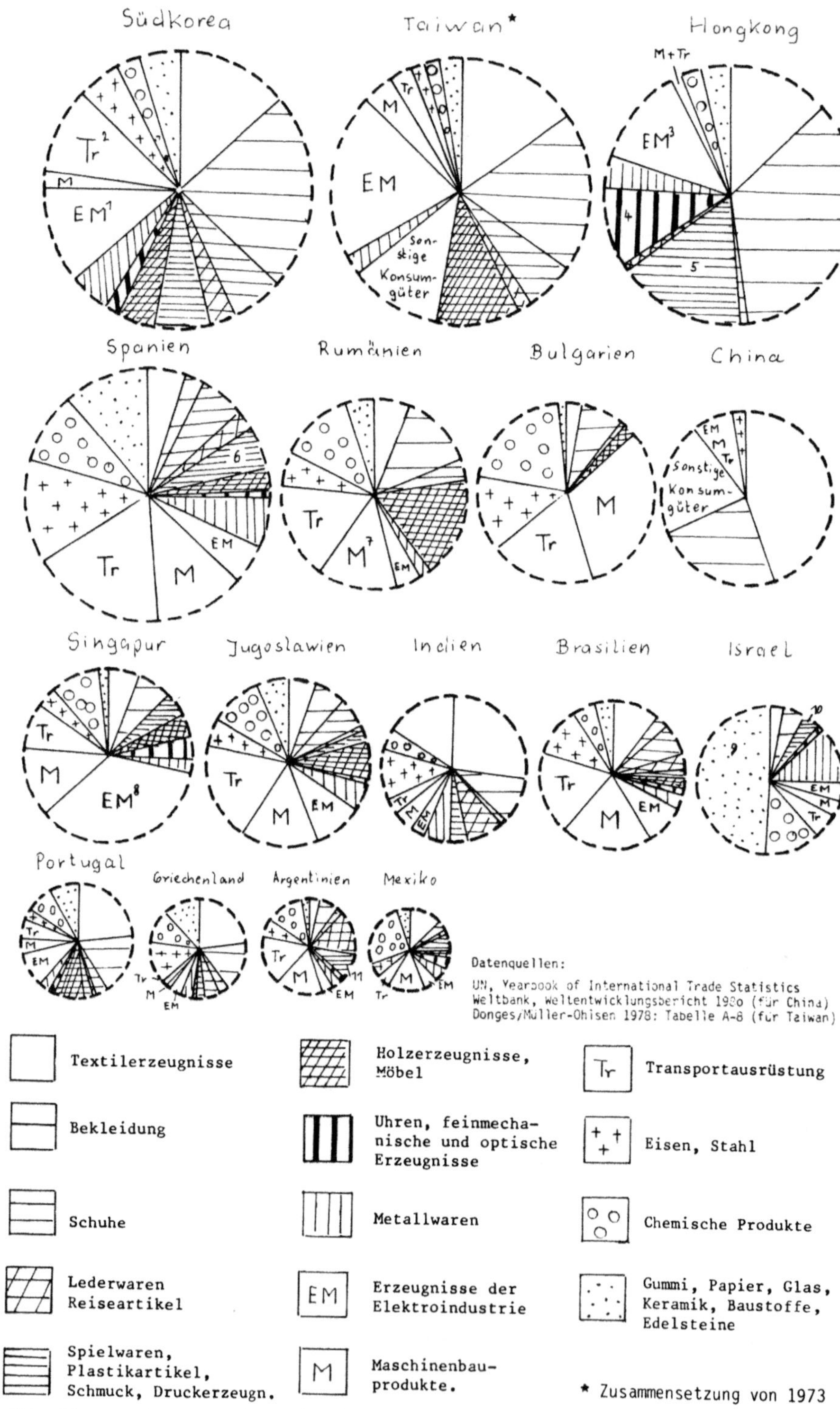

Abb. 16 Zusammensetzung der Industrieausfuhren der 15 wichtigsten neu industrialisierenden Exportländer, 1978

1 davon ca. 5o % Fernsehgerate und Radios ca. 3o % Transistoren und andere Elektronikteile
2 davon uber 7o % Schiffe
3 davon 9o % Fernsehgerate und Radios
4 davon uber 75 % Uhren
5 davon 45 % Spielzeug und Sportartikel, 9 % Plastikartikel, 8 % künstl. Blumen u.a.
6 davon 45 % Druckerzeugnisse, 2o % Spielzeug und Sportartikel
7 davon ca. 5o % Landwirtschaftsmaschinen
8 davon 5o % Transistoren und Elektronikteile
9 davon 97 % geschliffene Diamanten, deren Wert zu 9o % auf die importierten Rohdiamanten entfallt
1o davon 4o % Schmuck und Edelmetallwaren
11 uberwiegend Druckerzeugnisse

gorien [14] zuzurechnen sind. Unter den Typus 3 fallen außerdem Indien und Griechenland, die beide einen relativ hohen Anteil an Zwischenprodukten aufweisen. Dieses Strukturmerkmal, das sich auch bei Ländern des zweiten Typus findet, hat seinen Ursprung in hauptsächlich auf den Binnenmarkt ausgerichteten Basisindustrien, deren Absatzbereich sich allmählich auch auf Auslandsmärkte ausdehnte. Läßt man bei Indien und Griechenland die Zwischenprodukte außer acht, dann nähert sich das Verhältnis zwischen "traditionellen" und "modernen" Bereichen zwar dem der großen asiatischen Exportländer an. Die klassischen, arbeitsintensiven Ausfuhrzweige weisen aber immer noch ein deutlich größeres Gewicht auf als bei der erfolgreicheren Konkurrenz.

Die in der Graphik zutage tretenden Exportstrukturtypen decken sich zum Teil mit der Länderklassifikation von Chenery und Keesing [15]. Insbesondere der zweite Strukturtypus, in dem "moderne" Exportzeige dominieren, ist kennzeichnend für alle von Chenery und Keesing aufgeführten "großen semi-industrialisierten Länder" mit Ausnahme der Türkei, die hier aufgrund ihres geringen industriellen Exportvolumens vernachlässigt wurde. Die unter Typ 2 fallenden Staatshandelsländer Rumänien und Bulgarien ließen sich evtl. ebenfalls der genannten Chenery-Keesingschen Kategorie zuordnen, wenn auch das Adjektiv "groß" hier nicht ganz angebracht ist.

Alle hier dem Strukturtyp 1 zugerechneten Länder finden sich in Chenery's und Keesing's Gruppe der "relativ früh auf Industrieexporte spezialisierten Länder", der allerdings auch noch Singa-

---

14) Kategorien 82,83, 85 und 89 der internationalen Handelsstatistik (SITC)

15) Chenery/Keesing 1979: S. 22 ff

pur, Israel und Griechenland angehören [16]. Die von Chenery und Keesing zur Kategorie der "großen Armen" zusammengefaßten Länder, von denen in unserer Graphik nur Indien erscheint, weisen (außer dem industriell äußerst exportschwachen Indonesien) alle die Strukturmerkmale des dritten Typus, nämlich Vorherrschen "traditioneller" Fertigwarenausfuhren bei schwacher Ausprägung des "modernen" Exportbereiches auf. Das von Chenery und Keesing nicht aufgeführte China paßt sich problemlos in die Gruppe ein.

Die erfolgreichsten Fertigwarenexporteure unter den neu industrialisierenden Ländern sind in einer ganzen Reihe von Industriezweigen exportstark, wenngleich ihr Exportsortiment nicht immer - wie das südkoreanische und das spanische - alle Kategorien unserer Klassifizierung umfaßt. Dementsprechend finden sich die "Spitzenreiter" der Gesamtwertung auch in vielen Teilmärkten in führenden Positionen. Wie die Abbildungen 17 und 18 zeigen, gehörte z.B. Südkorea 1976 auf fünf OECD-Importmärkten für "traditionelle" Industrieprodukte und auf vier Märkten für "neuere" Exportprodukte zu den Marktführern. Taiwan hielt eine derartige Führungsposition auf vier traditionellen und drei modernen Märkten, Hongkong auf zwei traditionellen und vier modernen Märkten, Spanien auf drei traditionellen und fünf modernen Märkten. Von den in der 1978-er Weltbankstatistik hinter dem Spitzenquartett folgenden Ländern Rumänien, Bulgarien, China, Singapur, Jugoslawien, Indien und Brasilien erscheint in den OECD-Märkten von 1976 lediglich Brasilien mehrmals in Marktführungspositionen (in zwei traditionellen und zwei neueren Bereichen). Auffallend ist hingegen die starke Position von Mexiko auf fast allen "modernen" Teilmärkten [17].

---

16) Wie oben erwähnt, stellt Singapur wegen seiner Elektronikteile-Ausfuhren innerhalb des zweiten Strukturtypus einen Sonderfall dar, der gewisse Ähnlichkeiten mit dem ersten Typus aufweist.

17) Dies läßt sich nur durch markante Unterschiede in der Erfassung zwischen den UN-Exportstatistiken und den OECD-Importstatistiken mit der in den Abbildungen 1o und 16 enthaltenen Information in Einklang bringen. Derartige Unterschiede könnten ihren Ursprung bei den meist an der Grenze zu den USA angesiedelten reinen Lohnveredelungsindustrien haben, deren Bruttoexportwert durch die aus den USA stammenden, nur zum Zwecke der Weiterverarbeitung vorübergehend nach Mexiko gebrachten Vorprodukte "künstlich" aufgebläht werden kann.

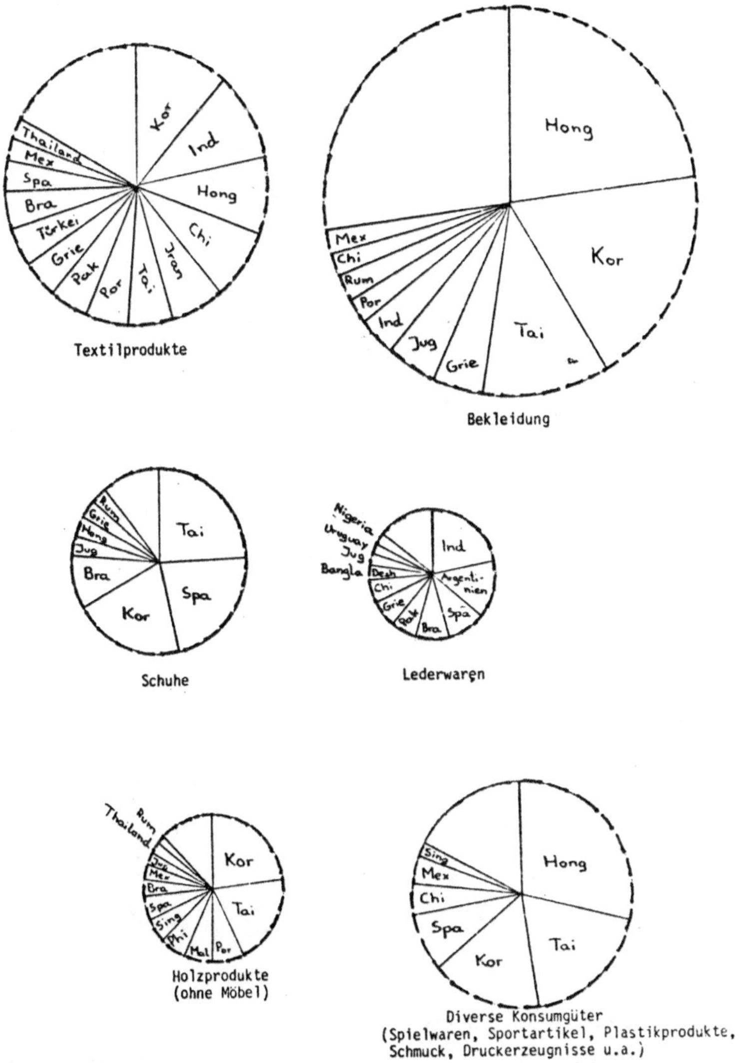

Die Kreisflächen entsprechen dem jeweiligen Gesamtwert der OECD-Importe aus neu industrialisierenden Ländern.

Die unbezeichneten Kreissektoren umfassen jeweils alle Länder mit weniger als 2 % Importanteil.

Datenquelle: OECD, Statistics of Foreign Trade

Abb. 17 Halb- und Fertigwarenimporte der OECD-Länder aus neu industrialisierenden Ländern im Jahre 1976, nach Industriezweigen und Herkunftsländern: "traditionelle" Exportzweige der Dritten Welt

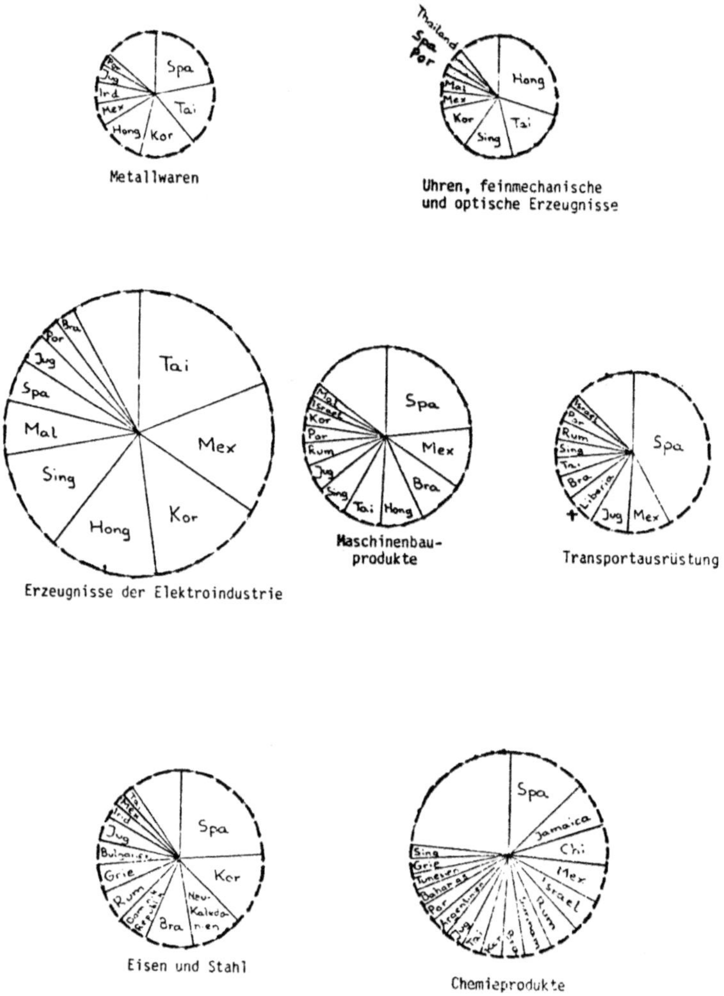

+ fast ausschließlich Re-Exporte

Die Kreisflächen entsprechen dem jeweiligen Gesamtwert der OECD-Importe aus neu industrialisierenden Ländern.

Die unbezeichneten Kreissektoren umfassen jeweils alle Länder mit weniger als 2 % Importanteil.

Datenquelle: OECD, Statistics of Foreign Trade

Abb. 18 Halb- und Fertigwarenimporte der OECD-Länder aus neu industrialisierenden Ländern im Jahre 1976, nach Industriezweigen und Herkunftsländern: "neuere" Exportzweige der Dritten Welt

Während sich im großen und ganzen auf allen Märkten die gleichen, bereits aus dem vorangegangenen Diskurs bekannten Länder wiederfinden, sind auch einige bemerkenswerte Ausnahmen zu konstatieren. Hierzu gehören der Iran und die Türkei auf dem Textilmarkt; Uruguay, Bangladesh und Nigeria auf dem Markt für Leder und Ledererzeugnisse; Neukaledonien und die Dominikanische Republik auf dem Eisen- und Stahlmarkt sowie Jamaika, Surinam, die Bahamas und Tunesien auf dem Chemiemarkt. In den beiden letztgenannten Bereichen handelt es sich meist um Weiterverarbeitungsstufen der Rohstoffproduktion des betreffenden Landes: so in Neukaledonien und der Dominikanischen Republik um Eisenlegierungen, in Jamaika um Aluminiumoxyd.

Insgesamt weniger bedeutende Exportländer treten noch mehr in den Vordergrund, wenn man die Importmärkte einzelner OECD-Länder betrachtet. So spielen z.B. auf dem französischen Importmarkt für Bekleidung Marokko, Mauritius und Tunesien eine Rolle. Tunesien und Marokko sind zusammen mit Ägypten auch wichtige Lieferantenländer auf dem französischen Textilmarkt; Tunesien außerdem auf dem westdeutschen Bekleidungs- und Marokko auf dem westdeutschen Textilmarkt. Im Bereich "Diverse Konsumgüter" hat Haiti für den amerikanischen Importmarkt eine gewisse Bedeutung. Auf dem EG-Markt gilt ähnliches für Holzerzeugnisse aus der Elfenbeinküste, Kamerun und dem Kongo, für Eisen und Stahl aus Algerien, sowie für Maschinenbauprodukte aus Saudi-Arabien.

Vergleicht man die Aufteilung der diversen Teilmärkte unter den Exportländern, so zeigt sich, daß auf einigen Märkten eine ausgesprochen hohe Konzentration und auf anderen eine relativ starke Streuung des Angebots herrscht. Die Extreme sind auf der einen Seite die Märkte für Schuhe, feinmechanische Erzeugnisse und "Diverse Konsumgüter" und auf der anderen für Chemieprodukte und Textilerzeugnisse. Ausgesprochene Mischkonstellationen mit einer stark konzentrierten und einer relativ breit gestreuten Markthälfte sind in den Sektoren Bekleidung und Holzprodukte zu beobachten.

Die starken Unterschiede in der Aufteilung der einzelnen Märkte unterstreichen die Bedeutung einer ganz bestimmten Unterteilung der Produktgruppen. Im Vordergrund steht dabei nicht das Verhältnis von Arbeits- und Kapitaleinsatz bei der Herstellung der Güter, sondern die Schwierigkeit bei ihrer internationalen Vermarktung.

Auf der einen Seite stehen Prdoukte, die in ihrer Ausführung weitgehend standardisiert sind und, wie Chenery und Keesing bemerken, über ähnliche vorgegebene Kanäle vermarktet werden, wie Rohstoffe. Zu dieser Art von Gütern gehören viele Zwischenprodukte wie Garne und Tücher, Leder, Sperrholz, Zement, Eisen, Stahl und eine Reihe von Chemieerzeugnissen [18]. Auf der anderen Seite stehen Produkte, ob arbeits- oder kapitalintensiv, die den spezifischen Anforderungen differenzierter Marktsegmente gerecht werden und in enger Interaktion mit den Abnehmern hergestellt werden müssen. Hierunter fallen die meisten Konsum- und Kapitalgüter.

Chenery und Keesing haben aus der Exportpalette der neu industrialisierenden Länder von 1975 die standardisierten Zwischenprodukte zusammengestellt, was einer stärkeren Aufgliederung der statistischen Kategorien als hier bedarf. Dabei zeigte sich, daß diese Produkte bei den erfolgreichsten Exportländern einen wesentlich kleineren Anteil ausmachen als bei den weniger erfolgreichen. Eindeutige Konsumgüter und Kapitalgüter (also diejenigen Produkte, die die höchsten Anforderungen nicht nur an Produktions- sondern auch an Vermarktungsfähigkeiten stellen) nahmen typischerweise den größten Platz im Exportsortiment von Hongkong, Taiwan, Südkorea, Spanien und Brasilien ein, nämlich über 4o %. In allen anderen Ländern erwies sich ihr Anteil als signifikant kleiner [19].

Um das Bild der veränderten Austauschbeziehungen zwischen alten Industrieländern und neu industrialisierenden Ländern abzurunden, sei auch kurz auf die Einfuhren letzterer eingegangen. Mit der Verlagerung auf industriell gefertigte Erzeugnisse gleicht sich die Exportstruktur dieser Länder an die der alten Industrieländer an.

---

[18] Chenery/Keesing 1979: S. 3o f.

[19] Chenery/Keesing 1979: S. 3o ff. Rumänien, Bulgarien und Singapur blieben unberücksichtigt

Der Anteil der Industriegüter an den Wareneinfuhren hat sich jedoch im Zeitraum von 1960-1977, in dem sich die Anteile an den Ausfuhren der Dritten Welt (Ölstaaten ausgenommen) fast verdreifachte, kaum geändert. Der Unterschied zur Einfuhrstruktur der entwickelten Industrieländer ist in dieser Beziehung heute nicht gravierend, nachdem letztere sich seit 1960 der Einfuhrstruktur der Dritten Welt angenähert haben.

Eine Konsequenz dieser ungleichen Verschiebungen auf der Ein- und Ausfuhrseite ist, daß die Industrieimporte der Entwicklungsländer zu einem immer größeren Teil aus den Erlösen ihrer Industrieexporte finanziert werden können bzw., wenn die volle Deckung erreicht ist, daß die industriellen Exporterlöse zu einem immer geringeren Teil für die Finanzierung der Industriegütereinfuhren benötigt werden. Je mehr sich die Position der neu industrialisierenden Länder im internationalen Austauschgefüge derjenigen der alten Industrieländer annähert, desto mehr gehen sie dazu über, Rohstoffimporte aus industriellen Exportüberschüssen zu begleichen. Gerade von den erfolgreichsten der neuen Industrieexportländer ist deshalb nicht zu erwarten, daß ihre Einfuhr aus rohstoffarmen Industrieländern wie der Bundesrepublik Deutschland in gleichem Maße zunimmt, wie sich ihre Fertigwarenexporte dorthin ausweiten.

Abbildung 19 veranschaulicht diese Zusammenhänge. Die Industriegüterausfuhren der drei größten neu industrialisierenden Fertigwarenexporteure liegen klar über ihren Industrieeinfuhren. Erst bei den in der Rangordnung nachfolgenden Ländern (mit Ausnahme Indiens) ist die Relation umgekehrt. Aber auch die Mehrzahl dieser Länder konnte das Verhältnis ihrer industriellen Ein- und Ausfuhren seit 1960 deutlich zugunsten der Exporte verändern.

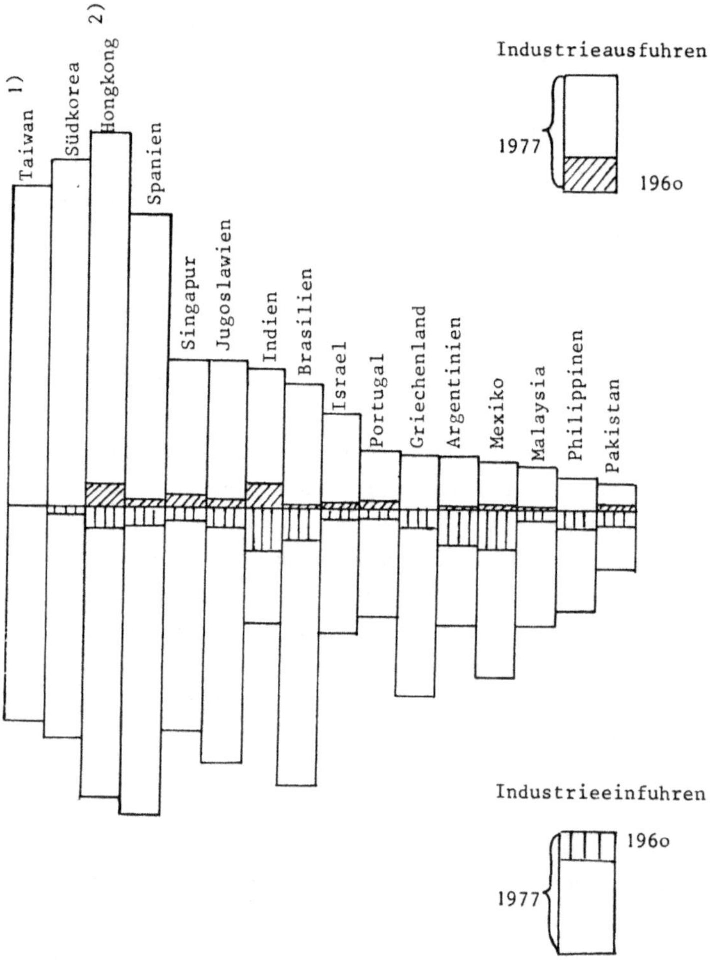

1) ohne Angaben für 196o

2) einschließlich Re-exporte

Datenquellen: Weltbank, Weltentwicklungsbericht 198o
UN: International Trade Statistics 1978
IfO-Schnelldienst 21/198o (für Taiwan)

Abb. 19 Industriegüteraus- und -einfuhren der 16 wichtigsten neu industrialisierenden Exportländer *

* ohne Rumänien, Bulgarien und China

II. Das ökonomische Prinzip der neuen internationalen Arbeitsteilung

a) Grundlagen der industriellen Wettbewerbsfähigkeit von Entländern

Ein Wesensmerkmal der wirtschaftlichen Unterentwicklung von Ländern oder Regionen ist ihre geringe Produktionskapazität pro Kopf der Bevölkerung verglichen mit anderen, als "entwickelt" geltenden Ländern. So grundverschieden, ja fast unvergleichbar Länder wie Argentinien und Mali insgesamt sein mögen, ihr gemeinsamer Status als "Entwicklungsländer" beruht auf dem Abstand zum Produktivitätsniveau von Ländern wie Japan oder Dänemark. Dieses Gefälle in der wirtschaftlichen Leistungsfähigkeit der menschlichen Arbeitskraft hat seine unmittelbare Ursache in der geringeren Ausstattung der Entwicklungsländer mit dem Produktionsfaktor Kapital (einschließlich Infrastruktur), in der geringen Größenordnung der Produktion, in geringer Produktionsdichte und in ihrem Mangel an produktionstechnischen Kenntnissen und Fähigkeiten. Letzteres läßt sich unter alternativen theoretischen Perspektiven mit den Begriffen des "Ausbildungskapitals" bzw. der "Technologie" erfassen. Die produktionstechnische Überlegenheit der sogenannten entwickelten Länder tritt umso eindeutiger zutage, je geringer der Anteil natürlicher Ressourcen am Produktionsergebnis ist, also am markantesten bei der Umformung natürlicher Rohstoffe (aber auch bei der Erbringung nicht-manueller Dienstleistungen). Die spezifische Stärke produktivitäts-schwacher Wirtschaftsräume kann hingegen in der Verfügbarkeit bestimmter natürlicher Ressourcen, seien es Bodenschätze, klimatische Bedingungen oder geographische Gegebenheiten, liegen. Darauf basierte die klassische Arbeitsteilung zwischen Ländern, die eine industrielle Verarbeitungskapazität aufgebaut hatten - den "Industrieländern" - und Ländern, in denen diese Kapazität fehlte oder leistungsmäßig klar unterlegen war.

Höhere wirtschaftliche Leistungskraft mündet dort unmittelbar in Überlegenheit auf dem Markt, wo es sich um die Herstellung von

Gütern handelt, die von anderen nicht oder nicht in der gleichen Qualität hergestellt werden können. Ansonsten stellt sich Wettbewerbsüberlegenheit erst über den Preisvorsprung ein, der sich aus einer höheren Produktivität ergibt. Für viele industrielle Herstellungsverfahren fehlen den Produzenten in den Entwicklungsländern gegenwärtig die technologischen Kenntnisse. Viele Güter können jedoch sowohl in Entwicklungs-, als auch in Industrieländern hergestellt werden. Ein Produktivitätsvorsprung letzterer verleiht ihnen nur dann Wettbewerbsüberlegenheit, wenn der sparsamere Einsatz von Produktionsmitteln sich auch in geringeren Herstellungskosten niederschlägt. Entscheidend ist also neben dem physischen Produktionsaufwand der Preis der aufgewendeten Produktionsfaktoren Arbeit, Kapital und Rohmaterialien. Entwicklungsländer haben die Möglichkeit, geringere Produktivität durch niedrigere Faktorkosten auszugleichen und somit im Rahmen ihrer technologischen Reichweite mit den entwickelten Ländern erfolgreich bei der Herstellung von Industrieerzeugnissen zu konkurrieren.

Dabei sind mehrere Gesichtspunkte zu beachten. Das Verhältnis nationaler Faktorpreise zu denen anderer Länder regelt sich zunächst über den Wechselkurs. Wenn die Währung des Entwicklungslandes gering genug bewertet wird, läßt sich jeder Produktivitätsrückstand durch entsprechend niedrige Faktorkosten ausgleichen. Der Wechselkurs bestimmt dabei die Trennungslinie zwischen den Gütern, bei denen der Faktorkostenvorteil hinreichend für internationale Wettbewerbsfähigkeit ist, und denjenigen, bei denen die Produktivitätsnachteile überwiegen. Je geringer der Abstand zum internationalen Produktivitätsniveau ist, desto eher befinden sich die entsprechenden Erzeugnisse diesseits der Wettbewerbsfähigkeitsgrenze. Es sind diese Erzeugnisse, bei denen zu dem entsprechenden Zeitpunkt die komparativen Vorteile des Landes liegen.

Würde die Zahlungsbilanz eines Entwicklungslandes überwiegend durch den Export von Industriegütern bestimmt, würde sich der Wechselkurs aufgrund der Marktkräfte so einstellen, daß diese komparativen Vorteile zur Geltung kommen. Dominieren Rohstoffexporte, kann es jedoch gut sein, daß die Währung des Landes zu hoch bewertet wird, um seine industriellen Faktorkosten im Rahmen internationaler Konkurrenzfähigkeit zu halten. Die durch den Wechselkurs vermittelten Faktorpreise legen dann die Schwelle fest, die die industrielle Produktivität erreichen muß, um auf den Exportmärkten mithalten zu können. Die Sicherung eines genügend hohen Wechselkurses ist somit ein wesentlicher Aspekt der industriellen Exportstrategie jedes Entwicklungslandes.

Durch den Wechselkurs werden aber nur diejenigen Faktorpreise in ihrem internationalen Wert beeinflußt, die sich auf dem nationalen Markt bilden. Dazu gehört in erster Linie der Lohn für die nationale Arbeitskraft, aber auch der Preis einheimischer Rohstoffe, soweit er nicht vom Weltmarkt bestimmt wird. Der Preis des Produktionsfaktors Kapital hingegen, d. h. die Verzinsung geliehenen Finanzkapitals und die vom Unternehmer geforderte Rendite auf das eingesetzte Eigenkapital, ist als Prozentanteil an den aufgewendeten Kapitalsummen festgesetzt und somit abhängig vom Preis der benutzten Kapitalgüter. Soweit diese von Entwicklungsländern importiert werden, bleibt ihr Dollarpreis und damit auch der an ihn geknüpfte Dollarzins vom Wechselkurs unbeeinflußt. Eine Abwertung des Entwicklungslandes könnte lediglich die Nutzung bereits investierter Kapitalsummen international verbilligen (sofern nicht die Verzinsung ebenfalls in Dollar festgelegt ist). Werden inländische Kapitalgüter benutzt, so wird mit einer Abwertung im Grunde die Herstellung dieser Güter, also wiederum in erster Linie die dazu erforderliche Arbeit, nicht jedoch die Nutzung des Faktors "Kapital" verbilligt.

Die Kapitalnutzung dürfte in Entwicklungsländern eher teurer sein als in Industrieländern, weil

a) die dort erzielbare Rendite (und damit die Opportunitätskosten des Kapitaleinsatzes) und

b) die dort für erforderlich gehaltene Risikoprämie

tendenziell höher ist. Beides führt dazu, daß Produzenten in den Entwicklungsländern Industriegüter nur dann auf dem Weltmarkt anzubieten bereit sind, wenn der erzielbare Gewinn pro Kapitaleinheit höher ist als es die Konkurrenz in den Industrieländern für notwendig hält. Der höhere Gewinnanspruch (Kapitalkosten im weltwirtschaftlich relevanten Sinn) muß durch niedrigere Produktionskosten aufgefangen werden. Wird erwartet, daß dies nicht der Fall sein wird, werden alternative Kapitalanlagen bevorzugt. Das hindert jedoch z.B. staatliche Investoren nicht daran, unter Mißachtung von Opportunitätskostengesichtspunkten eine niedrigere Rendite zu akzeptieren und auf dieser Basis in Wettbewerb mit dem Ausland zu treten. Kapitaltransfer aus dem Ausland trägt ebenso dazu bei, daß die Knappheitsprämie des Kapitals in Grenzen bleibt.

Über den Wechselkurs jedoch haben die Entwicklungsländer kaum die Möglichkeit, Kapitalkostenvorteile zu schaffen. Er bietet vor allem die Chance, Produktivitätsnachteile (d.h. Mehraufwand an Arbeit und Kapital) durch Lohnkostenvorteile zu kompensieren. Je stärker die Löhne bei den Gesamtproduktionskosten ins Gewicht fallen, desto größer ist deshalb in der Regel die Hebelwirkung des Wechselkurses. Bei gleichem Produktivitätsabstand zum internationalen Niveau sind es die lohnintensiven Produktionsprozesse, die durch eine Abwertung am ehesten wettbewerbsfähig werden.

Ein anderer Zusammenhang verstärkt diese Tendenz. Der Status der Unterentwicklung, d.h. des Produktivitätsrückstandes zu den entwickelten Ländern, bedeutet ein geringeres Angebot an hochproduktiven und daher hochentlohnbaren Arbeitsplätzen. Dem steht eine große und in vielen Ländern rasch anwachsende Zahl von Arbeitssuchenden niedriger Qualifikationsstufe gegenüber. Die einfache Arbeitsleistung wird deshalb ingesamt niedriger bewertet als in Ländern mit Vollbeschäftigung - niedriger auch dann noch, wenn man den Produktivitätsabstand in Rechnung stellt. D. h. die Arbeit bekommt einen geringeren Anteil am Produktionswert im Form von Löhnen und Nebenleistungen vergütet. Arbeitszeit (sofern es sich nicht um die von hochqualifizierten Spezialisten handelt) ist gemessen am allgemeinen Preisniveau relativ billig.
Je stärker beim Preis eines Entwicklungsländerproduktes deshalb die Entlohnung einfacher Arbeit ins Gewicht fällt, desto besser ist in der Regel seine Ausgangsbasis für die Erlangung internationaler Wett-

bewerbsfähigkeit. Arbeitsintensive Produktionsprozesse sind diejenigen, bei denen am ehesten die komparativen Vorteile unterentwickelter Länder zu finden sind.

Aus dem bisher gesagten wird ersichtlich, daß die Wettbewerbsfähigkeit von Entwicklungsländern im Bereich der verarbeitenden Industrie vor allem mit drei Faktoren verknüpft ist: dem Spektrum der technischen Produktionsmöglichkeiten, der Produktivität und den Lohnkosten. Innerhalb des vom erstgenannten Faktor abgesteckten Rahmens muß der typische Produktivitätsvorsprung der Industrieländer durch Entwicklungsländern typischerweise zukommende Lohnkostenvorteile kompensiert werden. Die Situation an allen drei Fronten wird bestimmt vom Stand der Kapitalbildung und der technologischen Kapazität (d.h. der Fähigkeit, Produkte zu entwerfen sowie Produktionsprozesse zu planen und durchzuführen). Hinzu kommt an der Lohnfront die demographische Situation. Im Laufe der Entwicklung der Produktivkräfte, d.h. mit zunehmender Kapitalbildung und der Erweiterung der technologischen Kapazität, erweitert sich der Tendenz nach das mögliche Produktionsspektrum, nimmt der Produktivitätsabstand zu den entwickelten Volkswirtschaften ab und verringert sich gleichzeitig der Lohnkostenvorteil [2o].

Würden sich Produktivität, Produktionskapazität und Bevölkerung in allen Ländern im Gleichschritt fortentwickeln, würde sich an ihren Wettbewerbspositionen gegenüber einander nichts ändern. Angleichungen in den Wettbewerbspositionen kommen nur dadurch zustande, daß einige Länder ihre Produktivität schneller erhöhen als andere und daß Angebot und Nachfrage auf den nationalen Arbeitsmärkten sich unterschiedlich entwickeln [21]. Letzten Endes können Entwicklungsländer deshalb ihren industriellen Wettbewerbsrückstand gegenüber den entwickelten Industrieländern nur dann aufholen, wenn diese in ihrer technologischen und Produktivitätsentwicklung relativ zu jenen stagnieren.

2o) Andererseits dürfte es zu einer Angleichung der Kapitalkosten im Sinne der durchschnittlichen Rentabilität kommen.

21) Vgl. Bowens Analyse der abnehmenden amerikanischen Wettbewerbsfähigkeit (Bowen 198o).

Unabhängig davon jedoch, wie weit dies für das Verhältnis der nationalen Industrien in ihrer Gesamtheit zutrifft, treten eindeutige Trends in den Wettbewerbsrelationen zwischen entwickelten und unterentwickelten Ländern auf, wenn man die Märkte für einzelne Gütergruppen betrachtet. Der wichtigste Grund liegt darin, daß die Herstellungsverfahren vieler Produkte über längere Zeiträume hinweg relativ unverändert bleiben. D.h.,der weiteren Erhöhung der möglichen Produktivität sind enge Grenzen gesetzt und jeder Produktivitätsfortschritt in den zurückgebliebenen Ländern bringt deshalb eine Verminderung des Abstandes zu den technologisch führenden Ländern mit sich. Es kommt hinzu, daß die Nachzügler in der technologischen Entwicklung im allgemeinen auf einem kürzeren Weg zu einem hohen Produktivitätsniveau gelangen als diejenigen, die als erste zu ihm vorstießen. Dies gilt sowohl für den Erwerb der notwendigen Kenntnisse, die zum Großteil direkt aus dem Ausland übernommen werden, als auch für den Investitionsaufwand, der sich auf die sofortige Errichtung der modernsten (verfügbaren) Produktionsanlagen beschränkt und die davor liegenden Entwicklungsstufen übergehen kann.

Die Entwicklung der industriellen Wettbewerbsfähigkeit wirtschaftlich zurückgebliebener Länder ist also gekennzeichnet durch eine sukzessive Ausweitung auf Erzeugnisse (oder genauer: Produktionsprozesse), die technologisch gesehen in eine relative Stagnationsphase eingetreten sind bzw. deren technologischer Fortschritt für die Entwicklungsländer einholbar ist [22]. Das Faktorkostenniveau, insbesondere das der Löhne, bestimmt dabei die Grenzen des akzeptierbaren Produktivitätsabstandes zu den Industrieländern. In einer späteren Entwicklungsphase mögen einzelne Länder dann auch bei Produktionsprozessen konkurrenzfähig werden und bleiben, die raschem technologischem Fortschritt unterworfen sind.

Grundsätzlich sind alle Produktionsprozesse, auf welche die Charakterisierung der relativen technologischen Stagnation (oder "Reife")

---

[22] Dieser Gedankengang entspricht im wesentlichen dem der Produktzyklustheorie, gemäß der Produkte mehrere Entwicklungsphasen von der "Erfindung" bis zur technischen "Reife" durchlaufen und dabei einem immer breiteren Kreis von Herstellern zugänglich werden (siehe Vernon 1966).

zutrifft, für die Entwicklungsländer erreichbar im Zuge der Ausweitung ihrer Produktivkräfte [23]. Mit zunehmender Annäherung der Produktivitätsniveaus (wozu im weiteren Sinn auch Produktionsfähigkeit und Produktqualität zu zählen sind) wird dann die Lohnkostendifferenz immer mehr zum wettbewerbsentscheidenden Faktor. Es ist dabei gleichgültig, wie arbeits- oder kapitalintensiv die Produktionsprozesse sind; denn ausschlaggebend ist der absolute Kostenvorteil, der sich bei billigerer Arbeitskraft gleicher Produktivität für jedwede industrielle Produktion ergibt, auch wenn er natürlich umso stärker ins Gewicht fällt, je höher der Anteil der Lohnsumme an den Gesamtkosten ist [24].

Welche Produkte ein Entwicklungsland für den Export produzieren kann, hängt ab von seiner technologischen Kapazität - von seiner Fähigkeit, Produktivitätsniveaus zu erreichen, auf denen es mit seinen Löhnen, Material- und Kapitalkosten international konkurrieren kann. Je technologisch entwickelter das Land, desto breiter - bei gegebenen Faktorkosten - das Spektrum der konkurrenzfähigen Produktionsprozesse. Die Frage, wie kapital- und wie arbeitsintensiv, betrifft dabei die Auswahl unter gleichermaßen möglichen Alternativen. Allerdings ist auch der Prozeß der technologischen Entwicklung, in dessen Verlauf sich das Feld der möglichen Alternativen erweitert, nicht ganz losgelöst von dieser Frage.

In den Anfangsstadien beschränkt sich die technologische Reichweite der Entwicklungsländer auf relativ einfache, arbeitsintensive Herstellungsverfahren. Bei ihnen ist an das Produktivitätsniveau der Industrieländer am ehesten heranzukommen und Produktivitätsgefälle sind kostenmäßig am leichtesten durch geringere Löhne auszugleichen.

---

23) Vgl. die Argumentation in Hirsch 1974

24) Dieser Zusammenhang wird drastisch exemplifiziert durch die Tatsache, daß koreanische und brasilianische Stahlwerke (weil neuerer Bauart) weniger arbeitsintensiv produzieren als viele europäische (s. Junz 1979: S. 44). Die Testergebnisse Tharakans (1978), die im Einklang mit dem Heckscher-Ohlin-Theorem das Vorherrschen arbeitsintensiver Erzeugnisse bei den Industrieexporten der Entwicklungsländer in die Industrieländer bestätigen, weisen gleichzeitig darauf hin, daß die Zusammensetzung dieser Exporte durch die Verfügbarkeit billiger Arbeitskraft nicht hinreichend erklärt wird. Siehe auch den Prognoseversuch von Ho/Yeats 198o.

Wettbewerbsfähigkeit bei technisch aufwendigeren und kapitalintensiveren Verfahren hingegen kann sich nicht in gleichem Maße auf niedrige Löhne für gering qualifizierte Arbeitskraft stützen, da diese einen geringeren Anteil an den Gesamtkosten ausmachen. Die Toleranzgrenzen für den Produktivitätsrückstand zu den Industrieländern werden dadurch enger. Das Erreichen konkurrenzfähiger Produktivitätsstandards erfordert hier in der Regel auch einen dichteren Kapitalbestand, ein höheres allgemeines Ausbildungsniveau und einen höheren Grad an Produktionserfahrung, Bedingungen also, die erst im Laufe der industriellen Entwicklung geschaffen werden [25]. Je höher das allgemeine Entwicklungsniveau eines Landes ist, desto weniger sind jedoch seine Exportmöglichkeiten auf bestimmte Faktorintensitäten festgelegt und desto mehr wird die Realisierung zur Frage der Auswahl, wobei Kosten- und Nutzenerwägungen die entscheidenden Kriterien liefern. Es geht bei dieser Frage weniger darum, welche Güter mit den vorhandenen Produktionsmitteln hergestellt werden - diese Frage ist zum Großteil durch vorangegangene Investitionen entschieden worden -, sondern darum, welche neuen Produktionskapazitäten errichtet werden sollen.

Die privaten Investoren wollen, bei gegebenen Weltmarktpreisen, einen möglichst großen Kostenabstand zur Konkurrenz der Industrieländer erzielen, da diese Differenz unmittelbar ihrem Gewinn zugute kommt. Sie werden deshalb dahin tendieren, Güter zu produzieren, bei denen der Produktivitätsabstand gering und der Lohnkostenvorteil stark ins Gewicht fällt, also arbeitsintensive Güter [26]. Dort liegen die komparativen Kostenvorteile der Entwicklungsländer gegenüber den Industrieländern. Die Erwartung, daß sich Entwicklungsländer mit ihrem

---

25) Zur Erreichung der Exportreife kann eine vorherige "Lernphase" erforderlich sein, während der für den gegen ausländische Konkurrenz abgeschirmten Binnenmarkt produziert wird (s. Donges 1974). Die Bedingungen für die Erhöhung der Produktivität und die Aufnahme neuer wettbewerbsfähiger Produktionslinien können aber auch, wie das Beispiel von Hongkong zeigt, im Laufe der Exportproduktion selbst geschaffen werden.

26) Analoges könnte für rohstoffintensive Güter gelten, sofern die Rohstoffbezugspreise für den einheimischen Produzenten unter dem Weltmarktniveau liegen. Doch ist hier die Erfüllung der ersten Bedingung fraglich, da die Rohstoffverarbeitung meist sehr technologieintensiv ist und deshalb relativ viel Raum für einen Produktivitätsvorsprung der Industrieländer läßt (s. z.B. Lim 198o und Wall 198o). Dies schließt nicht aus, daß die Verlagerung industrieller Weiterverarbeitungsprozesse in Rohstofferzeugerländer handelspolitisch durchgedrückt werden kann (s. Kapitel IV d).

vergleichsweise kapitalarmen und arbeitskräftereichen Volkswirtschaften auf die Durchführung arbeitsintensiver Produktionsverfahren spezialisieren [27], hat sich bislang auch weitgehend erfüllt [28]. Die neue industrielle Arbeitsteilung hat aber nicht in Richtung auf eine Angleichung der Löhne geführt, sondern eher zu einem Preisverfall bei den arbeitsintensiven Exportgütern [29].Das einzelne Entwicklungsland konkurriert hierbei nicht mehr in erster Linie mit den Industrieländern, sondern mit anderen Entwicklungsländern. Kostenvorsprung vor jenen verschafft keinen Zusatzgewinn mehr. Stattdessen wird die Fähigkeit, lohnkostenunabhängige Güter herzustellen, vom Weltmarkt mit einer Prämie bedacht. Für den Investor mag deshalb ein kapitalintensiverer Produktionsbereich rentabler sein, in dem die aggregierte Angebotskapazität der Niedriglohnländer zu gering ist, um einen Preisverfall zu bewirken, und in dem deshalb ein Kostenvorsprung vor den Industrieländern noch Gewinn bringt. Es handelt sich dabei um Bereiche, in denen das anbietende Land gegenüber anderen Entwicklungsländern über einen Vorsprung in der technologischen Kapazität verfügt.

Nach diesem Muster kann sich im Laufe der Entwicklung eines Landes auch der komparative Vorteil verschieben und zur Verlagerung der Produktion auf neue Bereiche drängen. Derartiger Druck wird zum Zwang, einfache arbeitsintensive Bereiche zu verlassen, wenn es mit der technologischen Entwicklung zu einer Verknappung und damit zu einer Verteuerung der Arbeitskraft kommt, die nicht mehr durch Produktivitätserhöhungen aufgefangen werden kann [3o].

---

27) Die theoretische Ableitung dieser Erwartung wird vom Heckscher-Ohlinschen Theorem der Faktorproportionen-Bestimmung des internationalen Handels geleistet.

28) S. z.B. Mahfuzur 1973 und Tharakan 1978.

29) Es bestätigt sich darin aufs neue die Diagnose der "ungleichen Austauschverhältnisse". Für eine kritische Diskussion der zugehörigen theoretischen Perspektive s. Bärtschi 1976.

3o) Vgl. Balassas "Stufenansatz" zur Frage der komparativen Kosten in Industrie- und Entwicklungsländern (Balassa 1977 a).

Die Wettbewerbsvorteile, die in der Verfübarkeit billiger Arbeitskraft (und gegebenenfalls billiger Rohstoffe) begründet sind, stellen eine Chance für die Entwicklungsländer dar, deren Nutzung von bestimmten Bedingungen abhängt. Diese Bedingungen gruppieren sich um zwei Kernpunkte: die (technische) Fähigkeit zur industriellen Produktion und ein adäquates Verhältnis zwischen in- und ausländischem Preisniveau, welches die realen Kostenverhältnisse voll zur Geltung bringt. Bis in die Mitte der fünfziger Jahre richteten sich die Bestrebungen von Entwicklungsländern ausschließlich auf den ersten Punkt, also auf die Erweiterung des industriellen Produktionshorizontes, wobei die Versorgung des jeweiligen Binnenmarktes das vorrangige Ziel war. Im Bemühen, den Aufbau industrieller Produktionskapazitäten voran zu treiben, schuf die staatliche Wirtschaftspolitik fast durchweg Bedingungen, welche einem Vordringen der jungen Industrien auf Auslandsmärkte abträglich waren. (Überbewertung der eigenen Währung, Verteuerung importierter Vorleistungen, Abschirmung gegen ausländische Konkurrenz) [31]. Nur in Hongkong war die Industrieproduktion von Anfang an auch auf den Exportmarkt ausgerichtet, wobei neben dem Vorherrschen einer auch nach außen liberalen Marktordnung die aus der Tradition als Güterumschlagplatz erwachsene Existenz eines eingespielten Aussenhandelsapparates als Sonderbedingung eine große Rolle spielte [32].

In anderen Entwicklungsländern orientierte der Staat die Industrialisierung auf den Export hin um, als die vorangegangene Entwicklungsphase in zunehmende Schwierigkeit geriet. Theoretisch abgestützt durch das Faktorproportionen-Theorem und ermutigt durch den weltweiten Trend zur Handelsliberalisierung begann sich seit den fünfziger Jahren der Gedanke durchzusetzen, daß mit Hilfe einer geeigneten Außenwirtschaftspolitik Kostenvorteile gegenüber dem Ausland zur Geltung zu bringen seien, und daß eine Industrieentwicklung, die sich auf diese Vorteile stützt, auf Dauer erfolgreicher verlaufe als eine ausschließlich am Binnenmarkt orientierte. Die nachfolgende

---

31) Eine bereits "klassische" Kritik der fortgesetzten Importsubstitution als Industrialisierungsstrategie ist in Little/Scitovsky/Scott 197o zu finden.

32) S. Riedel 1974.

Entwicklung zeigte, daß dieser Gedanke richtig war, daß eine Wirtschaftspolitik, welche die Bildung adäquater Marktsignale zuläßt und begünstigt, latent vorhandene Kostenvorteile der Entwicklungsländer offenlegt und zur Wirkung bringt [33].

Die Entwicklungsländer, die bis heute die größten industriellen Ausfuhrerfolge verzeichneten, sind diejenigen, welche die konsequenteste Exportförderungspolitik betrieben. Allerdings hatten auch alle die Basis für ihre nachfolgende industrielle Expansion (physische Infrastruktur, Ausbildungsniveau, Unternehmertum) hinreichend entwickelt - eine Vorbedingung, die in vielen der ärmeren Länder der Welt bislang nicht erfüllt ist. Andere Entwicklungsländer wiederum, die über eine ausgebaute industrielle Produktionskapazität verfügen, spielten bislang auf dem Weltmarkt nur eine untergeordnete Rolle, da sie es an den notwendigen wirtschaftspolitischen Voraussetzungen fehlen ließen. Darin spiegelt sich teils das politische und konzeptionelle Unvermögen zur radikalen Umstellung der Volkswirtschaft und teils eine bewußte Zurückhaltung in der Exportorientierung wider. Die Gründe für das Letztere kommen in den nachfolgenden Kapiteln ausgiebig zur Sprache.

Dennoch zeichnet sich weltweit gesehen eine Ausweitung der industriellen Exportförderung ab. Immer mehr Entwicklungsländer, sowohl relativ hoch industrialisierte als auch solche, die erst am Anfang ihrer Industrieentwicklung stehen, suchen ihre komparativen Kostenvorteile im internationalen Handel zur Geltung zu bringen [34]. Dem Angebotsdruck aus Entwicklungsländern steht allein aus diesem Grunde wahrscheinlich eine gewaltige Zunahme bevor.

Während immer neue Anbieter auf dem Weltmarkt auftreten, verstärkt sich auch das Bemühen um eine Diversifizierung der Industrieexporte. Die Ausfuhr neuer Produkte erwächst dabei zum Teil von selbst aus der industriellen Entwicklung, sofern diese auf den Außenhandel hin orientert ist. Manchmal sind neue Exportbranchen aber das Resultat

---

[33] S. u.a. Donges 1976, Balassa 1977 b und Donges/Müller-Ohlsen 1978.

[34] S. z.B. die diversen Länderbeiträge zum UNIDO-Seminar über Verlagerung von Industrien in Entwicklungsländer, Wien, 2o-21.September 1979.

gesteuerter Entwicklungen, die auf bestimmte Produktions- und Exportstrukturen abzielen. Derartige Bemühungen nehmen die Veränderung in den komparativen Kostenvorteilen des Landes oft vorweg und suchen sie bewußt herbei zu führen, sei es, um sich zukünftigen Entwicklungen auf dem Weltmarkt vorausschauend anzupassen, sei es, um die Produktivitätsentwicklung voranzutreiben und die Position des Landes in der internationalen Arbeitsteilung auf ein höheres Niveau zu heben. Beispiele hierfür bieten sowohl die Errichtung petro-chemischer Industrien in den arabischen Golfstaaten als auch der Aufbau einer Automobilindustrie in Südkorea.

Die Exportanstrengungen von Entwicklungsländern werden seit Jahren verstärkt vom Bestreben über nationale Grenzen hinweg operierender Unternehmen, ihrerseits die Kostenvorteile von Niedriglohnländern auszunutzen. Diese Unternehmen betreiben - sei es als Auftraggeber oder direkt als Investoren - aktiv die Errichtung von Exportkapazität.

Für die Entwicklungsländer liegt der Rückgriff auf die Ressourcen ausländischer Unternehmen umso näher, je "schwieriger" die ins Auge gefaßten Produktionsprozesse zu meistern sind und je mehr der entsprechende Markt von ausländischen Produzenten beherrscht wird. Mit der Ausweitung der Entwicklungsländerexporte auf technologisch anspruchsvollere Bereiche dürften deshalb multinationale Produktionsunternehmen eine zunehmend wichtigere Rolle spielen [35].

Aber während es aus der Warte der Entwicklungsländer um den Verkauf nationaler Industrieerzeugnisse auf dem internationalen Markt geht, bewegen sich die ausländischen Investoren auf einem internationalen Markt für Produktionsstandorte, der das Produktivkapital dorthin leitet, wo es die günstigsten Bedingungen vorfindet. Als Folge der In-

---

35) Die arbeitsintensiven Erzeugnisse hingegen, auf die sich der industrielle Exporterfolg der Dritten Welt auch heute noch in erster Linie gründet, stammen zum überwiegenden Teil aus einheimischen Unternehmen. Von wesentlich größerer Bedeutung als ausländische Produktionsfirmen sind hierbei international agierende Einkaufsunternehmen wie die japanischen Handelshäuser oder westliche Einzelhandels-Großunternehmen (s. Hone 1974 und die skeptischen Überlegungen in Vaitsos 1979: S. 38 f.).

ternationalisierung dieses Marktes steht nicht mehr unbedingt die industrielle Leistungskraft eines Landes am Ausgangspunkt seiner Exportchancen. Die für die Leistungskraft ausschlaggebenden Ressourcen Kapital und Technologie fließen dem Land vielmehr in dem Maße zu, wie es als Produktionsstandort mit anderen konkurrieren kann. Auch Länder ohne industrielle Erfahrung werden von ausländischen Unternehmen in die Lage versetzt, verarbeitete Erzeugnisse zu exportieren. Die Notwendigkeit zur vorherigen Entwicklung einer eigenen "technologischen Kapazität" entfällt dabei. Aber auch die Autonomie des Landes als Anbieter wird eingeschränkt; denn es sind die Abnehmer selbst, die die Produktion kontrollieren und ihren Interessen unterordnen [36].

Das Interesse von Unternehmen in den Industrieländern an der Auslagerung setzte bei denjenigen Produktionsprozessen ein, bei denen der Einsatz manueller Arbeit kostenmäßig stark ins Gewicht fällt und die sich andererseits ohne übermäßige Effizienzverluste aus dem Zusammenhang der gesamten Produktion räumlich loslösen lassen. Derartige Arbeitsabläufe finden sich vor allem in der Textil- und der Elektronikindustrie, aber auch in der Spielzeugindustrie, der optischen und der feinmechanischen Industrie [37]. Bei einfachen arbeitsintensiven Prozessen bleibt das Interesse an der Auslagerung jedoch nicht stehen. In dem Maße, wie die Standortqualitäten in den Entwicklungsländern, was Infrastruktur, Produktionsdichte und Qualifikation der Arbeitskraft anbelangt, zunehmen, rentiert es sich, auch komplexere und kapitalintensivere Produktionsprozesse auszulagern. Schon heute greifen Maschinenbauer und Automobilproduzenten auf billigere Arbeitskraft in Entwicklungsländern zurück [38]. Dieser Rückgriff wird für immer mehr Produktionsbereiche zu einer Art Rationalisierungsreserve werden, von der Gebrauch gemacht werden muß und wird in dem Maße, wie es der Konkurrenzkampf verlangt [39]. Hochlohn-

---

36) S. hierzu Kapitel III d.

37) S. auch Fröbel/Heinrichs/Kreye 1977: S. 623 ff. Die Produktions- und Auslagerungsbedingungen der Elektronikindustrie sind u.a. in Malkin 198o analysiert.

38) S. z.B. Lall 198o für die Internationalisierung der Automobilindustrie.

39) Vgl. Fröbel/Heinrichs/Kreye 1977: Einleitung und Kapitel 2.

standorte hingegen werden sich mehr und mehr nur für diejenigen Produktionsprozesse halten lassen, für die technologische Monopole bestehen oder die gegen ausländische Konkurrenz abgeschirmt sind.

b) Entwicklungslinien der internationalen Arbeitsteilung im Industriegüterbereich

Der Wandel im Nord-Süd-Handel

Während der ersten Hälfte dieses Jahrhunderts zeichneten sich die sogenannten Industrieländer vor allen anderen Gebieten und Nationen der Welt dadurch aus, daß nur sie industriell gefertigte Waren in nennenswertem Umfang herstellten. Nicht nur die Gesamtheit der Industrieländer, sondern auch jedes der größeren unter ihnen hatte Produktionskapazitäten über nahezu den gesamten Bereich industrieller Fertigung aufgebaut. Kleinere Länder hatten sich stärker spezialisiert. Dennoch war die industrielle Arbeitsteilung weitgehend dadurch gekennzeichnet, daß die gleichen Güter sowohl importiert als auch exportiert wurden. Die unterentwickelten Länder hingegen bezogen fast alle Fertigwaren, die sich nicht in traditioneller handwerklicher Produktion herstellen ließen, aus den Industrieländern. Eine industrielle Arbeitsteilung zwischen ihnen und den Industrieländern gab es nicht.

Mit dem Aufbau eigener industrieller Produktionskapazitäten in einer Reihe bis dahin nicht industrialisierter Länder begannen deren Fertigwarenimporte aus den Industrieländern selektiver zu werden. Sie konzentrierten sich mehr und mehr auf Zwischenprodukte, Investitionsgüter und z.T. technologisch anspruchsvolle Konsumgüter. Damit begannen die Industrieländer, sich gegenüber der Dritten Welt stärker als bisher zu spezialisieren, während die neu industrialisierenden Länder ihr Produktionsspektrum verbreiterten. Insgesamt verengte sich zunächst der Bereich des Austausches zwischen Entwicklungs- und Industrieländern.

Doch mit der Aufweichung des technologischen "Monopols" der alten Industrieländer wurden auch neue komparative Vorteile bestimmend für die internationale Arbeitsteilung. Die Entwicklungsländer kamen - nachdem sie die notwendigen wirtschaftspolitischen Vorkehrungen zu treffen begonnen hatten - ihrerseits in die Lage, mit Industrieprodukten auf den internationalen Märkten zu konkurrieren. Ihr spezifischer Wettbewerbsvorteil, die billige Arbeitskraft, begann sich überall dort auszuwirken, wo sie den einstigen Vorsprung der Industrieländer an Produktionswissen und -fertigkeiten einholten oder auch nur hinreichend verringerten.

Die technologisch-industrielle Entwicklung der Dritten Welt hat somit einen Prozeß ständiger Verschiebung in der internationalen Arbeitsteilung in Gang gesetzt. Das technologische "Monopol", das den Industrieländern einst einen absoluten Vorteil für die Herstellung praktisch aller Industrieprodukte gewährt hatte, ist dabei, sich auf einen Güterbereich zu reduzieren, der einerseits immer enger wird, dem sich andererseits aber auch ständig neue Produkte hinzugesellen. Bei immer mehr "alten" Produkten ergeben sich für die neu industrialisierenden Länder komparative Vorteile, für die alten Industrieländer hingegen komparative Nachteile. D.h., für letztere wird es günstiger, sich auf die Herstellung und die Ausfuhr jener Erzeugnisse zu spezialisieren, in denen sie auch weiterhin einen signifikanten technologischen Vorsprung vor der Dritten Welt haben (wir wollen sie vereinfachend T-Güter oder genauer gesagt T-Prozesse nennen). Der Spezialisierungsbereich der Entwicklungsländer wird dabei ständig breiter. Ihm gehören die Güter an, deren Wettbewerbsfähigkeit entscheidend von Lohnkosten bestimmt wird (wir bezeichnen sie hier als L-Güter bzw. L-Prozesse). Im Zuge des technologischen Aufholprozesses der neu industrialisierenden Länder wechseln immer mehr T-Güter in den L-Güter-Bereich über. Produktinnovationen führen jedoch auch dazu, daß L-Güter durch neue T-Güter vom Markt verdrängt werden und verlorengegangene Wettbewersvorteile wieder an die Industrieländer zurückgehen [4o]. Die betreffenden Produktionslinien wechseln vom L-Güter- in den T-Güter-Sektor zurück.

Im Anfangsstadium des Prozesses der Verschiebung der technologischen Scheidelinie spezialisierten sich die Entwicklungsländer, ihrer noch geringen technologischen Kapazität entsprechend, auf einen engen Bereich relativ leicht zu meisternder Produktions-

---

[4o] Vgl. Junz 1979: S. 43

verfahren, nämlich die Herstellung von Textilien, Bekleidung, Schuhen, Lederartikeln und ähnlichem. Diese Verfahren greifen alle stark auf einfache, wenig qualifizierte Arbeitskraft zurück. Die neue internationale Arbeitsteilung ist jedoch nur vorübergehend durch eine Spezialisierung entlang den Linien unterschiedlicher Faktorintensität gekennzeichnet. Entscheidender ist das in Bewegung geratene Gefüge der Produktivitätsunterschiede, das über Verteilung und Umverteilung komparativer Vorteile entscheidet [41]. So haben sich denn zu den anfänglichen arbeitsintensiven Exporten der neu industrialisierenden Länder längst Produkte gesellt, die einen beträchtlichen Einsatz an qualifizierter Arbeitskraft und Kapital erfordern.

Die Industrialisierung der Dritten Welt ist wesentlich ein Prozeß der technologischen Emanzipation, des Aufholens der Produktionsmöglichkeiten, die der technische Fortschritt in den Industrieländern geschaffen hat und ständig weiter schafft. Dieser Prozeß tendiert langfristig zu einer Angleichung der industriellen Produktions- und Exportstrukturen der Entwicklungsländer an diejenigen der alten Industrieländer. In ihrem Verlauf kommt es jedoch zu ausgeprägten komparativen Kostenunterschieden, da die technologische Emanzipation sich während der sehr langen Übergangszeit nur auf einen Teil des industriellen Güterspektrums erstreckt. Das Potential der Arbeitsteilung zwischen Nord und Süd verändert sich dabei gemäß dem technologisch-industriellen Entwicklungsstand des "Südens". Es gibt keine a-priori-Gründe dafür, anzunehmen, daß diese Entwicklung an einem bestimmten Punkt Halt macht und dieser Punkt eine dauerhafte künftige Arbeitsteilung markiert, wie es z.B. die Vision von blaupausen-exportierenden und waren-importierenden Industrieländern impliziert. Die Entwicklung früherer industrieller Nachzügler wie Deutschlands, der skandinavischen Länder oder Japans führte zur vollen technologischen Emanzipation.

Allerdings wird die Industrialisierung in vielen Ländern der Dritten Welt nicht mit der Zielstrebigkeit durchgeführt, die heute notwendig ist, um jemals voll zu den Produktionsstandards der entwickelten Industrieländer aufzuschließen. Alles deutet darauf hin, daß diese

---

41) Vgl. Hirsch 1974

Länder auf absehbare Zeit nur die "niedrigen Schwierigkeitsgrade" der Industrialisierung meistern werden. D.h. sie werden sich mit technologisch vergleichsweise einfachen Produktionsprozessen bescheiden. Die obere Grenze der allgemein, d.h. ohne zielbewußt auf volle Emanzipation gerichtete und langfristig durchgehaltene Anstrengung erreichbaren technologischen Kapazität wird dabei wahrscheinlich durch den Produktzyklus (und durch einen analogen Prozeßzyklus) bestimmt sein. Die komparativen Vorteile der Dritten Welt werden sich dementsprechend nach und nach auf jene industriellen Produktionsprozesse erstrecken, für die Produktpläne und Verfahrenskenntnisse allgemein verfügbar sind oder von ausländischen Unternehmen übertragen werden. Eine Angleichung darüberhinaus hingegen erscheint gegenwärtig utopisch. Die Arbeitsteilung zwischen Nord und Süd wird also auf Dauer von unterschiedlichen komparativen Kostenstrukturen geprägt bleiben. Im Vorteilsbereich der alten Industrieländer werden dabei weniger ganze Industriezweige als vor allem die technologisch anspruchvollsten Produkte bzw. Produktionsprozesse vieler Industrien verbleiben [42].

Die Industrialisierung der Dritten Welt brachte nicht nur eine Verschiebung von Wettbewerbsvorteilen, sondern auch eine Zunahme des Entwicklungsländeranteils am Welthandel mit Halb- und Fertigwaren. Zunächst bedeuteten die Industrieexporte der Entwicklungsländer jedoch wegen ihres geringen Volumens nur eine bescheidene Teilhabe an den Gesamtausfuhren der Welt. Das galt auch für die wenigen Produkte, auf die sich die Exporte der Entwicklungsländer konzentrierten. Von einer Arbeitsteilung zwischen alten Industrie- und neu industrialisierenden Ländern kann eigentlich erst gesprochen werden, seit letztere beträchtliche Anteile an den Weltimportmärkten für bestimmte Textil- und Bekleidungsprodukte erlangten. Dennoch kamen bis heute

---

42) So wie der Produkt- und Prozeßlebenszyklus bestimmte Produktionslinien in die Reichweite von Ländern mit begrenzter innovatorischer Eigenkapazität bringt, so können auch technische Entwicklungen die Herstellung von Gütern erleichtern. Die fortschreitende Automatisierung kann in diese Richtung wirken, indem sie die früher an den Produktionsvorgang gestellten technologischen Anforderungen gewissermaßen zurückverlagert in die Herstellung der Automaten (vgl. Bennaçeur/Gèze 198o).

selbst die Bekleidungsexporte, die bei weitem bedeutendsten Ausfuhren der Dritten Welt, insgesamt für nur etwa 5 % des Verbrauchs der Industrieländer auf.

Die anteilmäßige Zunahme der Industrieexporte aus den Entwicklungsländern führt zunächst weniger zu einer neuen Arbeitsteilung zwischen Nord und Süd als zu einer Desakzentuierung der alten Arbeitsteilung - zu einer Verminderung des Übergewichts, das die alten Industrieländer in allen Industriegüterbereichen besaßen und auch heute fast durchwegs noch besitzen [43]. Eine neue Arbeitsteilung schält sich erst in dem Maße heraus, wie das Angebotspotential der Dritten Welt in die Größenordnungen der jeweiligen Weltmärkte hineinwächst. Natürlich geschieht dies umso schneller, je enger das Güterspektrum ist, auf das sich die Exportausweitung der Entwicklungsländer konzentriert.

Bislang verlief die Entwicklung so, daß sich in einigen wenigen Güterbereichen eine dominierende Marktposition der Entwicklungsländer im Sinne einer neuen Nord-Süd-Arbeitsteilung herausbildete, daß sich aber die weitere Exportexpansion zum großen Teil auf den Vorstoß in neue Produktbereiche richtete, in denen die neu industrialisierenden Länder bis heute allenfalls eine beachtliche Minderheitsposition erlangten oder gar nur sozusagen einen "Fuß in die Tür" setzten. Besonders in den letzten Jahren verlagerte sich das Schwergewicht der exportorientierten Industrialisierung der Dritten Welt vom Ausbau einer auf Arbeitsteilung gerichteten Spezialisierung zu einem verstärkten Vordringen in neue, vordem den Industrieländern vorbehaltene Produktbereiche [44].

Eine Graphik mag den Verlauf der Entwicklung veranschaulichen. Wenn man sich der Einfachheit halber alle industriellen Produktionsprozesse in einer Rangordnung vom einfachsten bis hin zum techno-

---

43) Vgl. R.J. Johnston 1976: 1o2 ff., dessen Analyse als dominierenden Aspekt in der Entwicklung der Welthandelsstruktur deren Stabilität herausstellt.

44) Siehe z.B. Watkins/Karlik 1978 und Ho/Yeats 198o für Versuche, die zukünftigen Exportlinien der Entwicklungsländer zu identifizieren. Siehe auch Malkin 198o für den Bereich der Elektroindustrie.

logisch aufwendigsten reichend vorstellt, läßt sich das Vordringen der Entwicklungsländer auf den Märkten der Industrieländer durch die Entwicklung der schraffierten Fläche im nachfolgenden Schaubild schematisch darstellen. Der Umfang der einzelnen Gütermärkte ist dabei vernachlässigt.

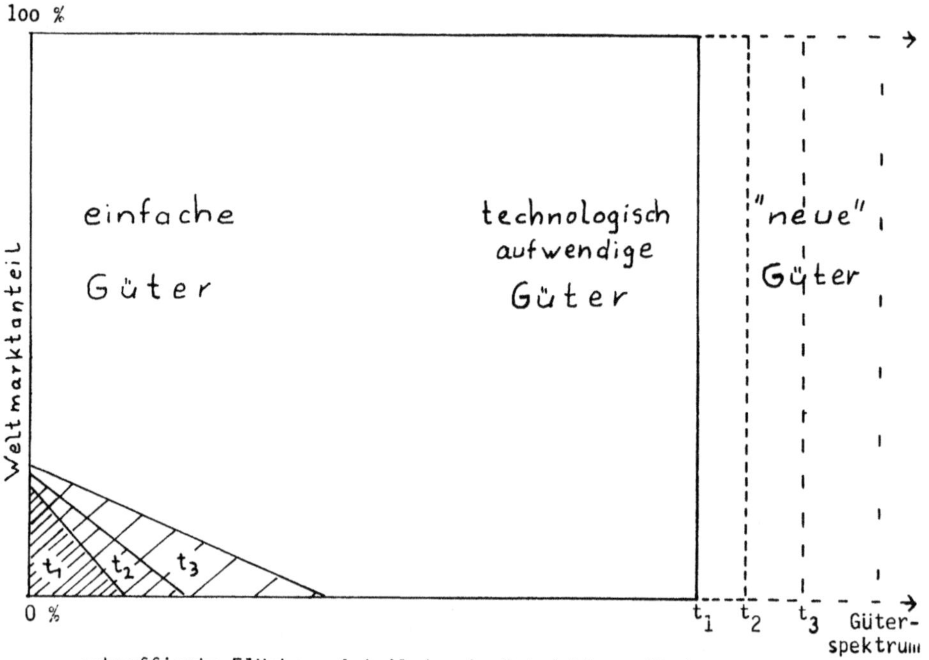

schraffierte Flächen: Anteil der in Entwicklungsländern hergestellten Industrieprodukte zu den Zeitpunkten t_1, t_2, t_3.

Abb. 2o Schematische Entwicklung der industriellen Arbeitsteilung zwischen Nord und Süd

Der Herausbildung einer streng arbeitsteiligen Produktionsstruktur, symbolisiert durch die Ausdehnung der schraffierten Fläche nach oben, bleiben vorerst Grenzen gesetzt. Weit deutlicher ist die Ausdehnung der Fläche nach rechts: relativ kleine, wenn auch wachsende Marktanteile für die Dritte Welt an immer neuen, technologisch aufwendigeren Gütern, die aus dem T-Güter- in den L-Güter-Bereich überwechseln.

Das Monopol der alten Industrieländer wird zwar auf ein (nach der linken Seite hin) immer engeres Güterspektrum zurückgedrängt, ihr Marktanteil bei den übrigen Gütern (L-Gütern) verringert sich jedoch nur "in Maßen".

Ergänzend läßt sich die Entwicklung auf den Industriegütermärkten der Dritten Welt durch das folgende Schema darstellen.

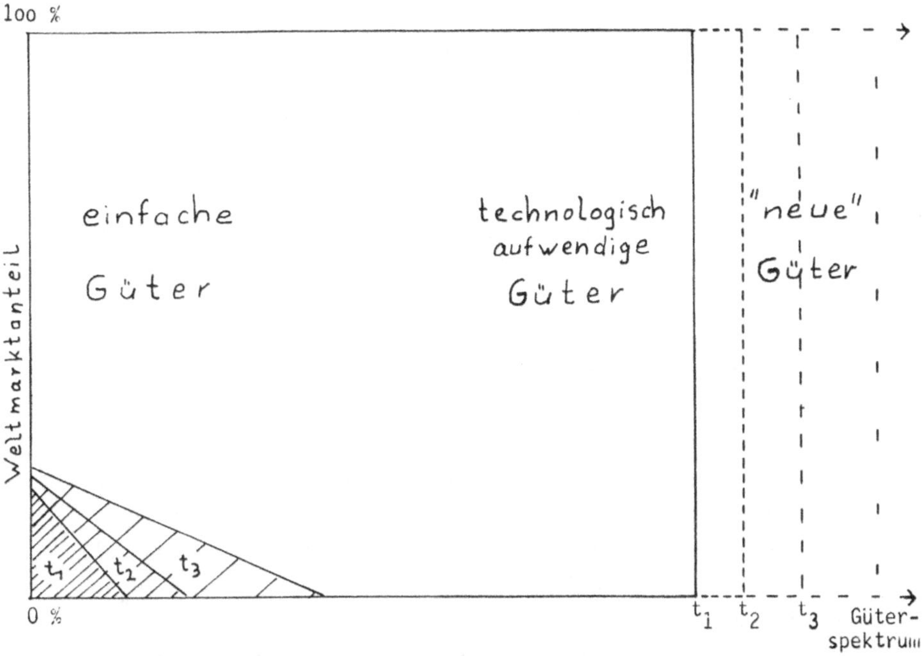

schraffierte Flächen: Anteil der in Entwicklungsländern hergestellten Industrieprodukte zu den Zeitpunkten t_1, t_2, t_3.

schraffierte Flächen: Anteil der in Entwicklungsländern hergestellten Industrieprodukte zu den Zeitpunkten t_1, t_2, t_3.

Abb. 21 Schematische Entwicklung der Selbstversorgung der Dritten Welt mit Industrieprodukten

Der Grad der Selbstversorgung in den Produkten, die die Entwicklungsländer selbst herstellen können, ist wegen der zum Schutz der heimischen Industrie errichteten Einfuhrbarrieren relativ hoch.

Der Bereich der Gütermärkte, die von Industrieländerimporten dominiert werden, verengt sich ständig - ebenfalls als Folge der fortschreitenden Importsubstitution. Zum (vorläufigen) Ausgleich kommt es allerdings zu einer gewaltigen Nachfrageausweitung im weißen Bereich (T-Güter-Bereich), der nach wie vor den Industrieländerexporten vorbehalten bleibt. In ihn fallen vor allem Investitionsgüter und viele Halbfertigprodukte.

Der industrielle Warenaustausch weist in der Nord-Süd-Richtung bislang weit stärker komplementären Charakter auf als in der Süd-Nord-Richtung. Die Entwicklungsländer beschränken ihre Importe zum großen Teil auf solche Produkte, die sie selbst noch nicht in der Lage sind herzustellen. Komparative Kostenvorteile bestimmen somit vor allem die Industrieexporte des Südens, während der Norden, wie in der klassischen komplementären Arbeitsteilung, seinen zwar noch beträchtlichen aber schrumpfenden "absoluten" Technologievorsprung ausnutzt.

In den Bereichen, in denen die Entwicklungsländer an das Produktivitätsniveau der Industrieländer herankommen und international wettbewerbsfähig werden, beginnen sie, die alten Anbieter aus dem Markt zurückzudrängen. Die Verdrängung wurde in den anfänglichen Spezialisierungsgebieten der Entwicklungsländer besonders rasch spürbar, weil die Nachfrage nach den betreffenden Gütern insgesamt nur relativ langsam anstieg. Auch konzentrierte sich die Exportzunahme auf sehr wenige Güter. Mit fortschreitender Diversifizierung der Entwicklungsländer-Ausfuhren vermindert sich erst einmal der Angebotsdruck auf einzelne Gütermärkte, zumal wenn es sich um stärker expandierende Märkte als z. B. diejenigen für Textilien oder Schuhe handelt. Das Exportvolumen der Dritten Welt muß um ein Vielfaches steigen, bevor die etablierte Industrieländerproduktion auf der verbreiterten Basis spürbar zurückgedrängt werden kann. Wenn auch Wettbewerbsfähigkeit als Potential besteht, die Angebotskapazität muß erst einmal aufgebaut werden. Dennoch zeichnet sich auf Teilmärkten, wie im Schiffbau, der Basis-Petrochemie oder auch denen für Einzelprodukte wie z.B. Reißverschlüsse, bestimmte Elektro- und

Elektronikartikel oder Fahrradteile für die Industrieländer bereits heute eine "Bedrohung" durch die Entwicklungsländerkonkurrenz ab [45]. Die Abbildung 2o zeigt, daß ein Industrieland derartige "Bedrohungen" umso leichter nehmen kann, je breiter sein industrielles Fundament im unschraffierten Bereich ist, bzw. je weiter nach rechts, d.h. in den Hochtechnologiebereich, dieses Fundament ausgreift. Länder, die im Hochtechnologiebereich von anderen Industrieländern überflügelt werden, müssen sich zwangsweise der immer stärkeren Konkurrenz der Entwicklungsländer im "mittleren" Technologiebereich stellen [46]. In Kapitel III c werden wir uns ausführlich mit den Konsequenzen, die sich daraus ergeben, beschäftigen.

Der von der Expansion der Fertig- und Halbfertigwarenexporte aus der Dritten Welt ausgehende Druck zur Strukturveränderung in den alten Industrieländern hat Gegenkräfte ausgelöst, die dem Wirken komparativer Vorteile effektive Grenzen setzen. Es hat sich gezeigt, daß die Verdrängung ganzer Industriezweige oder selbst einzelner Warengruppen aus der Produktionspalette der Industrieländer nur bis zu einem relativ geringen Grad toleriert wird. Ein weiteres Vordringen der Entwicklungsländerexporte wird durch Handelsbarrieren verhindert [47]. Dies ist sicher ein wichtiger Erklärungsfaktor für die zu beobachtende Verlagerung der Exportausweitung der Entwicklungsländer auf Bereiche, in denen eine Bedrohung etablierter Industrien in den alten Industrieländern weniger schnell zu befürchten ist. Angesichts zunehmender Handelshemmnisse konzentrieren sich die Investitionen in der Dritten Welt bewußt auf die Entwicklung neuer Produktlinien. Um auf unser graphisches Schema zurückzukommen, die Importbarrieren, die eine Ausdehnung der schraffierten Fläche (d.h. der Industrieexporte der Dritten Welt) nach oben (d.h. in Richtung auf höhere Marktanteile) verhindern, lenken den Expansionsdrang in die Breite (d.h. in Richtung auf eine stärkere Diversifizierung) ab und tragen damit zur Beschleunigung der Strukturangleichung zwischen alten Industrieländern und neu industrialisierenden Ländern bei. Ohne Zweifel bremsen sie jedoch auch die Exportausweitung der Dritten Welt ab; denn die Diversifi-

---

[45] Vgl. Watkins/Karlik 1978

[46] Vgl. Bennaceur/Gèze 198o: insbes.S. 272 ff.

[47] S. hierzu ausführlicher Kapitel IV dieser Studie.

zierung stößt auf technologische und ökonomische Widerstände, deren Überwindung vor allem den wirtschaftlich schwächeren Entwicklungsländern sehr schwer fällt. Die Handelshemmnisse, die die Industrieländer zur Erhaltung ihrer Produktionsstruktur eingesetzt haben, verhindern also, daß das - zunächst eng spezialisierte - Exportpotential der Dritten Welt sich voll entfaltet.

Durch die mangelnde Bereitschaft der Industrieländer, ihre Industriestruktur ganz von der Entwicklung der komparativen Kosten formen zu lassen (eine Haltung, die übrigens bei den Entwicklungsländern gleichermaßen besteht), wird der Wandel der internationalen Arbeitsteilung politischen Bestimmungsfaktoren unterworfen. Aufgrund des neu erworbenen technologischen Potentials der Entwicklungsländer wirken die wirtschaftlichen Triebkräfte auf eine Umgestaltung der internationalen Arbeitsteilung hin. Wieweit ihnen stattgegeben wird, ist jedoch über ein bestimmtes Maß hinaus Gegenstand politischer Auseinandersetzungen - der Grad der Marktdurchdringung im einzelnen das Ergebnis von Verhandlungen. Die politischen Grenzen und Möglichkeiten hinwiederum beeinflussen über die Investitionsentscheidungen die Entwicklung der komparativen Kosten.

Mit zunehmender Verbreiterung des Güterspektrums, mit dem die Entwicklungsländer auf den Weltmärkten konkurrieren können, verengt sich der Bereich derjenigen Güter, die sie weiterhin aus den alten Industrieländern importieren; denn gleichzeitig mit der Exportausweitung treiben sie die Importsubstitution voran. Die technologisch bedingte Arbeitsteilung zwischen Nord und Süd, aus der bislang noch ein klarer industrieller Exportüberschuß des Nordens resultiert, wird deshalb immer weniger ausreichen, um ohne ständig zunehmende Handelsbarrieren eine kollektiv ausgeglichene Handelsbilanz zwischen den beiden Weltregionen sicherzustellen. Obgleich die industrielle Entwicklung der Dritten Welt zunächst noch zu einem steigenden Importbedarf führt, steht zu erwarten, daß die technologische Überlegenheit der alten Industrieländer eines Tages allein nicht mehr genügen wird, um dem immer breiter werdenden Importstrom aus den Entwicklungsländern entsprechende Exportmengen entgegenzusetzen. In dem Maße, wie diese gegenwärtig noch utopisch anmutende Tendenz wirksam wird, muß sich die Arbeitsteilung zwischen Nord und Süd zusätzlich zur technologischen Komplementarität (T-Güter gegen L-Güter) an neuen Kriterien orientieren. Soll die Ausweitung des Handels nicht abgeblockt werden, muß der sich industriell immer mehr emanzipierende Süden in zunehmendem Maße auch Güter solcher Branchen aus den alten Industrieländern einführen, in denen er kostenmäßig wettbewerbsfähig wäre. Die Auswahl dieser Güter könnte nach zweierlei Gesichtspunkten erfolgen:

(1) Die Struktur der komparativen Kosten zwischen den beiden ehedem so unterschiedlichen Weltregionen gleicht sich an, so daß ein immer breiterer Bereich an Gütern entsteht, die nach beiden Richtungen ausgetauscht werden. Das würde darauf hinauslaufen, daß Teile der heutigen Dritten Welt in den "Club" der vollentwickelten Industrieländer aufgenommen würden und mit diesen Ländern Austauschbeziehungen entwickeln, die den heute zwischen den großen Industrieländern bestehenden gleichen. Dies schlösse nicht aus, daß sich einzelne Länder stärker als andere spezialisieren (z.T. in Anlehnung an spezifische natürliche Bedingungen) und daß sich innerhalb einzelner Branchen Spezialisierungsmuster erhalten oder weiter entwickeln.

(2) Komparative Kostenunterschiede schieben sich in den Vordergrund, die nicht auf unterschiedlicher technologischer Kapazität, sondern auf unterschiedlicher Arbeitskräfteknappheit beruhen. Dies könnte in dem Maße der Fall sein, wie die technologische Emanzipation der neu industrialisierenden Länder der Absorption ihrer Erwerbsbevölkerung in vollproduktiven Arbeitsplätzen vorauseilt. Wie vor allem das Beispiel Brasiliens zeigt, hinterläßt gerade eine sehr schnelle Verringerung des technologischen Abstandes zu den alten Industrieländern einen großen Sektor unterbeschäftigter Arbeitskräfte, da die mengenmäßige Schaffung von Arbeitsplätzen nicht mit der Entwicklung der technologischen Möglichkeiten Schritt hält. Faktoren, die diese Diskrepanz verschärfen, sind auf der einen Seite ein rasches Bevölkerungswachstum und auf der anderen Seite der Transfer technologischer Kapazitäten durch ausländische Unternehmen.

Über ein breites Güterspektrum hinweg technologisch wettbewerbsfähige, aber mit Arbeitskräften im Überfluß ausgestattete Entwicklungsländer würden dazu tendieren, sich auf relativ arbeitsintensive Produktionsprozesse zu spezialisieren. Die auf unterschiedlicher technologischer Kapazität basierende Arbeitsteilung zwischen Nord und Süd, die den Prozeß der industriellen Angleichung zwischen den beiden Weltregionen kennzeichnet, würde dann mehr und mehr durch eine auf unterschiedlicher Faktorausstattung beruhende Arbeitsteilung abgelöst werden. Andererseits führt jedoch die Währungsaufwertung, mit der ein zu steigenden Exportüberschüssen tendierendes Land seine Handelsbilanz auf die Dauer ausgleichen muß, zu einer relativen Erhöhung der (auf dem nationalen Arbeitsmarkt sich bildenden) Löhne gegenüber den (international determinierten) Kapitalkosten. Die Wettbewerbsfähigkeit des betreffenden Landes würde also die größten Einbußen gerade in den arbeitsintensiven Produktionsbereichen erleiden. Die Kostenstruktur würde sich somit durch die Währungsaufwertung an die der alten Industrieländer annähern. Eine Spezialisierung technologisch hoch entwickelter Arbeitskräfte-Überschußländer auf arbeitsintensive Produktion kann deshalb nur insoweit erwartet werden, wie der Preis der Kapitalnutzung auch absolut genommen über dem der Hochlohnländer liegt. Darüber hinaus würden wohl auch in Zukunft die alten Industrieländer einer derartigen Spezialisierung enge Toleranzgrenzen setzen [48].

Differenzierungen innerhalb des Südens

Bisher war vom Wandel in den Austauschbeziehungen zwischen den beiden Weltregionen die Rede, zu denen die alten Industrieländer und die Entwicklungsländer zusammengefaßt werden können. Im Blickpunkt des Interesses stand die Veränderung der komparativen Vorteile, die sich aus der fortschreitenden Industrialisierung jenes Teils der Welt ergibt, der einst nur Rohstoffe und Agrarprodukte in die alten Industrieländer exportiert hatte. Die Industrialisierung der sogenannten Dritten Welt hat deren Position in der internationalen industriellen Arbeitsteilung aber nicht nur insgesamt zu verändern, sondern auch zu differenzieren begonnen. Die früher durchaus aus-

---

48) S. Kapitel III c und IV b.

sagekräftige Zweiteilung in Exporteure und Nicht-Exporteure von Industriegütern läßt sich nicht in eine neue Zweiteilung zwischen (technologisch voll entwickelten) alten Industrieländern und neu industrialisierenden Ländern überführen. Denn die technologisch-industrielle Emanzipation der Entwicklungsländer erfolgt nicht im Gleichschritt. Für die Konkurrenz, der sich mehr und mehr Industriezweige der alten Industrieländer gegenüber sehen, ist bislang in der Hauptsache eine kleine Anzahl von Entwicklungsländern verantwortlich gewesen. Obgleich seit dem Zweiten Weltkrieg (und teilweise auch schon vorher) viele Länder in Lateinamerika, Asien und dem Mittelmeerraum eigene Industriekapazitäten aufzubauen begonnen haben, nahmen zunächst nur sehr wenige von ihnen ihre neu erworbenen komparativen Vorteile im internationalen Handel wahr. Die meisten der neu industrialisierenden Länder orientierten ihre Wirtschaftspolitik vorerst einseitig auf die Belieferung des Binnenmarktes hin und behinderten die internationale Wettbewerbsfähigkeit ihrer Industrien. Obwohl die Zahl der Entwicklungsländer, die an der neuen internationalen Arbeitsteilung partizipieren, im letzten Jahrzehnt stark angestiegen ist, blieb eine starke volumenmäßige Konzentration auf wenige Länder bestehen.

Für diese anhaltende Konzentration spielt der einmal erworbene Vorsprung der "Pionierländer" eine Rolle (obgleich einige von ihnen in der Rangordnung zurückgefallen sind). Darüber hinaus aber kommen zwei weitere Faktoren ins Spiel.

Einer ist die unterschiedliche Wettbewerbsfähigkeit der Entwicklungsländer - sowohl auf dem internationalen Markt für Industriegüter, als auch auf dem für Industriestandorte. Die Rigorosität der exportfördernden Wirtschaftspolitik (Wechselkurs, Importbarrieren, Exportfinanzierung, internationales Marketing etc.) ist dabei ebenso von Belang [49] wie die durchsetzbare Lohn- und Arbeitsdisziplin, die wiederum entscheidend vom System der sozialen und politischen Kontrolle abhängt. Ins Gewicht fällt auch die unterschiedliche Produktivität, zu der die einzelnen Volkswirtschaften aufgrund ihres allgemeinen Entwicklungsstandes, insbesondere des Ausbildungsniveaus

---

49) S. z.B. Balassa 1977 b

ihrer Arbeitskräfte und ihres Führungspersonals sowie ihrer physischen und institutionellen Infrastruktur in der Lage sind. Wenn sich auch theoretisch für jedes Land eine Spezialisierungsmöglichkeit auf dem Weltmarkt bieten müßte, die seinen spezifischen produktiven Fähigkeiten entspricht, so konkurrieren in der Realität doch Länder mit unterschiedlich entwickelter Produktivkraft auf den gleichen Märkten. Gerade wo es um die technologisch einfachsten, arbeitsintensivsten Produktionsprozesse geht, bleibt den aus den diversen Gründen wettbewerbsschwächeren Entwicklungsländern keine Ausweichmöglichkeit in "niedrigere" industrielle Produktionsbereiche. Hinzu kommt, daß technologisch fortgeschrittenere Länder zwar komparative Vorteile in "höherwertigen" Bereichen erworben haben, aber dennoch ihren absoluten Wettbewerbsvorteil bei den früheren Entwicklungsstufen zuzurechnenden Exporten bewahren. Anders herum betrachtet, die wettbewerbsschwächeren Länder sind nur begrenzt in der Lage, ihre Produktivitätsnachteile durch entsprechende Lohnkostenvorteile gegenüber ihren ebenfalls mit Niedrigstlöhnen operierenden Konkurrenten auszugleichen.

Die Überlegenheit einiger weniger Länder zeigt sich auch, was die Gewinnung ausländischer Unternehmen zur Etablierung exportorientierter Produktionsbetriebe anbelangt. Obgleich die Übertragung von Technologie- und Managementkapazität aus dem Ausland Entwicklungsunterschiede zwischen den Empfängerländern ausgleichen kann und somit eine breitere Streuung des wettbewerbsfähigen Exportangebotes begünstigt, investieren transnational disponierende Unternehmen doch bevorzugt in den Ländern mit besonders produktivitätsfördernden Rahmenbedingungen (Infrastruktur, vorhandene Produktionsdichte etc.) und besonders stabilen politischen und wirtschaftlichen Verhältnissen. Dies gilt vor allem für umfangreichere Investitionsvorhaben. Die relativ fortgeschritteneren unter den neu industrialisierenden Ländern haben, soweit sie die Lohnkosten unter Kontrolle halten können sowie eine insgesamt kapitalfreundliche und exportbegünstigende Wirtschaftspolitik betreiben, diesbezüglich einen deutlichen Vorteil gegenüber den weniger entwickelten Ländern.

Ein weiterer Faktor, der trotz der steigenden Anzahl von Anbieterländern eine stärkere Teilnahme der Neuankömmlinge am Weltmarkt behindert, ist das mittlerweile von den meisten OECD-Ländern praktizierte System der Einfuhrquoten bei Textilien und Bekleidungsartikeln. Diese beiden Produktgruppen sind wegen ihrer relativ einfachen Herstellungsverfahren und wegen ihres relativ hohen Anteils an der gesamten Güternachfrage die wichtigsten industriellen Exportzweige für Länder im Anfangsstadium der industriellen Entwicklung. Andere Produktionslinien mit ähnlich arbeitsintensiven und einfachen Herstellungsverfahren wie z.B. Schuhe und Lederwaren, Spielzeug- und Sportartikel oder Elektronikteile haben einen weitaus kleineren Markt als Textilerzeugnisse. Technologisch anspruchsvollere Güter hingegen, die sich im gesamten Exportsortiment der Dritten Welt immer weiter nach vorn schieben, befinden sich vorderhand meist außerhalb der Reichweite der weniger entwickelten unter den neu industrialisierenden Ländern. Die Einfuhrquoten im Textil- und Bekleidungsbereich haben nun die Tendenz, dort, wo die Neuankömmlinge auf dem Weltmarkt die größten Chancen hätten, die aus der ersten Phase der industriellen Exportausweitung der Dritten Welt stammenden Marktanteile einzufrieren. Den neuen Anbietern wird keine Möglichkeit gelassen, im Textilbereich auch nur annähernd Ausfuhrmengen wie z.B. Korea, Hongkong, Taiwan oder Indien zu erreichen.

Insgesamt gesehen weitet sich das industrielle Exportangebot der Dritten Welt in Richtung auf technologisch immer höherwertige, wenn man so will ausbildungs-intensivere, Waren aus. Diese Verlaufslinie spiegelt sich in etwa in der Exportentwicklung der "klassischen" Exportländer (Taiwan, Korea, Singapur, Hongkong) wider. Sie begannen mit der Ausfuhr relativ minderwertiger Textilerzeugnisse und anderer einfacher arbeitsintensiver Produkte und exportieren heute hochwertige Textilien, Maschinen, Fernsehgeräte, Apparate der verschiedensten Art, Stahl, Schiffe und sogar Autos. Theoretisch durchlaufen die später hinzukommenden Exportländer den gleichen Prozeß zu späteren Zeiten. Jeder Phase dieses Prozesses entspricht eine besondere komparative Kostenstruktur, die sich in erster Linie aus dem Grad der erreichten technologischen Kapazität und der mit ihr gekoppelten Kapitalbildung ergibt. Während nun die einzelnen Länder im Verlauf ihrer industriellen Entwicklung komparative Vorteile in neuen Produktionsbereichen erwerben, sollten sich für ihre früheren Spezialisierungsbereiche gleichzeitig komparative Nachteile gegenüber den nachrückenden, weniger entwickelten Ländern ergeben [5o]. Wie bereits oben argumentiert, tendieren die fortgeschrittenen Exportländer, die Bereiche ihrer früheren Spezialisierung aber nur sehr zögernd zu räumen und statt einer Verlagerung über lange Zeit hinweg eine Akkumulierung ihrer Exportlinien zu betreiben [51]. Auch wenn frühere Exportmärkte unter dem Druck steigender Lohnkosten schließlich aufgegeben werden müssen (oft in Form eines Ausweichens auf qualitativ höherwertige Produkte derselben Branche), bleibt nach bisheriger Praxis der eigene Binnenmarkt für die nachrückende Konkurrenz verschlossen.

Wenn wir noch einmal die bereits benutzte hypothetische Skala der industriellen Produktionsbereiche heranziehen, läßt sich die sukzessive Eingliederung der Entwicklungsländer in die internationale industrielle Arbeitsteilung durch folgendes Schema darstellen:

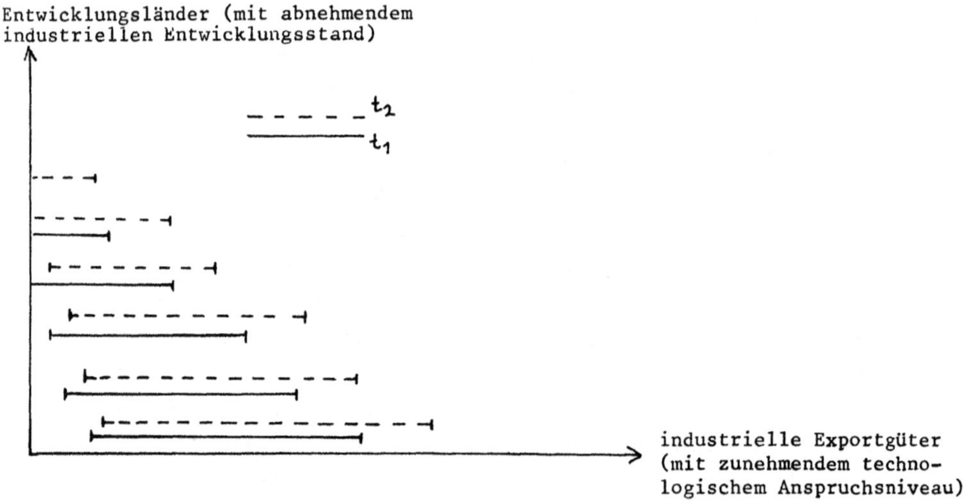

Abb. 22 Schematische Entwicklung der industriellen Exportpalette unterschiedlicher Entwicklungsländer

---

5o) S. hierzu Balassa 1977 a.

51) Eine entgegengesetzte Strategie verfolgt seit einiger Zeit Singapur, dessen Regierung bewußt auf eine Erhöhung der Löhne drängt, um die Produktivitätsentwicklung und die "Aufwertung" der Industriestruktur voranzutreiben.

Die waagerechten Linien geben dabei das industrielle Ausfuhrspektrum eines Landes oder einer Gruppe von Ländern mit gleichem Entwicklungsgrad an. In Analogie zum weiter oben angewandten Schema ließe sich die Exportentwicklung jedes Landes durch die Ausweitung einer über der gleichen Abszisse gebildeten Fläche darstellen, deren Ausdehnung nach oben das jeweilige Exportvolumen anzeigt. Der Scheitelpunkt dieser Fläche würde sich ständig nach oben verschieben und im Laufe der Zeit nach rechts wandern, während der Fuß der Fläche ebenfalls immer weiter nach rechts ausgreift.

Wegen der oben aufgeführten Gründe nimmt der Ausdehnungsprozeß nach oben und nach rechts bei den einzelnen Ländern sehr unterschiedliche Ausmaße an. Aus der Masse der am linken Ende der Skala entstehenden Flächen löst sich wohl in jedem Generationszeitraum nur eine kleine Anzahl, die sich konsequent und zügig nach rechts ausdehnt. Das Vordringen in technologisch anspruchsvollere Produktionsbereiche erfordert von Stufe zu Stufe besondere Anstrengungen, die bei weitem nicht von allen Entwicklungsländern erbracht werden. Zumal dort, wo Industriebetriebe nur zum Zwecke der Nutzung billiger Arbeitskraft angesiedelt werden, geht die Entwicklung komparativer Vorteile meist lange nicht über dieses Anfangsstadium hinaus. Darüberhinaus sind grundsätzliche Zweifel daran angebracht, ob der Weltmarkt überhaupt das Vorrücken vieler Entwicklungsländer in den T-Güter-Bereich zuläßt.

Es gibt einige Länder, deren Exportenwicklung von dem beschriebenen Schema abweicht. Sie traten auf dem Weltmarkt von Anfang an mit Produkten auf, die nach "klassischem" Vorbild einer relativ späten Phase zuzurechnen wären. In Ländern wie Argentinien, Brasilien, Mexiko und Spanien basierte dies auf einer weit fortgeschrittenen binnenmarktorientierten Industrialisierung, die der Hinwendung zum Weltmarkt vorausgegangen war. In Ländern wie Kuweit und Saudi-Arabien beruht es auf der Ausstattung mit spezifischen Rohstoffen, deren technologisch relativ anspruchsvolle industrielle Weiterverarbeitung durch die Massivübertragung ausländischen Know-how's ermöglicht wird. Auch die in jüngster Zeit stärker in Erscheinung tretende Koppelung der Vergabe binnenmarktorientierter Produktionslizenzen an ausländische

Unternehmen mit Exportauflagen [52] bringt dieses Resultat hervor. Eine konsequente quantitative und qualitative Weiterentwicklung der Exportkapazität ist - der bisherigen Erfahrung nach - aber auch bei Überspringen anfänglicher Spezialisierungsphasen nur von denjenigen Ländern zu erwarten, die sowohl eine rigorose Exportförderung als auch eine zielbewußte Industrieentwicklungspolitik betreiben.

Aufgrund der starken zeitlichen Unterschiede im Industrialisierungsprozeß der einzelnen Entwicklungsländer haben sich innerhalb der Dritten Welt prinzipiell ähnliche Austauschbeziehungen angebahnt wie zwischen neu industrialisierenden und alten Industrieländern - wenn auch bislang in geringerer Intensität. Die industriell weiter fortgeschrittenen Entwicklungsländer haben begonnen, soweit sie exportorientiert sind, an die weniger entwickelten Länder Waren zu liefern, die diese noch nicht in der Lage sind zu produzieren, in denen erstere aber den früheren Wettbewerbsvorsprung der alten Industrieländer eingeholt haben. Darüber hinaus haben sich die technologisch fortgeschritteneren Entwicklungsländer wie Korea, Brasilien oder Indien spezifische Vorteile auf den Märkten anderer Entwicklungsländer erworben. Ihr Angebot ist, vor allem im Investitionsgüterbereich, oft besser auf die besonderen Präferenzen vieler Entwicklungsländer zugeschnitten als das Angebot der Industrieländer. Ihre Produkte sind oft einfacher, weniger verfeinert, aber deshalb auch billiger als die der Industrieländer. Wegen ihrer relativen Einfachheit kommen sie auch der technologischen Kapazität und der Faktorausstattung der Entwicklungsländer tendenziell mehr entgegen. Aufgrund der gleichen Eigenschaften haben diese Produkte auf den Industrieländermärkten häufig keine Chancen. Es zeichnet sich hier eine intraindustrielle Arbeitsteilung zwischen Nord und Süd ab, die sich an entwicklungsspezifischen Nachfrageunterschieden orientiert.

Trotz der zunehmenden Industrieexporte von Entwicklungsländern in andere Entwicklungsländer kam es allerdings bislang kaum zu einer "neuen internationalen Arbeitsteilung" innerhalb der Dritten Welt

---

52) Einige Andenländer machen z.B. den ausländischen Unternehmen, die im Rahmen der gemeinsamen Industrieplanung des Paktes Automobile für den garantierten und nach außen geschützten Regionalmarkt herstellen wollen, die gleichzeitige Produktion von Teilen für den Export in Drittländer zur Auflage. Auf gleiche Weise trieb auch Mexiko seinen Automobilexport voran (s. hierzu z.B. Bennett/Sharpe 1979).

im Sinne verstärkter Industriegüterexporte der weniger entwickelten in die höher entwickelten Länder. Denn fast alle Entwicklungsländer schützen ihre eigenen Industrien gegen Importkonkurrenz und öffnen ihre Märkte nur für Produkte, die zuhause nicht hergestellt werden. Neben der allgemeinen Abschirmung bestehen jedoch auch vielfache Abkommen zwischen Entwicklungsländern, die sich gegenseitig den Zugang zu ihren Märkten erleichtern und damit ein zusätzliches Element in die Austauschbeziehungen innerhalb der Dritten Welt bringen. Meist haben diese Abkommen die Gestalt von regional begrenzten Präferenzmärkten [53]. Die Schaffung solcher Präferenzhandelsräume mit meist stark diskriminierenden Importschranken gegenüber der Außenwelt hat zu zweierlei Arbeitsteilungsmustern geführt.

Zum einen schlug sich das industrielle Entwicklungsgefälle innerhalb der Präferenzhandelsräume statisch gesehen in verstärkten Exporten der höher entwickelten Länder und dynamisch gesehen in der Akzentuierung des Entwicklungsgefälles nieder. Die Abschirmung nach außen begünstigte also bei den innerhalb der Präferenzräume industriell führenden Ländern eine beschleunigte "Aufwertung" der industriellen Exportstruktur in Richtung auf ausbildungs- und kapitalintensivere Produktionslinien. Ein Teil der Ausfuhren Brasiliens, Mexikos und Argentiniens in die lateinamerikanische Region oder die Ausfuhren El Salvadors in die Länder des zentralamerikanischen gemeinsamen Marktes gehen z.B. auf derartige Präferenzbeziehungen zurück [54].

Zum anderen hat die Schaffung von Präferenzhandelsabkommen auch dazu geführt, daß Entwicklungsländer irrespektive ihrer wechselseitigen komparativen Kosten Industrieprodukte austauschen. Dies wird durch die auf politischer Ebene vorgenommene Zuteilung bestimmter Produktionslinien samt den zugehörigen Zugangsprivilegien

---

53) Beispiele für nicht-regionale Präferenzabkommen zwischen Entwicklungsländern bieten das Dreierabkommen zwischen Indien, Jugoslawien und Ägypten von 1968 und das 16 Länder umfassende Präferenzprotokoll von 1972.

54) Vgl. die zusammenfassende Diskussion regionaler wirtschaftlicher Zusammenschlüsse der Dritten Welt in Barati-Novbari/Seelow 1979.

für den gesamten multinationalen Präferenzraum an die einzelnen Teilnehmerländer erreicht. Also eine ausgehandelte und geplante Arbeitsteilung [55].

Beide Arten der industrielle Arbeitsteilung zwischen Entwicklungsländern, die unter Ausschaltung der Industrieländerkonkurrenz zustandekommt, stellen im Grunde transnational erweiterte Formen der Importsubstitution dar. Als solche können sie für eine Reihe von technologisch relativ anspruchsvollen Industrien den Boden bereiten für eine spätere Wettbewerbsfähigkeit auf dem Weltmarkt. D.h. innerhalb der abgeschirmten Ländergruppe können (bei geeigneter Politik) die komparativen Vorteile gegenüber der Außenwelt forciert in Richtung auf "höherwertige" Produktionsprozesse verschoben werden.
Im Falle der ungeplanten internen Arbeitsteilung profitieren die industriell stärksten Mitgliedsländer. Im anderen Fall verteilen sich die neu zu erwerbenden Exportchancen gleichmäßiger auf die gesamte Ländergruppe. Bislang hat sich allerdings noch in keiner der diversen durch Handelspräferenzen verbundenen Gruppen von Entwicklungsländern eine signifikante Exportausweitung derjenigen Industrien in die Außenwelt hergestellt, die von den Präferenzen innerhalb der Gruppe profitieren. Bezeichnenderweise werden die vielfach zu beobachtenden Exporterfolge auf dem Weltmarkt zumeist von relativ einfachen arbeitsintensiven Industrien oder einfachen Verarbeitungsstufen nationaler Rohstoffe getragen. Die innerhalb des Präferenzraumes exportierten Produkte entsprechen hingegen einem weitaus fortgeschritteneren industriellen Entwicklungsstadium und sind bislang, wie gesagt, nur möglich aufgrund der Protektion nach außen.

---

[55] Dies ist am konsequentesten im Andenpakt verwirklicht.

III. Internationale Arbeitsteilung, nationales Interesse und Klasseninteresse

a) Die internationale Arbeitsteilung als Gegenstand von Interessen

Es ist offensichtlich, daß der Wandel in der internationalen Arbeitsteilung nicht nur stattfindet, etwa wie sich die Klimaverhältnisse auf der Erde verändern, sondern daß um ihn sowohl zwischen den Staaten als auch innerhalb der einzelnen Länder gerungen wird. Die alten Industrieländer setzen der Einfuhr verarbeiteter Güter aus der dritten Welt immer entschiedeneren Widerstand entgegen, während die Entwicklungsländer den ungehinderten Marktzugang für ihre Industrieexporte zu einem Kernpunkt ihrer Forderung nach einer gerechteren Weltwirtschaftsordnung gemacht haben. Andererseits predigen die führenden Wirtschaftspolitiker des Westens die Vorzüge des freien Warenaustausches, den es angesichts drohender protektionistischer Tendenzen zu erhalten gälte, während kapitalismuskritische Theoretiker die veränderte internationale Arbeitsteilung als neue Form der Ausbeutung der Dritten Welt anprangern, der sich diese durch eine binnenmarktorientierte Entwicklung zu entziehen versuchen sollte. Geht es um die effiziente Nutzung des weltwirtschaftlichen Produktionspotentials, um Arbeitsplätze, um privilegierte Positionen in der internationalen Einkommensverteilung oder um höhere Gewinnmargen für das internationale Kapital? Die aktuelle politische Auseinandersetzung wird auf verschiedenen Ebenen gleichzeitig geführt. Unmittelbare Ansprüche vermischen sich mit längerfristigen Zielen, tatsächliche Interessen mit ideologischen Vorstellungen.

Um Klarheit zu gewinnen, erscheint es zweckmäßig, gesondert die einzelnen Vor- und Nachteile zu betrachten, die aus der Sicht unterschiedlicher Interessenstandpunkte eine Rolle spielen könnnen. Dies soll im folgenden geschehen. Die aufgeführten Vor- und Nachteile stecken für eine wirtschaftliche Gruppe sozusagen das Spektrum der Interessen ab, die von den im vorangegangen analysierten Veränderungen in der internationalen Arbeitsteilung berührt werden. Man könnte sie als Bestandteile oder Aspekte des "objektiven" Interesses der betreffenden Gruppe ansehen oder auch als Kriterien, nach denen sie Situationen und Handlungsalternativen bewerten kann. Welche Bewertungskriterien tatsächlich in wirtschaftspolitisch relevantes Handeln einfließen, ist eine andere Frage, die u.a. das "Bewußtsein" der Gruppe und ihrer Vertreter betrifft. Der Sinn der nachfolgenden Analyse ist es zunächst, die Dimensionen dessen deutlich zu machen, was bei der "neuen internationalen Arbeitsteilung" für die Beteiligten auf dem Spiel steht und was in der tatsächlichen politischen Auseinandersetzung nur verzerrt zu Tage tritt.

Vor- und Nachteile werden erst aus der Warte der alten Industrieländer und der neu industrialisierenden Länder untersucht werden. Das "nationale Interesse" muß dabei losgelöst von den unterschiedlichen und gegensätzlichen Interessen gesellschaftlicher Gruppen und wirtschaftlicher Sektoren behandelt werden. Dies wird der Realität nicht gerecht. Als analytischer Schritt erscheint es jedoch aus mehreren Gründen sowohl zulässig als auch nützlich.

Unabhängig von der Frage, wie der nationale Wohlstand verteilt wird, läßt sich dessen Mehrung zumindest als potentielles gesamtgesellschaftliches Ziel begreifen, das von der internationalen Arbeitsteilung entscheidend betroffen wird. An der Mehrung dieses Wohlstandes haben (soweit die Verteilung gleichbleibt) alle gesellschaftlichen Gruppen ein potentielles gemeinsames Interesse, das sie vom Interesse anderer Nationen (ebenfalls potentiell) absetzt. Nationales Interesse in diesem Sinn ist ein Aspekt oder Bestandteil konkreter Interessen, der je nach der Frage, um die es geht, verschieden stark in den Vordergrund rücken kann. Die Relevanz des nationalen Aspektes für die Bestimmung konkreter Interessenlagen leitet sich von der Tatsache ab, daß die wirtschaftliche Situation des einzelnen (und d.h.: seine Einkommenschance am Markt) wesentlich durch Marktparameter bestimmt wird, die jeweils für nationale Räume Geltung haben. Dies trifft insbesondere, aber nicht nur, für die Arbeitsmärkte zu. Der Grund für die national unterschiedlichen Marktbedingungen liegt zum einen in den geographischen Gegebenheiten, insbesondere den räumlichen Distanzen, die sowohl das Entstehen von Produkten in bestimmten Räumen beeinflussen, als auch die Bevölkerung an die dort verfügbaren Produktionsmöglichkeiten binden und ihre Erwerbschancen somit vom nationalen "Standort" abhängig machen. Dieser zunächst nur regionale Aspekt, der zentrale und periphere Wirtschaftszonen unterscheiden läßt, bekommt "nationale" Verbindlichkeit durch die unterschiedliche Behandlung, die nationale Regierungen als souveräne politische Instanzen einheimischen und fremden Produzenten zuteil werden lassen, insbesondere den unterschiedlichen Marktzugang, den sie ihnen auf nationalem Territorium zugestehen. Tatsächlich suchen nationale Regierungen auf die Weltmarktbedingungen Einfluß zu nehmen [56]. Das "nationale" Interesse, das sie dabei leitet, spiegelt die Einkommensinteressen der "politisch relevanten" gesellschaftlichen Gruppen und den je nach den internen Machtverhältnissen unterschiedlichen Kompromiß zwischen ihnen wider. Die Regierenden haben aber auch ein Eigeninteresse an der Erhaltung und Erweiterung der Handlungsfähigkeit des Staates angesichts der an ihn gestellten Ansprüche (wie z.B. auf Beschäftigungssicherung).Ihnen ist daher grundsätzlich an der Stärkung des hierzu erforderlichen nationalen Wirtschaftspotentials gelegen.

Vom Interessenstandpunkt eines Landes aus lassen sich an die wirtschaftlichen Austauschbeziehungen mit der Außenwelt folgende Fragen richten:
Wieviel kann das Land verkaufen? Welche Preise kann es erzielen und welcher Aufwand ist zur Produktion erforderlich? Welche Preise muß es für ausländische Waren zahlen? Wie ist es um die Erwerbsmöglichkeiten der nationalen Bevölkerung bestellt? Wie sehen bei all dem die Zukunftschancen aus? Im nationalen Interesse liegt es zunächst, die Möglichkeiten, die der Austausch mit anderen Ländern bietet, zur Erwirtschaftung eines möglichst hohen Volkseinkommens zu nutzen. Dazu gehört das Wahrnehmen von Wettbewerbsvorteilen und gegebenenfalls der Verzicht auf relativ unergiebige Tätigkeiten. So gesehen verlangt das nationale wirtschaftliche Interesse eine Spezialisierung der Produktion auf die Bereiche, in denen das Land komparative Vorteile gegenüber dem Ausland besitzt. Im nationalen Interesse liegt es weiterhin, auf den Weltmarkt so Einfluß zu nehmen, daß sich möglichst günstige Chancen für die einheimischen Produzenten ergeben. In dieser

---

[56] Vgl. Wallerstein 1979: S. 25

Hinsicht stellen sich die Interessen eines Landes analog zu denen eines einzelnen Wirtschaftssubjektes dar. Sie stehen sowohl in Konkurrenz zu denen anderer Länder, die sich um den gleichen Markt bemühen, als auch im Gegensatz zu denen der Marktpartner, denen an einem günstigeren Preis gelegen ist. Die Märkte, an denen ein Land Interesse hat, sind dabei zunächst durch seine Produktionsmöglichkeiten, d.h. durch seine natürlichen Ressourcen, seine Kapitalausstattung sowie die spezifischen Fähigkeiten und Erfahrungen seiner Erwerbsbevölkerung bestimmt. Auf längere Frist umfaßt das nationale Interesse jedoch auch das Vordringen in diejenigen Produktionsbereiche und Märkte, in denen die einzusetzende nationale Arbeitskraft ein möglichst hohes Ergebnis erzielen kann (sei es durch eine Erhöhung der physischen Arbeitsproduktivität, sei es über besonders günstige Austauschverhältnisse, die letzten Endes auf Monopolpositionen beruhen). Auch in diesem Bestreben befindet sich eine Nation grundsätzlich in Konkurrenz zu anderen Ländern.

Was das Volkseinkommen oder noch allgemeiner den nationalen Wohlstand erhöht, kommt unterschiedlichen Teilen der Gesellschaft in unterschiedlichem Maße zugute. Mehr noch, die einzelnen Wirtschaftssubjekte und die Gruppierungen, zu denen sie aufgrund ähnlicher wirtschaftlicher Lage zusammengefaßt werden können, haben kein direktes Interesse an nationalem Wohlstand, effizienter Ressourcennutzung und günstigen Austauschverhältnissen mit dem Ausland. Ihnen ist in erster Linie an günstigen Ergebnissen aus den Marktprozessen gelegen, an denen sie selbst teilnehmen, und darüberhinaus am Eindringen oder Überwechseln in Märkte mit besseren Chancen. Dieses Partikularinteresse bezieht sich auf die Produzenten- (oder Verkäufer-) und Konsumenten- (oder Käufer-) Rollen der Wirtschaftssubjekte. Das Produzenteninteresse steht in der Regel eindeutig im Vordergrund, da an der Produzentenrolle das Einkommen hängt.

Veränderungen in der internationalen Arbeitsteilung wirken sich auf die Produzenteninteressen sektoral oder branchenmäßig unterschiedlich aus. Das Interesse einer Branche an der Eindämmung ausländischer Konkurrenz mag dabei im Gegensatz zum allgemeinen Konsumenteninteresse an einer möglichst preisgünstigen Versorgung mit den Gütern

dieser Branche stehen. Auf welcher Seite dabei das "nationale Interesse" zu sehen ist, ist im konkreten Fall alles andere als eindeutig. Es läßt sich eher als relativ abstraktes Prinzip festlegen. Demzufolge kann das Konsumenteninteresse nur in dem Maße bedient werden, wie über die Marktchancen der Produzenten das Einkommen gesichert ist. Dazu gehört auch die (evtl. mit gegenwärtigem Konsumverzicht zu erkaufende) Sicherung der produktiven Basis für die Vermehrung des Einkommens. Wie weit das Einkommen eines Sektors oder einer Branche jedoch beschnitten werden soll zugunsten der Kaufkraftmehrung anderer Einkommen, ist eine Verteilungsfrage und somit Gegenstand sowohl von Gerechtigkeitsüberlegungen als auch von politischem Machteinsatz.
In der Tat ist die Frage der Eingliederung einer Wirtschaft in die internationale Arbeitsteilung vielfach Gegenstand erbitterter intersektoraler Auseinandersetzungen. Es sei nur erinnert an den typischen Konflikt zwischen Agrar- und Industrialisierungsinteressen zu Beginn der Industrialisierung, der in Chile sogar bis zum Bürgerkrieg führte [57]. Der Interessengegensatz unterschiedlicher Wirtschaftszweige zeigt sich auch im Widerstand etablierter Industrien gegen eine stärkere Integration der nationalen Wirtschaft in den Weltmarkt, die hinwiederum anderen Industrien neue Expansionsmöglichkeiten eröffnen würde.

Neben die Differenzierung des Produzenteninteresses nach Wirtschaftszweigen tritt diejenige nach unterschiedlichen Positionen im System der Einkommenszuteilung, d.h. im wesentlichen die Differenzierung nach Kapital- und Arbeitnehmerinteressen. Das Einkommen der Arbeitnehmer wird bestimmt von der Situation auf dem Arbeitsmarkt, dem Markt für die von ihnen produzierten und dem für die von ihnen konsumierten Güter. Mit dem Unternehmen verbindet sie das Interesse an günstigen Marktchancen (sowohl was die Absatzmenge als auch was die erzielbaren Preise betrifft) für die Produkte "ihrer" Branche bzw. im internationalen Rahmen "ihres" Landes. Aber während die Arbeitnehmer über das von ihnen erstellte Produkt ihren eigenen Arbeitseinsatz möglichst teuer verkaufen wollen, liegt dem Kapital daran, Arbeitskosten zu sparen und Marktchancen gegebenenfalls durch niedri-

---

[57] Vgl. Mamalakis 1973

ge Löhne zu erlangen. Der nationalen Arbeitnehmerschaft kommt eine höhere Arbeitsproduktivität insoweit zugute, als sie (bei gegebener Profitrate) zur Verbilligung des einheimischen Konsumgüterangebotes und damit zur Steigerung des Realeinkommens beiträgt, oder als sie (bei gegebenem Weltmarktpreis) den Lohnspielraum nach oben erweitert. Ihr ist an einer Aufwertung des Produktionsergebnisses (sei es durch höhere physische Produktivität, sei es durch bessere Austauschverhältnisse mit dem Ausland) gelegen, wenn sich dadurch ihre Lage auf dem nationalen Arbeitsmarkt verbessert, d.h. wenn sich dadurch ein höherer Reallohn durchsetzen läßt. In Bezug auf die internationale Arbeitsteilung bedeutet dies, daß die Arbeitnehmer sich der Lohnkonkurrenz des Auslandes (teilweise) entziehen können. Mindestens ebenso wichtig ist für das Arbeitnehmerinteresse jedoch die Knappheit des Arbeitskräfteangebotes, die es ihm erlaubt, den von den Gütermärkten her gegebenen Lohnspielraum auszunutzen. Anders beim Kapital: es ist an höheren Preisen und höherer Produktivität (und somit auch an besseren Austauschrelationen mit dem Ausland) interessiert, um bei gegebenem Lohnniveau den Gewinnspielraum zu erhöhen (oder auch gegen zunehmenden Lohnkostendruck zu verteidigen). Es hat jedoch auch ein objektives Interesse an einem Arbeitsmarkt, der durch starke Konkurrenz unter den Arbeitsuchenden bestimmt ist, sowie an möglichst konkurrenzarmen Märkten für seine Produkte.

Während das Kapital von einer Abschirmung nationaler Märkte gegen Importkonkurrenz stets profitiert, muß die Arbeitnehmerschaft in ihrer Gesamtheit sozusagen die (potentiell positiven) Konsequenzen für den Arbeitsmarkt gegen die (in der Regel negativen) für den Konsumgütermarkt abwägen. Konkrete Interessenlagen können hier entscheidend bestimmt werden durch die Teilnahme an unterschiedlichen Arbeits- und Gütermarktsegmenten (z.B. Entstehung des Einkommens in monopolisierten Branchen mit starken Gewerkschaften, Verausgabung auf Gütermärkten mit starker Angebotskonkurrenz zwischen Produzenten, die selbst auf ein Überangebot von unorganisierter Arbeitskraft zurückgreifen können).

Generell läßt sich das (kombinierte Klassen- und Branchen-) Interesse der einzelnen wirtschaftlichen Gruppierungen hinsichtlich der internationalen Arbeitsteilung konzipieren als das (theoretisch zu postulierende und von daher zunächst nur latente) Bestreben, sich für die eigene Anbieterrolle ein möglichst konkurrenzarmes Marktsegment zu sichern, die eigene Nachfragerrolle jedoch in einem Marktsegment mit starker Angebotskonkurrenz auszuüben. In einer integrierten Volkswirtschaft sind die Möglichkeiten eng begrenzt, selektiv die Vorteile unterschiedlicher Marktsegmente auszunutzen. Das gleiche würde für eine Weltwirtschaft mit voll integrierten Güter- und Faktormärkten gelten. Die Tatsache, daß nationale Besonderheiten (vor allem unterschiedliche Kanppheitsverhältnisse) unterschiedliche Marktkonstellationen aufrecht erhalten, führt dazu, daß der Zugang zu ausländischen Märkten sowohl als Verbesserungschance als auch als Bedrohung für eigene Positionen erscheinen kann. Entsprechend stellt sich das Interesse an der Öffnung bzw. Schließung nationaler Märkte und am Verbleib in bestimmten Gütermärkten bzw. am Überwechseln in andere. Das Interesse der Arbeitnehmerschaften ist dabei - aufgrund der weitgehenden Bindung ihrer Erwerbstätigkeit an den nationalen geographischen Raum - mit bestimmten Positionen in der internationalen Arbeitsteilung verknüpft.

Das Kapital hingegen hat die Möglichkeit, sich den Gegebenheiten nationaler Arbeitsmärkte durch das Ausweichen auf günstigere ausländische Arbeitsmärkte zu entziehen. Soweit es dazu in der Lage ist, hängt sein Interesse nicht mehr an nationalen Positionen in der internationlen Arbeitsteilung. Es ist dann primär bestrebt, Unterschiede in nationalen Marktkonstellationen durch geschickte Standortwahl auszunutzen. Diese international orientierten unternehmerischen Standortentscheidungen wirken unmittelbar formend auf die internationale Arbeitsteilung. Das Interesse des Kapitals, das solchermaßen zwischen alternativen nationalen Bindungen abwägt, kann im Rahmen nationaler Interessenkonstellationen nicht mehr adäquat erfaßt werden. Ihm muß als "internationalem Kapital" eine eigene Interessenlage zugeschrieben werden. Diese ist nicht nur durch das Produzenteninteresse im statischen Sinn (nämlich an möglichst günstiger Plazierung in Güter- und Faktormärkten) definiert, sondern auch durch das Investitionsinteresse an neuen Anlagemöglichkeiten.

Im folgenden wird der Wandel in der industriellen Weltarbeitsteilung zunächst vom Standpunkt unterschiedlicher nationaler Interessen aus analysiert. Die dabei zum Ausgangspunkt genommene Unterscheidung zwischen Entwicklungsländer- und Industrieländerinteressen mag angesichts der Vielfalt, welche die Länder gerade hinsichtlich ihres industriellen Entwicklungsgrades und ihrer industriellen Spezialisierung aufweisen, als realitätsfremd und wenig nützlich erscheinen. Man könnte zumindest eine Unterteilung der Entwicklungsländer in relativ fortgeschrittene "neu industrialisierende Länder" und einen industriell relativ zurückgebliebenen Rest oder auch in "semiperiphere" und "periphere" Länder [58] verlangen. Der Verzicht auf eine derartige - unter mehreren Aspekten sehr relevante - Differenzierung reflektiert die zentrale Bedeutung, die einer ganz bestimmten Unterscheidung zugemessen wird. Die Interessen der alten Industrieländer sind bestimmt von ihrer bislang privilegierten Position in der Weltarbeitsteilung und dem Bestreben, diese Position angesichts des Wandels in den internationalen Wettbewerbsverhältnissen zu erhalten und womöglich noch auszubauen. Die Interessen aller jener Länder, die neu auf den internationalen Industriegütermärkten auftreten oder auftreten wollen, sind hingegen bestimmt von dem Bestreben des Unterprivilegierten, seine Position zu verbessern, teilzuhaben an bislang verwehrten Privilegien (was nicht ausschließt, daß gegenüber den auf der Stufenleiter noch weiter unten Stehenden die defensive Haltung des Privilegierten eingenommen wird). Trotz der Unterschiede zwischen den diversen Entwicklungsländerkategorien - Unterschiede, auf die im folgenden auch eingegangen wird, - weisen die Interessenstrukturen aller dieser Länder hinsichtlich der industriellen Weltarbeitsteilung genügend fundamentale Parallelitäten auf, um einem gemeinsamen analytischen Ausgangspunkt zugeordnet zu werden [59].

---

58) Vgl. die zugehörige theoretische Perspektive in Wallerstein 1979: insbes. Kap. 3 - 5.

59) Den sozialistischen Ländern Europas muß hierbei insofern eine relativ indifferente Interessenlage zugeschrieben werden, als sie an der industriellen Arbeitsteilung des "kapitalistischen Weltsystems" bislang nur marginal teilnahmen. Soweit sie jedoch versuchen, auf Weltmärkte für Industriegüter vorzudringen, ist ihre Interessenlage analog derjenigen der neu industrialisierenden Länder zu sehen, obgleich die relative industrielle Autarkie des RGW-Handelsblocks die Position seiner Mitglieder in der "kapitalistischen Weltarbeitsteilung" weit weniger zur wirtschaftlichen Lebensfrage werden läßt als dies bei der sog. Dritten Welt der Fall ist.

b) Das Interesse der Entwicklungsländer

Gemäß der klassichen Außenhandelstheorie und den auf sie zurückgehenden Vorstellungen, die das heutige Verständnis von der internationalen Arbeitsteilung weithin dominieren, liegt es im Interesse von Industrie- und Entwicklungsländern gleichermaßen, daß sie sich gemäß ihren komparativen Kostenvorteilen spezialisieren und miteinander in Austausch treten. Auf diese Weise werden die verfügbaren Ressourcen am effizientesten eingesetzt. In allen Ländern wird das bestmögliche Ergebnis erwirtschaftet. Die Entwicklungsländer zumal profitieren von einer Spezialisierung auf eine beschränkte Anzahl von Gütern, die sie in relativ großen Mengen herstellen und absetzen können. Vor die Wahl gestellt, möglichst vielerlei Dinge mit großem Aufwand für den eigenen Markt zu produzieren, oder das, was sie mit vergleichsweise geringen Kosten herstellen können, und das Übrige relativ billig über den Weltmarkt zu besorgen, müßten sich demnach alle Länder im volkswirtschaftlichen Gesamtinteresse für die letztgenannte Alternative entscheiden. Viele Entwicklungsländer stehen obendrein unter dem Zwang, mehr und mehr Industriegüter zu exportieren, um ihr wirtschaftliches Wachstum abzusichern. Dieser Zwang zur Exportproduktion ergibt sich oft allein schon aus der Notwendigkeit, den Devisenspielraum zur Finanzierung vorläufig nicht substituierbarer Importe (z.B. Rohstoffe oder Produktionsanlagen) zu erhöhen. Hinzu kommt häufig die Stagnation der Binnenmarktnachfrage, nachdem die importsubstituierende Industrialisierung an ihre wirtschaftlichen Grenzen gestoßen ist, so daß weitere Wachstumsimpulse ausländischer Märkte bedürfen. Das soll nicht heißen, daß unter allen Umständen für eine exportorientierte Industrialisierungsstrategie plädiert wird. Dies bedürfte von Fall zu Fall differenzierter Überlegungen, in die nicht zuletzt auch die handelspolitischen Entwicklungen miteinfließen müßten [6o]. Hier geht es zunächst nur um die Feststellung, daß die

---

6o) Zum Thema Importsubstitution vs. Exportausweitung hat sich eine umfangreiche Literatur angesammelt. Stellvertretend sei auf die bahnbrechende Studie von Little, Scitovsky und Scott (197o), die zusammenfassende Diskussion der am Kieler Institut für Weltwirtschaft durchgeführten Serie von Länderstudien in Donges/Müller-Ohlsen 1978 (insbes. Kap. V) und die kurze, aber systematische Gegenüberstellung der Argumente in Krueger 1978 (S. 283 ff.) verwiesen.

wirtschaftliche Entwicklung der Dritten Welt heute in mehrfacher Hinsicht von der Ausfuhr von Industriegütern abhängt - auch im Rahmen einer prinzipiell binnenmarktorientierten Strategie.

Solchermaßen auf den Export angewiesen, haben viele Entwicklungsländer heute ein essentielles Interesse daran, daß ihnen Chancen hierzu eingeräumt werden. Mit der Möglichkeit, Industriegüter zu exportieren, reklamieren sie sozusagen das Anrecht auf wirtschaftliche Entwicklung. Aus dem grundlegenden (wenn auch vielfach noch latenten) Interesse an Exportchancen leiten sich verschiedene konkrete Anliegen ab. Zunächst müßte ein Interesse der Entwicklungsländer daran angenommen werden, daß auch die potentiellen Marktpartner, d.h. in erster Linie die Industrieländer, sich von den Vorzügen einer erweiterten internationalen Arbeitsteilung leiten lassen und ihre Märkte offen halten bzw. noch vorhandene Importbarrieren weiter abbauen. Eine Weigerung der Industrieländer, das Spiel, bei dem alle gewinnen, mitzuspielen, würde ja die Entwicklungsländer besonders hart treffen. Wir werden noch sehen, welche Motive die Industrieländer haben, einem Wandel in der internationalen Arbeitsteilung in der Tat Widerstand entgegenzusetzen. Dabei wird sich zeigen, daß sie die gleiche Wurzel haben wie das Exportinteresse der Entwicklungsländer.

Die Vorstellung von der Vorteilhaftigkeit freien Welthandels und der durch ihn herbeigeführten "rationalen" Aufteilung der Produktion zwischen den einzelnen Volkswirtschaften verdeckt hier - so richtig sie für sich genommen auch sein mag - mehr als sie erklärt. Freier Marktzugang kommt den Exportinteressen der Entwicklungsländer entgegen. Der Kern dieses Interesses betrifft jedoch die Chance, zu produzieren und Einkommen für die nationalen Wirtschaftssubjekte zu erzielen. Diese Chance wird prinzipiell stets von konkurrierenden Interessen streitig gemacht. Im internationalen Konkurrenzkampf um Marktchancen ist es zwar ökonomisch sinnvoll, sich auf die Produktionsbereiche zu konzentrieren, in denen Wettbewerbsüberlegenheit mit marktkonformen Mitteln erzielt werden kann, dennoch ist letztendlich das Erreichen des Ziels wichtiger als die Wahl der Mittel.

Der vorherrschenden Außenhandelstheorie liegt die Lenkungsfunktion des unbehinderten Weltmarktes am Herzen, wobei die Frage, ob verfügbare Ressourcen zum Einsatz kommen, nicht thematisiert wird. Das zentrale handelspolitische Interesse der Entwicklungsländer richtet sich hingegen gerade darauf, Produktionsmöglichkeiten zu schaffen und zu gewährleisten. Die Allokationsfrage, also die Frage, was produzieren und was importieren, stellt sich für die Entwicklungsländer zuerst unter dem Gesichtspunkt der Abschätzung von (über einen hinreichenden Zeitraum hinweg gesicherten) Marktchancen, von denen das Privileg, zu produzieren, abhängt. Ihre Situation ist dabei durch eine generelle Knappheit an realistischen Optionen gekennzeichnet. Bei den Allokationsentscheidungen tritt die Frage der Optimierung gegenüber der der Maximierung (wirtschaftlich lebensfähigen) Ressourceneinsatzes zurück. Das handelspolitische Interesse muß primär im Dienste dieser Maximierung, also in der Schaffung und Absicherung des Marktes für mögliche Produktion gesehen werden. Der Nutzen unterschiedlicher handelspolitischer Regelungen leitet sich dementsprechend aus dem Beitrag ab, den diese in unterschiedlichen Kontextsituationen zur Erlangung und Sicherung von Marktchancen leisten. Dort, wo sich wirtschaftliche Wettbewerbsüberlegenheit abzeichnet (wie heute bei einigen Industrieerzeugnissen relativ einfacher Herstellungsweise), kommt den Entwicklungsländern insgesamt freier Zugang zu den Industrieländermärkten zugute. Im Wettbewerb untereinander hingegen haben die wettbewerbsschwächeren Entwicklungsländer ein Interesse an diskriminierenden Regelungen, die den Konkurrenten den Marktzugang erschweren, während sie den eigenen absichern [61]. Ebenso liegt den Entwicklungsländern daran, Teile des Binnenmarktes für eigene, (noch) nicht wettbewerbsfähige Produzenten zu reservieren und gegen Importkonkurrenz abzuschirmen [62].

---

61) So liegt die Importquotenverteilung im Rahmen des Welttextilabkommens durchaus im Interesse derjenigen Exportländer, die sich aufgrund ihres zeitlichen Entwicklungsvorsprungs frühzeitig einen hohen Anteil an den Importmärkten der Industrieländer erworben haben, diesen aber heute im freien Wettbewerb gegenüber der nachdrängenden Niedriglohnkonkurrenz kaum noch halten könnten.

62) Vgl. auch Wallerstein 1979: S. 71 f.

Das grundlegende Interesse der Entwicklungsländer an der Schaffung von Produktionsmöglichkeiten und damit Einkommensquellen (und insbesondere auch Deviseneinkommensquellen) betrifft auch den Aspekt der standortmäßigen Verteilung international möglicher Produktion. Den Entwicklungsländern ist prinzipiell daran gelegen, daß ihre Erwerbsbevölkerung an dieser Produktion beteiligt wird, indem die Produktionsbetriebe ausländischer Unternehmen auf ihrem Territorium errichtet werden, sich ihrer Arbeitskräfte bedienen, gegebenenfalls ihre Dienstleistungen in Anspruch nehmen und sich mit ihrem Kapital verbinden. Die Marktchance wird hier mit der Produktionsentscheidung sozusagen mitgeliefert.

Das vordringliche Interesse der Entwicklungsländer an Marktchancen für die Ausweitung ihrer industriellen Produktion zeigt sich deutlich in dem auf der UNIDO-Konferenz von 1975 in Lima proklamierten Ziel, daß bis zum Jahre 2000 25 % der Weltindustrieproduktion auf die Dritte Welt entfallen soll. Dieses Ziel bedeutet zum einen eine verstärkte industrielle Eigenversorgung. Darüberhinaus impliziert es entweder die Vorstellung, daß die endogene Wachstumsdynamik der Dritten Welt im letzten Viertel dieses Jahrhunderts erheblich größer ist als die der Industrieländer, oder aber, daß der Weltmarkt für Industrieprodukte in zunehmendem Maße von Entwicklungsländern aus beliefert wird, daß also Produktionsprivilegien deutlich anders als bisher zwischen den Ländergruppen verteilt werden [63]. Das Interesse an globaler Umverteilung industrieller Produktionsprivilegien macht nicht Halt bei der Marktöffnung für wettbewerbsfähige Entwicklungsländerprodukte. Es erstreckt sich auf die garantierte Verlagerung von industriellen Produktionslinien in die Dritte Welt im Rahmen eines mehr oder weniger expliziten internationalen Übereinkommens. Dabei wäre den Entwicklungsländern daran gelegen, daß die alten Industrieländer auch darauf verzichten, abgegebene Produktionszweige durch Automatisierung und dergleichen wieder zurückzugewinnen. D.h., solange sie sich schwach fühlen, liegt ihnen der Gedanke einer geplanten internationalen Arbeitsteilung näher als einer, die durch das

---

[63] S. Tiberghien 1980: S. 208 zu den Implikationen des Lima-Ziels in Bezug auf das wirtschaftliche Wachstum in Entwicklungs- und Industrieländern. S. auch UNIDO 1979 a.

Vorrecht des Wettbewerbsfähigeren oder auch des handelspolitisch Stärkeren bestimmt ist.

Als relative Habenichtse müssen die Entwicklungsländer bei ihrem Interesse an Weltmarktchancen den quantitativen Aspekt in den Vordergrund stellen. Doch damit allein ist dieses Interesse nicht voll erfaßt. Die Güte von Produktionsprivilegien bestimmt sich durch das Einkommen, daß sie auf dem Markt einbringen, und auf längere Frist auch durch die Wachstumschancen, die mit ihnen verbunden sind.

Die "neue internationale Arbeitsteilung", wie sie sich mit den industriellen Exporterfolgen einiger Entwicklungsländer herausschält, hat nun dazu geführt, daß gerade die Industrieerzeugnisse, die von den Entwicklungsländern angeboten werden, an Tauschwert eingebüßt haben. Es kam zu einer zunehmenden Polarisierung in der Preisrelation zwischen "hoch"- und "minder"-wertigen Gütern, nämlich solchen, deren Herstellung weiterhin auf Hochlohnländer beschränkt ist und solchen, die auch in Niedriglohnländern mit annähernd gleichem Aufwand an Arbeit und Kapital produziert werden können. Die Ursache hierfür ist der Arbeitskräfteüberschuß der Dritten Welt, der auf den nationalen Arbeitsmärkten die Löhne drückt und sich auf den internationalen Märkten in harter Preiskonkurrenz zwischen den Anbieterländern niederschlägt. Diese wird verstärkt durch die Begrenztheit der Märkte, die in wichtigen Exportgüterbereichen der Dritten Welt (wie z.B. Textil) zu einem Verdrängungswettbewerb führt. An ihm nehmen außer den Entwicklungsländern auch einige sozialistische Industrieländer teil. Die Ausfuhren der westlichen Industrieländer hingegen sind typischerweise einer vergleichbaren Lohnkostenkonkurrenz enthoben, da die technologisch wettbewersfähigen Anbieterländer (wenn man so will, ein kleiner Kreis von Oligopolisten) aufgrund ihrer weitaus größeren Akkumulation von Produktivkapital (hohe Grenzproduktivität der Arbeit) alle eine relativ hohe Lohnuntergrenze aufweisen. Die Konsequenz dieses Nebeneinanderweiterbestehens von Hoch- und Niedriglohnländern ist eine krasse Benachteiligung letzterer im internationalen Handel. Während die Anbieterländer einiger Rohstoffe (die traditionelle Entwicklungsländerrolle!) in den letzten Jahren signifikante Terms-of-Trade-Verbesserungen erzielen konnten, etabliert sich in der industriellen Arbeitsteilung von neuem das Prinzip des ungleichen Tausches. Die neu industrialisierenden Länder der Dritten Welt müssen viel Arbeit aufwenden, um das Produkt eines vergleichsweise sehr geringen Arbeitsaufwandes aus den Industrieländern einzutauschen.

Ungünstig ist für die Entwicklungsländer auch ihre Position auf dem zur "neuen internationalen Arbeitsteilung" gehörigen internationalen Markt für Produktionsstandorte. Im Konkurrenzkampf um die Ansiedlung von Produktionsbetrieben müssen sie ihre Wettbewerbsfähigkeit auf Zugeständnisse gründen, die insgesamt auf einen geringen Beitrag der angesiedelten Produktion zum nationalen Einkommen hinauslaufen. Diese Zugeständnisse, die natürlich mit den jeweiligen Standortvorzügen variieren, betreffen außer der Lohnhöhe die Bereitstellung von Vor- und Dienstleistungen, die Besteuerung der Unternehmen, ihre Verpflichtung zur Reinvestition sowie generell ihre Bindung an den nationalen Standort und ihre Verflechtung mit der nationalen Wirtschaft. Auch hier ist die Marktposition der Entwicklungsländer durch eine starke Konkurrenz untereinander gekennzeichnet und spiegelt den Mangel an Optionen wider, die diese Länder für die Schaffung von Einkommensquellen haben [64].

Aus der nachteilhaften Situation, in die die "neue internationale Arbeitsteilung" die Entwicklungsländer stellt, leitet sich ihr Interesse ab, die Marktbeziehungen, auf die sie angewiesen sind und aus denen sie sich nur zu ihrem größten Nachteil zurückziehen können, günstiger zu gestalten. In dem Maße, wie sie ihre neue Position in der internationalen Arbeitsteilung einnehmen, entwickeln sie ein objektives Interesse daran, sich aus ihr zu befreien, zu emanzipieren. Kern dieses Emanzipationsinteresses der neu industrialisierenden Entwicklungsländer ist die Verbesserung des Austauschverhältnisses mit den Industrieländern, d.h. die Anhebung des Tauschwertes ihrer Arbeitsleistung. Es gereicht zu ihrem Nutzen, wenn sie ihre komparativen Nachteile in den Produkten bzw. Produktions-

---

[64] Vgl. Hymer 1972

prozessen abbauen, die international hoch bewertet werden, also die vorerst noch zur Domäne der Hochlohnländer gehören. Solange der Arbeitskräfteüberfluß in der Dritten Welt besteht, d.h. solange der gegenwärtige Mangel an produktiven Arbeitsplätzen sich nicht radikal verringert, wird zwar auch der Tauschwert der zusätzlichen Produkte sinken, in denen die Entwicklungsländer wettbewerbsfähig werden. Eine Verbesserung ihrer Terms of Trade in der industriellen Weltarbeitsteilung ist folglich auch bei fortschreitender technologischer Befähigung nicht generell zu erwarten. Aber mit der Anzahl der Fertigungsbereiche, in denen die Entwicklungsländer an das internationale Produktivitätsniveau herankommen, verbilligt sich ihre eigene Güterversorgung.

Solange die Entwicklungsländer dazu verurteilt sind, daß jede industrielle Spezialisierung eine Spezialisierung auf "Niedriglohnprodukte" wird, (d.h. solange sie eine Verbesserung ihrer Position in der internationalen Arbeitsteilung nicht über eine Verteuerung ihrer Industrieexporte erreichen können) lohnt es sich für sie, ihre technologisch-industrielle Produktionskapazität möglichst zu diversifizieren, um die Abhängigkeit von Hochlohnimporten einzuschränken, d.h. um teuere Import durch billige Eigenproduktion zu ersetzen. Dies impliziert eine möglichst weitgehende Angleichung ihrer komparativen Kosten an diejenigen der Industrieländer. Natürlich steht einer derartigen Strategie - zumal in kleinen Ländern - der drohende Wegfall der dynamischen Spezialisierungsvorteile (große Produktionsmengen, Ermöglichung von Forschungs- und Entwicklungsaufwand etc.) im Wege. Dem könnte jedoch evtl. eine geplante arbeitsteilige Diversifizierung mehrerer Entwicklungsländer abhelfen.

Die Interessenlage, die hier für die Dritte Welt insgesamt zutrifft und die durch die "Niedriglohnfalle" bestimmt ist, gilt nicht unbedingt für einzelne Entwicklungsländer. Sie können versuchen, sich durch einen technologischen Vorsprung der Lohnkonkurrenz zu entziehen und in Produktionsbereiche vorzustoßen, in denen die Preise noch am Kostenniveau der Industrieländer orientiert sind. Sie würden damit sozusagen einen individuellen

Aufstieg innerhalb der Hierarchie der internationalen Arbeitsteilung anstreben [65]. Durch den Übergang zu "höherwertigen" Exporten können die fortgeschrittensten unter den Entwicklungsländern ihre Terms of Trade allerdings nur solange verbessern, solange die "Höherwertigkeit" der entsprechenden Güter nicht durch nachfolgenden Angebotsdruck aus weiteren Arbeitskräfteüberschußländern unterminiert wird. Den fortgeschrittenen Entwicklungsländern ist also prinzipiell daran gelegen, den technologischen Abstand zum Rest der Dritten Welt zu halten. Dabei kommt es ihren Terms of Trade zugute, wenn sie entlang der technologischen "Schwierigkeitsskala" sukzessive in immer neue Produktionsbereiche überwechseln und gleichzeitig die früheren Spezialisierungsbereiche ihren Nachfolgern überlassen. Diese hingegen würden Nutzen daraus ziehen, wenn dieser Prozeß der "Degradierung" immer neuer Prdoukte und Produktionsprozesse in den Niedriglohnbereich möglichst weit und rasch fortschreiten würde.

Was für den Tauschwert der Exporterzeugnisse gesagt wurde, gilt analog für den Einkommenseffekt ausländischer Betriebsansiedlungen. Es liegt im Interesse der Entwicklungsländer, ihre Dienstleistungen an die ausländischen Unternehmen möglichst teuer zu verkaufen. Dabei geht es nicht nur um Preisrelationen zwischen den im Lande und anderswo hergestellten Produkten, sondern auch um den Anteil, der vom Produktwert für das Land abfällt - wenn man so will, um den Tauschwert der vom Lande angebotenen Dienstleistungen. Analog zum Produktmarkt bietet sich auch auf dem internationalen Standortmarkt das Erlangen von besseren und international knapperen Standortqualitäten (ein einfaches Wort für einen überaus komplexen, nahezu gesamtgesellschaftlichen Sachverhalt!) als Vehikel zur Verbesserung der Marktposition an. Bei dieser einzelnen Ländern offenstehenden "Karrierestrategie" hört die Analogie jedoch auf. Denn während aus

---

65) Gemäß Wallerstein schließt die Weltwirtschaft, wie sie gegenwärtig strukturiert ist, eine kollektive Emanzipation der Peripherie (also der Entwicklungsländer) aus, so daß individuelle "Karrierestrategien" einzelner Länder als einzig realistische Möglichkeit erscheinen (siehe Wallerstein 1979: S. 76 ff.).

ungünstigen und aufgrund der Marktverhältnisse nicht veränderbaren Austauschrelationen die sukzessive Angleichung der komparativen Kostenstruktur an die der Handelspartner und damit die verbilligende Substitution früherer Importe als Ausweg offensteht, ist das Tauschobjekt "Standort" (Arbeitskraft, begleitende Dienstleistungen etc.) einer direkten Eigenverwendung nicht zugänglich. Auch wenn auf den dem internationalen Kapital "vermieteten" Standorten verstärkt Güter für den Inlandsverbrauch hergestellt werden, kommt dies den Entwicklungsländern nur in dem Maß zugute, wie sie ihre Schwäche auf dem internationalen Standortmarkt durch Stärke auf dem Gütermarkt kompensieren können. Das hängt in erster Linie von der Vermachtung auf der Anbieterseite, also von der Konkurrenzsituation bei den international tätigen Unternehmen ab. Zunehmende Produktionsverlagerung an Dritte-Welt-Standorte verbilligt zunächst nicht die Güter, sondern nur deren Herstellung und erhöht so die Profite der Unternehmen.

Soweit sich eine derartige Situation einstellen sollte, daß auch verbesserte Standortqualitäten sich in der internationalen Konkurrenz nur zu ungünstigsten Bedingungen "verkaufen" lassen, würde sich das Einkommensinteresse der Entwicklungsländer von der internationalen Arbeitsteilung auf den Verteilungskonflikt mit dem internationalen Kapital verschieben. In diesem Konflikt könnten sich ihre Interessen mit denjenigen der Industrieländer vereinen, falls es diesen nämlich nicht gelänge, ihre überlieferten industriellen Standortvorteile gegenüber den neu industrialisierenden Ländern hinreichend zu behaupten und ebenfalls beginnen müßten, sich mit großzügigeren Zugeständnissen um die Gunst von Investoren zu bewerben. Analog der Situation auf überfüllten nationalen Arbeitsmärkten würden die Länder miteinander um Investitionen konkurrieren, aber gleichzeitig ein gemeinsames "Klassen"-Interesse (nämlich an günstigeren Kontraktbedingungen) gegenüber dem internationalisierten Kapital aufweisen. Gegenwärtig segmentieren allerdings die Qualitätsunterschiede den internationalen Standortmarkt noch so stark, daß die wirtschaftliche Lage der einzelnen Länder entscheidend davon abhängt, wieweit sie in günstige Marktsegmente vordringen bzw. sich in ihnen halten können (analog einer Arbeitsmarktsituation, in der sich die Einkommenschancen des einzelnen in erster Linie durch individuelle Aufstiegsmöglichkeiten bestimmen).

Das Primärinteresse der Entwicklungsländer an industriellen Marktchancen und ihr längerfristiges Entwicklungsinteresse können zu Zielkonflikten führen. Die ersten Chancen auf dem Weltmarkt für Industriegüter werden typischerweise durch Inkaufnahme ungünstiger Bedingungen gesichert. Dazu gehören nicht nur niedrige Löhne und Verzicht auf fiskalische Einkommen. Oft erschwert der frühzeitige Eintritt in den Weltmarkt auch das spätere Erreichen besserer Positionen auf eben diesem Markt - droht sozusagen in eine entwicklungspolitische Sackgasse zu führen. Von der Exportproduktion, besonders wenn sie hochspezialisiert auf wenige, relativ einfache Herstellungsprozesse ist, gehen nicht immer die notwendigen Impulse zur Entwicklung neuer und international höher bewerteter Produktionslinien aus. Hierzu bedarf es gesonderter Anstrengungen, die sich auf hinreichende Ressourcen und eine adäquate Absicherung auf dem Markt stützen müssen[66)]. Bei der Allokation knapper Ressourcen (Finanzen, ausgebildetes Personal) muß also zwischen dem Einsatz in unmittelbar Ertrag bringenden Tätigkeiten und dem Aufbau künftiger ertragreicherer Kapazitäten abgewogen werden. Mehr noch, die Marktbedingungen, unter denen die Exportproduktion floriert, können in Konflikt mit denjenigen stehen, welche die Entwicklung neuer Produktionslinien tragen sollen. So steht z.B. die Notwendigkeit, im Interesse internationaler Wettbewerbsfähigkeit auf kostengünstigste Vorleistungen zurückzugreifen, im Widerspruch zum Bestreben, eigenen vorgelagerten Industrien bis zum Erreichen internationaler Wettbewerbsfähigkeit einen Markt zu sichern [67)]. Die Notwendigkeit, sich im Interesse größerer Standortattraktivität den Wünschen ausländischer Investoren weitestgehend unterzuordnen, steht im Widerspruch zu dem Ziel, Kontrolle über den Einsatz wirtschaftlicher Ressourcen zu gewinnen [68)].

---

66) Vgl. Green 197o: S. 28o ff.

67) s. z.B. Malkin 198o: S. 243 ff. sowie 251

68) Zur vielfacettigen Frage Multis und Entwicklungsziele sei auf Dunning 1973 hingewiesen, der eine kurze aber präzise theoretische Analyse der Interessenaspekte von ausländischen Firmen und Gastgeberländern bietet. S. auch die relativ neuen Untersuchungsberichte von Biersteker (1978) und Frank (198o), die zu der extensiven vorangegangenen Diskussion gewissermaßen Beurteilungskriterien aus distanzierterer, wenn auch unterschiedlicher Warte liefern, sowie von Pausenberger (198o).

Aufgrund solcher Unvereinbarkeiten kann es im Interesse von Entwicklungsländern liegen, möglich erscheinende Marktchancen ungenutzt zu lassen und stattdessen den mühevollereren Weg einer zunächst binnen- (oder regional-)marktorientierten Entwicklung eines eigenen industriellen Potentials zu beschreiten [69]. Andererseits sind die wirtschaftspolitischen Optionen, die vielen Entwicklungsländern im Hinblick auf die Ziele Arbeitsplatz- und Devisenbeschaffung offenstehen, begrenzt, so daß sie sich lieber zu ihnen erreichbar erscheinenden Konditionen auf dem Weltmarkt "verdingen", als auf die unmittelbaren Vorteile exportorientierter Produktion zu verzichten. Wie sich ihnen die Entscheidungssituation darstellt, ist es nicht die Inkorporierung in den Weltmarkt, welche die Entwicklungsdynamik zu lähmen droht, sondern der Mangel an Entwicklungsdynamik, der die Übernahme weltwirtschaftlicher "Tagelöhnerarbeiten" mit dem aus ihnen unmittelbar anfallenden Einkommen nahelegt. Ist ein Land hingegen zu einer Politik der gezielten Entwicklung seiner technologisch-industriellen Kapazität fähig, braucht es deshalb nicht unbedingt auf die Ausnutzung seiner momentanen internationalen Wettbewerbsvorteile zu verzichten. So leistet es sich eine Reihe von neu industrialisierenden Ländern, ihre überschüssige Erwerbsbevölkerung fremden Produzenten zu "vermieten", solange sich keine entwicklungsträchtigere Verwendung für sie erkennen läßt [7o].

Der Stellenwert und die Ambivalenz des Interesses, welches unterschiedliche Typen von Entwicklungsländern mit der industriellen Exportproduktion verbinden, lassen sich in Analogie zur Situation von Menschen auf dem Arbeitsmarkt begreifen. Personen ohne Qualifikationen

---

69) In diese Kerbe schlägt ein Großteil der entwicklungstheoretischen Kritik an der weltmarktorientierten Industrialisierung. Siehe z.B. Senghaas 1977: insbes. S. 155 ff., Fröbel/Heinrichs/Kreye 1977: S. 552 ff., Annerstedt/Gustavsson 1975 und in zusammengefaßter Form Heinrichs 198o: S. 155 ff. Der Gedanke spielt auch eine wichtige Rolle in der entwicklungspolitischen Konzeption, die zur Gründung des Andenpaktes führte. Allerdings betrifft der entscheidende, auf Friedrich List zurückgehende Punkt in der Argumentation, vorzeitige Integration in den Weltmarkt lähme die Entwicklungsdynamik, nicht die Exportproduktion, sondern die Offenheit gegenüber Importen, welche vorhandene Produktionsstrukturen zerstört und den Aufbau neuer industrieller Kapazitäten paralysiert (s. auch Galeano 1973: S. 198 ff.).

7o) Ein Paradebeispiel hierfür sind die mexikanischen "inbond industries", die weitestgehend losgelöst von der übrigen Industriestruktur des Landes und auch von der auf diese ausgerichteten Entwicklungsstrategie für den US-Markt produzieren (s. Quintana 1979).

und ohne hinreichende Subsistenzmittel mögen sich genötigt sehen, anfallende Gelegenheitsarbeiten zu übernehmen, auch wenn sich keinerlei berufliche Perspektiven damit verbinden und die wirtschaftliche Notlage, in der sie sich befinden, dadurch nicht überwunden wird. Diese Situation trifft auf Länder zu, die relativ unverbunden mit dem Rest ihrer stagnierenden Wirtschaft Exportproduktionsexklaven einrichten, die ihnen nicht viel mehr als einige schlecht bezahlte Arbeitsplätze und Devisen in Höhe der ausgezahlten Lohnsumme bringen.

Andere nehmen gering entlohnte Arbeiten an, um während der Zeit ihrer beruflichen Ausbildung ihre Subsistenz zu sichern oder ihr (noch geringes) Einkommen aufzustocken. Dieser Vergleich kennzeichnet Länder, die ihre technologisch-industrielle Entwicklung vorantreiben, aber gleichzeitig und relativ losgelöst von ihren Entwicklungsbemühungen für den Weltmarkt produzieren (ggf. auch in exklavenhaften zollfreien Gebieten) und damit u.a. die Devisenbasis für den industriellen Aufbau verbreitern. Das Interesse an temporären Einkommensquellen trifft hier zusammen mit der Notwendigkeit der Beschränkung, um das längerfristige Entwicklungsziel nicht zu vernachlässigen.

Aber auch die Situation, daß der Zwang des Geldverdienenmüssens keine Möglichkeit für die Fortbildung läßt, kann die Position eines Entwicklungslandes in der internationalen Arbeitsteilung charakterisieren. Dies ist dann der Fall, wenn die geringen Ressourcen des Landes in wenig entwicklungsfähigen, aber unmittelbar einkommensschaffenden Exportindustrien gebunden werden. Wie ein Hilfsarbeiter allenfalls hoffen (und durch Wohlverhalten darauf hinarbeiten) kann, von seinem Arbeitgeber im Laufe der Zeit auch für besser bezahlte Tätigkeiten eingesetzt zu werden, so sind die Zukunftschancen derartiger Länder darauf beschränkt, daß ausländische Unternehmen ihr Produktionsprogramm dort qualitativ und quantitativ ausweiten. Dieses von außen herangetragene "Upgrading" kann (wie im Falle des besonders verdienten Hilfsarbeiters) nur relativ wenigen, von ausländischen Unternehmen als Investitionsschwerpunkten auserwählten Ländern der Dritten Welt widerfahren.

Völlig anders ist die Situation von jemandem, der zwar momentan auch noch eine gering entlohnte Stelle innehat, dessen berufliche Tätigkeit aber die Qualifizierung für besser bezahlte Positionen mit einschließt. Dieses Bild trifft auf jene Entwicklungsländer zu, die die Exportproduktion zum integralen Bestandteil ihres industriellen Entwicklungsprogrammes gemacht haben und die somit erwarten können, nach und nach immer günstigere Positionen in der internationalen Arbeitsteilung zu erreichen.

c) Das Interesse der Industrieländer

Günstige Austauschverhältnisse

Die Interessenlage der Entwicklungsländer hinsichtlich der internationalen Arbeitsteilung ist bestimmt von ihrer unterprivilegierten Position. Ihnen ist an Veränderungen - an zusätzlichen Produktionsmöglichkeiten und an günstigeren Marktchancen - gelegen. Die letztlich angestrebte (oder zumindest ersehnte) Position ist die von voll emanzipierten Industrieländern. Der privilegierte Status der alten Industrieländer hingegen zeichnete und zeichnet sich weitgehend immer noch durch ihr Monopol der industriellen Produktion und durch den dahinter stehenden technologischen Vorsprung vor den übrigen Ländern der Welt aus. Die "alte" internationale Arbeitsteilung war die Folge dieses technologisch-industriellen Monopols.

Die Tatsache, daß die meisten Länder nicht über auch nur annähernd vergleichbare industrielle Fähigkeiten verfügten, gereichte den Industrieländern zum Vorteil. Sie schufen sich nicht nur mit ihrer größeren Produktivkraft einen höheren Lebensstandard als ihre zurückgebliebenen "Nachbarn", sondern sie konnten sich mit Hilfe ihres industriellen Vorsprungs auch besonders hohe Anteile an deren Sozialprodukt sichern. Neben direkter politisch-militärischer Machtausübung war das Instrument hierfür der Handel. Die gewaltige Produktionsausweitung verknappte und verteuerte in den Industrieländern die Arbeitskraft. Die Notwendigkeit, im Interesse des Exports Lohn- und Preiszugeständnisse zu machen, wurde relativiert durch die Nachfragesituation auf den Binnenmärkten. Gleichzeitig wuchs in den industriell zurückgebliebenen Ländern ein "Reserveheer" an Arbeitskräften heran, für das wegen der fehlenden industriellen Fähigkeit keine Beschäftigung geschaffen wurde, die in Produktivität und Entlohnung dem Niveau der Industrieländer vergleichbar gewesen wäre. Die überlegene Importkonkurrenz aus den Industrieländern trug das ihre dazu bei, traditionellen Arbeitsplätzen die Marktbasis zu entziehen. Niedrige Opportunitätskosten für die Arbeit und eng begrenzte Produktionsmöglichkeiten hoben die Bereitschaft der zurückgebliebenen Länder, für das, was sie anbieten konnten, nämlich in erster Linie die Produkte ihres Bodens, notfalls auch einen geringen Preis zu akzeptieren. Hinreichende Konkurrenz untereinander zwang die nicht industrialisierten Länder bzw. ihre Arbeitskräfte vielfach dazu, diese Bereitschaft unter Beweis zu stellen. Selbst bei hohen Rohstoffpreisen konnten vielfach die Unternehmen der Industrieländer noch von den niedrigen Produktionskosten in den nicht-industrialisierten Ländern profitieren. Die Tatsache, daß der Club der Industrieländer relativ klein blieb, verhinderte auch, daß die Nachfrage insbesondere nach industriellen Rohstoffen wesentlich größere als die bis heute erreichten Ausmaße annahm. Sie gestattete es den Clubmitgliedern, sich dieser Rohstoffe bislang großzügiger und gegen Abtretung eines geringeren Teils ihres (industriell erzeugten) Reichtums zu bedienen, als dies sonst der Fall gewesen wäre. Insgesamt funktionierte also die alte Weltarbeitsteilung zugunsten der Industrieländer.

Das Eindringen ehemals rückständiger Länder in die bisherigen Marktdomänen der Industrieländer bedeutet nun allerdings nicht ohne weiteres, daß deren privilegierte Position gefährdet wird. Im Gegenteil, ihnen eröffnet sich die Möglichkeit, die vorteilhafte Arbeitsteilung mit der industriell zurückgebliebenen Welt noch zu vertiefen und nunmehr auch auf den Industriegüterbereich selbst auszuweiten. Zu einer Zeit, zu der sich das Ende der billigen Rohstoffe ankündigt, bekommen die Industrieländer auf diese Weise die Chance, ihr Austauschprivileg auf einer anderen Basis neu zu festigen. Allokationstheoretisch gesehen, bringt die neue industrielle Kapazität der Entwicklungsländer den Industrieländern die Möglichkeit, ihre Arbeitskräfte und ihr Kapital efffizienter als bisher einzusetzen. Mit gleichem Aufwand können sie über den Tausch mit den Entwicklungsländern mehr Wohlstand erwirtschaften, als wenn sie weiterhin alle Fertigwaren selber herstellten.

Der Tausch ist für die Industrieländer umso vorteilhafter, je größer ihr komparativer Kostenvorteil in ihren eigenen Exportbereichen gegenüber den Entwicklungsländern ist. Den alten Industrieländern muß deshalb daran gelegen sein, daß

a) die neu industrialisierenden Länder eine möglichst hohe Produktivität in ihrer Exportproduktion erreichen, daß aber

b) der Produktivitätsabstand zu den Industrieländern in den übrigen Bereichen voll erhalten bleibt.

Solange die Industrieländer einen technologischen Vorsprung in genügend Produktionslinien behalten, ist es sogar in ihrem Interesse, wenn mehr und mehr Produktionsbereiche an die Dritte Welt übergehen. Denn dadurch verbilligt sich zunehmend ihre eigene Versorgung; d.h. sie können für immer mehr Produkte auf die Arbeitskraft von Niedriglohnländern zurückgreifen, um sich selbst auf die Herstellung hochwertiger Erzeugnisse zu spezialisieren.

Der komparative Kostenvorteil der Industrieländer kann sich allerdings nur soweit im Preisverhältnis zwischen Entwicklungsländer- und Industrieländer-Gütern niederschlagen, wie ein Lohngefälle zwischen beiden Weltregionen besteht. Es würde also zusätzlich im Interesse der Industrieländer liegen, daß der Arbeitskräfteüberschuß in der Dritten Welt und somit die Lohnkonkurrenz zwischen ihren Anbietern erhalten bleibt. Erst das gibt den Industrieländern die Möglichkeit, sich im Laufe des Wandels der industriellen Weltarbeitsteilung die Leistung von immer mehr fremder Arbeitskraft zu sichern und dafür ein ungleich kleineres Quantum Arbeitsaufwand (sei es direkter oder indirekt über Kapitaleinsatz erbrachter Aufwand) abgeben zu müssen.

Die vorangegangenen Überlegungen zeigen, daß die fortschreitende Inkorporierung von vormals nicht-industrialisierten Ländern in die industrielle Weltarbeitsteilung die privilegierte Austauschposition der alten Industrieländer prinzipiell keineswegs beeinträchtigt, sondern im Gegenteil eher verfestigt und noch großzügiger ausstattet. Die Basis des Privilegs hingegen ist nicht mehr das industrielle Monopol schlechthin, sondern der technologische Vorsprung (oft bis hin zum Monopol) in einigen industriellen Produktionsbereichen. Die inhaltliche Ausgestaltung der internationalen Arbeitsteilung ist in Bewegung geraten, während seine hierarchische Struktur weiterhin bestehen bleibt.

Sicherung von Produktionsprivilegien

Die Interessenlage der Industrieländer ist nun jedoch nicht allein durch diese Aspekte effizienterer Ressourcenallokation und vorteilhafter Austauschbeziehungen bestimmt. Zunächst ist hier das Sicherheitsinteresse zu nennen, das einer zu starken Importabhängigkeit bei wichtigen Gütern entgegenstehen könnte und auch in der Diskussion um den Neoprotektionismus gelegentlich angeführt wird[71]. Importabhängigkeit bedeutet immer auch größere Störanfälligkeit der nationalen Versorgung gegenüber unkontrollierbaren äußeren Ereignissen. Angesichts der tatsächlichen Weltmarktverflechtung der Industrieländer und ihrer Importabhängigkeit sowohl bei wirtschaftlich lebenswichtigen Rohstoffen als auch - im Falle kleinerer Länder - bei zentralen Bereichen des modernen industriellen Produktspektrums (z.B. Automobile, Flugzeuge) sollte diesem Aspekt jedoch nicht zuviel Beachtung geschenkt werden. Er mag allenfalls bei sehr großen Ländern (wenn man so will: Weltmächten), die sich bislang einen relativ hohen Grad an Autarkie für den Notfall bewahren konnten, stärker ins Gewicht fallen.

Die wichtigeren Überlegungen, die ein ungebrochen positives Interesse der Industrieländer an der neuen internationalen Arbeitsteilung ausschliessen, setzen an bei der Vorstellung von der Produktion als einem Privileg, das es zu erkämpfen und zu verteidigen gilt. Die Interessenlage der Entwicklungsländer ist prioritär bestimmt von dem Bestreben, neue Produktionsprivilegien zu erlangen, Marktchancen zu sichern, die u.a. auch von den Produzenten der Industrieländer beansprucht werden.
Wie bei den Entwicklungsländern kommt auch bei den Industrieländern noch vor der Frage nach den Austauschverhältnissen die Sorge um die Sicherung der Einkommensquellen, d.h. der Produktionsmöglichkeiten. Die unmittelbare Konsequenz der industriellen Exportoffensive der Entwicklungsländer ist, daß Anbieter aus den Industrieländern vom Markt verdrängt werden und ihrer bisherigen Produktionsprivilegien verlustig gehen. Konkret schlägt sich das im Rückgang von Verkaufs- und Produktionszahlen und schließlich in der Eliminierung von Arbeitsplätzen sowie auch ganzer Produktionsbetriebe und Unternehmen nieder.

---

71) Vgl. z.B. Biggs 198o: S. 112, oder Keesing/Wolf 198o: S. 173 ff.

Sieht man von dem (politisch mitunter sehr wichtigen) Selbsterhaltungsdrang der durch Importkonkurrenz gefährdeten Wirtschaftsektoren einmal ab, ist vom Interessenstandpunkt der Industrieländer die entscheidende Frage: wieweit können die verlorenen und bedrohten Produktionsmöglichkeiten durch neue, womöglich solche mit günstigeren Marktchancen, ersetzt werden?

Selbst, wenn man annimmt, daß der Markt genügend Raum für neue Produktionsaktivitäten bietet, ergibt sich auf jeden Fall das Problem der Überführung von freigesetzten Personen und freigesetztem Kapital in die neuen Produktionsbereiche. Beide Faktoren sind mehr oder weniger stark an bestimmte Standorte und bestimmte Tätigkeitsarten gebunden und deshalb nicht ohne weiteres für andere Tätigkeiten an anderen Orten verwendbar. Vielfach ist eine gleichwertige Wiederverwendung praktisch ausgeschlossen - Kapital und Arbeitsqualifikationen werden damit entwertet. Vielfach ist die Wiederverwendung mit beträchtlichem Aufwand (für Umschulung, Umzug, Stellensuche etc.) verbunden. Stets erfordert sie Zeit. Andererseits ist auch die Fähigkeit einer Gesellschaft, in einem gegebenen Zeitraum neue Produktionskapazitäten aufzubauen, begrenzt. Verdrängt die Importkonkurrenz in kurzer Zeit sehr viele nationale Produzenten vom Markt, kann deshalb der Kapitalverlust und die zeitweilige Arbeitslosigkeit erheblich werden. Dies trifft insbesondere zu, wenn (wie im industriellen Nord-Süd-Handel der Fall) die Importe und die neuen Produktionsmöglichkeiten sich jeweils in Bereichen konzentrieren, die sich nach Qualifikationsanforderungen, Kapitalausrüstung, Standortregion u.a. stark voneinander unterscheiden.

Über das Problem der volkswirtschaftlichen Anpassungskosten hinaus stellt sich die Frage, wieweit überhaupt neue Produktionsmöglichkeiten an die Stelle der ans Ausland abgegebenen treten. Kreislauftheoretische Überlegungen allgemeiner Art und internationale Handelsstatistiken legen den Schluß nahe, daß die vermehrten Deviseneinnahmen, die den Entwicklungsländern aus ihren

Industrieexporten zufließen, zu einer ebenso hohen Zunahme ihrer Käufe von Gütern aus den Industrieländern führen. Zumindest gilt dies für die beiden Länderblöcke jeweils zusammengenommen. Damit allein ist die oben aufgestellte Frage aber noch nicht im Sinne des Industrieländerinteresses hinreichend positiv beantwortet. Dem nationalen Interesse genügt es nicht, wenn die Bedingung erfüllt ist, daß ohne Verminderung des nationalen Realeinkommensniveaus das Verhältnis von volkswirtschaftlichem Aufwand und erwirtschaftetem Einkommen günstiger geworden ist (also der erforderliche Aufwand weniger zunimmt als das Einkommen).

Bei der bestehenden wirtschaftlichen Organisation der modernen Industriegesellschaften ist von entscheidender Bedeutung, daß an der Erwirtschaftung des nationalen Einkommens genügend Personen teilnehmen können, nämlich möglichst all jene, die als "Erwerbspersonen" eingestuft sind. In anderen Worten, es geht nicht nur um das Sozialprodukt, sondern wesentlich auch um die Beschäftigung als wichtigste und in der bestehenden gesellschaftlichen Ordnung weithin unersetzbare private Einkommensquelle. Marktchancen sind nicht national aufsummierbar, sondern nur privat konzipierbar. Das Interesse der Industrieländer erfordert, daß die durch die Importkonkurrenz aus Niedriglohnländern unhaltbar gewordenen Arbeitsplätze möglichst vollständig durch neue Arbeitsplätze in anderen Produktionsbereichen ersetzt werden. Dies wird jedoch durch die simple Gleichung: mehr Importe = mehr Exporte (selbst dort wo sie zutrifft) nicht gewährleistet.

Rein statisch betrachtet (nach dem vorher-nachher-Muster) läuft die erweiterte Arbeitsteilung mit den neu industrialisierenden Ländern auf eine höhere Produktivität bei gleichem Produktionswert hinaus; denn der Importkonkurrenz (bzw. der Standortkonkurrenz der Niedriglohnländer) weichen müssen in aller Regel arbeitsintensive Produktionsbereiche, während der Nachfrageüberschuß aus den Entwicklungsländern und seitens der in den Genuß der importbedingten Verbilligungen kommenden inländischen Konsumenten sich auf Güter richtet, die mit weniger Arbeitszeit hergestellt werden. Es ist dies der gleiche Effekt wie der von arbeitssparender Rationalisierung. Seine Bewältigung im Sinne der Vermeidung von Arbeitslosigkeit erfordert eine Ausweitung des Produktionsvolumens proportional zum Produktivitätszuwachs oder alternativ hierzu eine Reduzierung des Angebotes an Arbeitszeit. Solange Wirtschaftswachstum, Produktivitätsanstieg und Bevölkerungszunahme sich in etwa die Waage halten, besteht kein Grund zur Beunruhigung. Die Abtretung relativ arbeitsintensiver Produktionsbereiche ans Ausland kann dann in der Tat den Weg frei machen für ein schnelleres Wirtschaftswachstum, indem es Arbeitskräfte freistellt für produktivere Beschäftigungen als vorher. Hält hingegen das wirtschaftliche Wachstum - aus welchem Grund auch immer - mit dem Produktivitätsanstieg nicht Schritt, wird das "Upgrading" der nationalen Produktionsstruktur im Zuge verstärkter internationaler Arbeitsteilung zum Problem.

Fast alle Industrieländer befinden sich seit einigen Jahren tatsächlich in der Situation, daß das wirtschaftliche Wachstum nicht ausreicht, um Vollbeschäftigung zu schaffen. Solange sie die Prozesse von Arbeitsplatzeliminierung und Arbeitsplatzschaffung nicht in ein günstigeres Verhältnis bringen können, liegt es deshalb grundsätzlich in ihrem Interesse, alles zu vermeiden, was zusätzliche Arbeitslosigkeit schafft. Die quantitative Frage nach den Arbeitsplatzverlusten infolge vermehrter Importe aus Entwicklungsländern, die in der gegenwärtigen Protektionismusdebatte immer wieder aufgeworfen wird, ist dabei zweitrangig. Entscheidend ist zunächst, daß der Nettobeschäftigungseffekt negativ und somit in der beschäftigungspolitischen Defensivsituation, in der sich die Industrieländer seit geraumer Zeit befinden, unwillkommen ist.

Die Tatsache, daß ohnehin kaum genügend Arbeitsplätze geschaffen werden können, um die mit der "normalen" Wirtschaftsentwicklung verbundenen Schrumpfungsprozesse voll zu kompensieren, bringt für alle, die ihren Job verlieren, höchst unsichere Wiederbeschäftigungsperspektiven. In die Waagschale fällt deshalb nicht nur der - vielleicht nur geringfügig negative - langfristige Saldo aus importinduzierten Freisetzungen und exportgetragener Beschäftigungsausweitung, sondern auch die vorübergehende Arbeitslosigkeit jener, die erst im Laufe eines längeren, mit Umschulung und Umzug verbundenen Anpasssungsprozesses wieder beschäftigt werden können.[72] Auch sie stellt eine unwillkommene Zusatzbelastung für einen bereits strapazierten Arbeitsmarkt dar. Obgleich der Kern des gegenwärtigen Beschäftigungsproblems in den Industrieländern woanders liegt, aus der unbewältigten Existenz des Problems resultiert ein unmittelbares, wenn auch vielleicht nur vorläufiges Interesse an der Erhaltung bestehender Arbeitsplätze.[73]

Dieses Erhaltungsinteresse muß zunächst losgelöst von den Bemühungen um eine florierende, im Weltmarkt lebensfähige nationale Wirtschaft gesehen werden. Es richtet sich sozusagen auf die Schaffung von Beschäftigungsreservaten, die gegen den mit der erweiterten internationalen Arbeitsteilung einhergehenden Produktivitätsfortschritt abgeschirmt werden. Soweit diesem beschäftigungspolitischen Interesse Priorität eingeräumt wird, bedeutet das natürlich einen Verzicht auf mögliche Wohlfahrtsgewinne. Dieser Verzicht muß

a) von denen geleistet werden, deren Einkommensquellen ungefährdet bleiben,
b) aber auch von denen, die zugunsten ihrer Jobsicherheit heute die Chancen auf ein höheres Realeinkommen morgen vergeben.

---

[72] Die Beschäftigungswirkungen von Fertigwarenimporten aus Entwicklungsländern und im Gefolge davon von zusätzlichen Exporten in diese Länder waren Gegenstand vielfacher Berechnungen. Für die Bundesrepublik Deutschland liegen Schätzungen von Dicke u.a. (1976) sowie vom Deutschen Institut für Wirtschaftsforschung (1978) vor. Eine überblicksmäßige Zusammenstellung praktisch aller bedeutsamen bis dato durchgeführten Berechnungen nationaler und globaler Reichweite bietet ein UNIDO-Bericht von 1978 (UNIDO 1978). Der Nettobeschäftigungseffekt in den Industrieländern wird dabei durchwegs als gering im Vergleich zu dem anderer volkswirtschaftlicher Prozesse dargestellt. In einer neueren Simulationsstudie errechnet Balassa allerdings recht erhebliche Arbeitsplatzverluste, wenngleich er seine Ergebnisse auch durch wachstumsbezogene Argumente wieder relativiert (Balassa 198o). Alle verfügbaren Untersuchungen zeigen an, daß von den Freisetzungseffekten bestimmte regional, branchen- und ausbildungsmäßig eingegrenzte Arbeitsmarktsegmente sehr stark betroffen sind. Kompensierung ist für die Betroffenen nur in dem Maße möglich, wie es ihnen gelingt, in andere Marktsegmente überzuwechseln.

[73] Der in der neuen Protektionismusdiskussion häufig erhobene Vorwurf, Handelsbarrieren gegenüber Billigimporten bekämpften Arbeitslosigkeit an der falschen Stelle (s. z.B. Malmgren 1977 oder Cable 1979), geht insofern an einem wichtigen Punkt vorbei.

Wieweit man den Wohlfahrtsverzicht lediglich als Preis für mehr momentane wirtschaftliche Sicherheit ansehen will und wieweit als tatsächliche Subvention seitens der Beschäftigten zugunsten der anderenfalls Arbeitslosen, hängt von der Einschätzung der zukünftigen Beschäftigungsperspektiven ab. Sowohl die Kritiker als auch distanziertere Analytiker der neoprotektionistischen Tendenzen stellen den ersten Aspekt in den Vordergrund. Sie beklagen oder konstatieren in den reichen Wohlstandsgesellschaften eine stärker werdende Präferenz für ein störungs- und sorgenfreies wirtschaftliches Dasein, eine relative Geringschätzung weiterer Einkommenszuwächse gegenüber den wirtschaftlichen, sozialen und politischen Unannehmlichkeiten, mit denen sie zu erkaufen wären.[74)]

Es gibt jedoch Überlegungen, die darauf hinweisen, daß es um mehr geht als um die Frage Anpassungsbereitschaft oder Sorgenfreiheit auf etwas niedrigerem Einkommensniveau. Sie betreffen die Fähigkeit der Industrieländer zu einem Wachstumstempo, das ausreichend ist, um die Freisetzungseffekte von Billigimporten zu kompensieren. Die Frage hat zwei Aspekte. Zum einen geht es darum, daß der Anstieg des Produktionsvolumens mit dem der Produktivität Schritt hält. D.h. die Arbeitsplätze, die durch die stärkere Spezialisierung auf hochwertige Erzeugnisse und hochproduktive Fertigungsbereiche eingespart werden, müssen durch zusätzliche, d.h. durch die erweiterte Arbeitsteilung allein nicht hervorgerufene, Produktionsausweitung (sei es für den Export, sei es für den heimischen Markt) ersetzt werden. Der andere Aspekt betrifft die Investitionen,

---

74) In einer Studie der EG-Kommission wird diese Einstellung mit dem Begriff der "Strukturpräferenz" belegt (EG 1979). Die liberale Kritik daran ist geradezu klassisch formuliert bei Curzon/Curzon-Price 1979. Vgl. auch Stecher 198o: S. 18 f., der die für die verminderte Anpassungsbereitschaft verantwortliche Stärkung der Interessengruppenmacht, vor allem gewerkschaftlicher Macht, hervorhebt, sowie Krauss 1978 und Lorenz 1981, die den zunehmenden Protektionismus im wohlfahrtsstaatlichen Prinzip grundgelegt sehen. Ein Plädoyer, dem Verlangen nach Absicherung und nach Freiheit von Veränderungszwang ebensolche Legimität zuzuerkennen wie dem nach materiellen Wohlstand, findet sich bei Rothschild 1979.

die nötig sind, um die neuen, meist kapitalintensiven Arbeitsplätze bereitzustellen. Der Prozeß der Strukturanpassung selbst führt zu einer Ausweitung der wirtschaftlichen Aktivität, einer Ausweitung, die evtl. an Durchführbarkeitsgrenzen stößt. Die Befürchtung hinsichtlich des ersten Aspekts ist, daß das erforderliche Wachstum nicht zustande kommt, weil es an der Nachfrage von Investoren und/oder Konsumenten fehlt. Alternativ tritt zu beiden Aspekten die Befürchtung, daß die Ausweitung wirtschaftlicher Aktivität aus stabilitätspolitischen Gründen nicht im erforderlichen Umfang zugelassen werden kann oder wird.

Worin die Wachstumsschwäche der Industrieländer gründet, ist Gegenstand kontroverser Erklärungsversuche, auf die hier nicht näher eingegangen werden kann.[75] Entscheidend ist in unserem Zusammenhang, daß sich das Wirtschaftswachstum in den Industrieländern auch nach der Rezession der Mittsiebziger de facto als unzureichend erwiesen hat, um dem Beschäftigungsproblem beizukommen und daß mittlerweile das Vertrauen auf künftige Wachstumssteigerungen allgemein drastisch gesunken ist. In dieser Situation kann Strukturanpassung nicht als praktikable Lösung des durch die veränderte internationale Arbeitsteilung aufgeworfenen Beschäftigungsproblems erscheinen. Das Beschäftigungsinteresse der Industrieländer verlangt im Gegenteil eine partielle Strukturbewahrung, einen Verzicht auf arbeitsplatzeinsparende Effizienzsteigerung, wie sie u.a. auch eine verstärkte Spezialisierung auf hochproduktive Fertigungsbereiche mit sich bringt.

Ein derartiger Verzicht kann als Erfordernis der innergesellschaftlichen Einkommensverteilung angesehen werden. Er wäre von der Gesamtheit der Konsumenten zugunsten derjenigen zu leisten, die an

---

75) Gemeinsamer Ansatzpunkt für mehrere Theorien ist die Investitionszurückhaltung der Unternehmen. Sie wird auf Überakkumulation, auf Mangel an Konsumnachfrage, auf Mangel an fundamentalen Innovationen und auf verteilungspolitisch bedingten Rentabilitätsschwund zurückgeführt. Andere Versuche setzen beim Inflations-Stagnations-Dilemma an, das die Freisetzung an und für sich vorhandener Wachstumskräfte zum wirtschaftspolitischen Problem macht. Um die Geldstabilität nicht zu gefährden, muß die Investitionsnachfrage in Grenzen gehalten werden; denn sie würde zu einer zumindest partiellen Überbelastung der Produktionskapazität führen (vgl. Riese 1979 a und 1979 b).

einer international stärker spezialisierten Wirtschaft keinen Anteil mehr hätten. Wieweit dieser Verzicht erforderlich wird, d.h. wieweit zum Zwecke der Beschäftigungssicherung relativ unproduktive Fertigungsbereiche erhalten werden müssen, hängt indes vom volkswirtschaftlichen Gewicht und von der Expansionskraft der international wettbewerbsfähigen Bereiche ab. In den Industrieländern umfassen diese typischerweise die technologisch anspruchsvolleren Herstellungsprozesse (T-Güter-Sektor), die den Niedriglohnländern (noch) nicht zugänglich sind. Die Fähigkeit zur erweiterten internationalen Arbeitsteilung und zur Wahrnehmung der mit ihr verbundenen Vorteile steigt mit der Expansionsdynamik des T-Güter-Sektors. Die Gefahr der Arbeitsplatzverluste aufgrund von Niedriglohnimporten sinkt mit zunehmendem Anteil dieses Sektors am Sozialprodukt und an der Beschäftigung. Andererseits verschärfen sich mit mangelnder Leistungsfähigkeit im T-Güter-Bereich die Beschäftigungsprobleme, die sich für ein Industrieland im Zuge zunehmenden Angebotsdrucks aus den Entwicklungsländern ergeben. Das Land wird dann noch mehr in die beschäftigungspolitische Defensive gedrängt und muß sich noch mehr an den in seiner Konkurrenzfähigkeit wesentlich von Lohnkosten abhängigen Bereich (L-Güter-Bereich) klammern. Es liegt also im Interesse jeden Industrielandes, sich von der Erhaltung der mit Niedriglohnländerimporten konkurrierenden Produktionsbereiche möglichst unabhängig zu machen und seinen T-Güter-Bereich auszuweiten.

Dieses Ziel muß unter zwei Aspekten gesehen werden. Der eine betrifft die "Wahl" der richtigen Produktionsstruktur. Dabei geht es darum, die verfügbaren Investitionsmittel und die verfügbare Arbeitskraft so weit wie möglich dem T-Güter-Bereich zukommen zu lassen - auf Kosten des L-Güter-Sektors, dem die gleichen Ressourcen vorenthalten werden müssen. Dazu müssen die Marktsignale so gesetzt werden, daß die T-Güter-Produktion als deutlich lohnender erscheint als die L-Güter-Produktion. Eine deartige Betrachtungsweise eignet der Situation der vollen Auslastung aller verfügbaren Produktionsfaktoren, eine Situation, in der die einzelnen wirtschaftlichen Aktivitäten um Produktionsfaktoren konkurrieren und in der folglich die nationale Strukturentscheidung vor der entweder-oder-Frage steht. Zu einer Zeit, zu der das Festhalten an bestimmten Produktionsbereichen eo ipso den Verzicht auf den Ausbau anderer bedeutet, ist es in der

Tat wichtig, den L-Güter-Sektor zumSchrumpfen zu veranlassen, um damit die Expansion des T-Güter-Sektors zu ermöglichen. Geschieht dies nicht, wird die Produktionsstruktur verwundbar gegenüber später zunehmendem Konkurrenzdruck aus den Niedriglohnländern. Die dann doch fällig werdende Strukturanpassung kann insofern schwieriger zu bewältigen sein, als dann auf einmal relativ viele Produktionsfaktoren einer neuen Verwendung zugeführt werden müssen.[76] Die Strukturanpassung kann aber auch schwerer fallen, weil alternative Produktionsmöglichkeiten weniger leicht zugänglich geworden sind. Das leitet zum zweiten Aspekt über, unter dem das Ziel der Strukturimmunisierung gesehen werden muß.

Dieses Ziel ist für ein einzelnes Land in erster Linie über die Sicherung eines möglichst großen Anteils am Weltmarkt für T-Güter erreichbar. Da dieser Markt jedoch begrenzt ist, steht das Land hierbei in Konkurrenz zu den anderen Industrieländern, die sich ebenfalls ein möglichst großes Stück vom Weltmarktkuchen abschneiden wollen. Bei dieser Konkurrenz geht es gewissermaßen um die Sonnenplätze in der internationalen Arbeitsteilung, die gegenwärtig nur wenigen privilegierten Ländern zugänglich sind. Der Rest aber bleibt auf die L-Güter-Produktion angewiesen.

Das gemeinsame Interesse der Industrieländer müßte sich darauf richten, daß der Weltmarkt für T-Güter insgesamt ausgeweitet wird, so daß er möglichst vielen Personen gegen Niedriglohnkonkurrenz immunisierte Einkommensquellen bieten kann. Dieses Interesse läuft auf die Beschleunigung des globalen Wirtschaftswachstums hinaus, dessen offensichtliche Schwäche den Beschäftigungsschwierigkeiten der Industrieländer zugrundeliegt. Modellrechnungen zeigen nun, daß das Wachstum der Industrieländer signifikant davon abhängt, wieweit die Länder der Dritten Welt in die Lage versetzt werden,

---

[76] Man kann in diesem Fall des zuerst hinausgezögerten und dann doch fällig werdenden Strukturwandels von einem Stau sprechen. An der Diagnose eines derartigen Staus knüpft eine in Deutschland verbreitete Erklärung für den zunehmenden Widerstand gegen eine erweiterte Arbeitsteilung mit den Entwicklungsländern an. Dahinter steht der Gedanke, daß es das Ausmaß des gleichzeitig auftretenden Anpassungsbedarfs ist, das besonders hohe Kosten verursacht und damit Widerstand hervorruft (s. z.B. Stecher 198o: S. 17)

auf dem Weltmarkt als Nachfrager aufzutreten.[77] Das Wachstums- und Beschäftigungsinteresse der Industrieländer würde demnach erfordern, daß sie den Entwicklungsländern möglichst großzügige Chancen zum Handel und damit zum Devisenverdienst einräumten - ein Erfordernis, das andererseits ihren unmittelbaren Beschäftigungsinteressen zuwiderläuft. Treffen die angeführten Berechnungen zu, würde der mit vermehrten Importen aus Entwicklungsländern evtl. einhergehende und nicht unmittelbar kompensierbare Arbeitsplatzverlust eine Investition in eine beschäftigungspolitisch bessere Zukunft darstellen.[78] Auch wenn man von den hier noch nicht zur Debatte stehenden politischen Willensbildungsprozessen absieht, stößt eine derartige Konzeption des nationalen Interesses auf zwei Schwierigkeiten.

Erstens besteht kein Konsensus hinsichtlich der Gründe des unzureichenden Wachstums. Die wirtschaftspolitisch vorherrschende Ansicht in den Industrieländern stellt weniger einen Mangel an Nachfrage und damit zusammenhängend an Investitionsgelegenheiten in den Vordergrund als die von übermäßiger Nachfrage ausgehende Gefahr für die Geldwertstabilität und den verteilungspolitisch bedingten Druck auf die Profite. Es ist schwer zu sehen, wie sich daraus die Erwartung ableiten läßt, die zukünftige Nachfrage der Entwicklungsländer

---

[77] S. OECD 1979 und Hübl/Möller 1978. Für die theoretische Unterbauung der These, daß die entscheidenden Impulse für das zukünftige globale Wachstum von der Investitionsgüternachfrage der Dritten Welt zu erwarten seien, siehe Angelopoulos 1978. Vgl. auch Chenery 1979.

[78] Als zusätzlicher Aspekt beschleunigten Entwicklungsländerwachstums wird gelegentlich der hiermit einhergehende Lohnanstieg und das dadurch bedingte Nachlassen des Wettbewerbsdrucks auf die Industrieländer ins Feld geführt (s. z.B. Junz 1979).Obgleich er tendenziell sicher zutrifft, können an diesen Wirkungszusammenhang auf (politisch relevante) mittlere Frist wohl keine Hoffnungen geknüpft werden. Denn das Lohngefälle zu den Industrieländern wird so lange bestehen bleiben, wie die von der Bevölkerungsentwicklung ständig verstärkte Unterbeschäftigung nicht verschwindet. Außerdem verlangt die mit dem Wachstum zunehmende Exportnotwendigkeit der Entwicklungsländer so lange niedrige Lohnkosten (die evtl. über den Wechselkurs herzustellen sind), wie sie den Industrieländern technologisch unterlegen sind und deshalb mit hohen Löhnen nicht konkurrieren können.

könnte das leisten, was einer inländischen Nachfrageausweitung abgesprochen wird, nämlich die Beschäftigungsprobleme lösen helfen. Eher wäre zu befürchten, daß in dem Maße, wie die Exportnachfrage tatsächlich zu einer kräftigen Ausweitung der entsprechenden Produktionskapazitäten und damit zur Schaffung neuer Arbeitsplätze führt, die stabilitätspolitischen Bremsen gezogen und andere Bereiche wirtschaftlicher Aktivität eingeschränkt werden.[79)]

Zum zweiten ist es keineswegs sicher, daß ein expandierender Weltmarkt für T-Güter allen Industrieländern zugute kommt. Das unmittelbar zu leistende beschäftigungspolitische Opfer in Form einer Preisgabe von Arbeitsplätzen im L-Güter-Sektor schließt nicht aus, daß die dadurch evtl. mit geförderte weltweite Nachfrageexpansion sich überproportional anderen, wettbewerbsfähigeren Ländern zuwendet. Die wettbewerbsfähigsten T-Güter-Anbieter hinwiederum profitieren von der "beschäftigungspolitischen Investition" der anderen Industrieländer ebenso wie von der eigenen. Es ist außerdem fraglich, ob die Zukunft der T-Güter-Märkte in erster Linie im Aufbaubedarf der Dritten Welt zu sehen ist, den es folglich mit Nachfragekraft auszustatten gelte. Da sich auch in den Industrieländern gewaltige Innovationsbereiche (auf den Gebieten der Energiegewinnung und -einsparung, der Umweltökonomie und der Automatisierung) abzeichnen, mag gerade den wettbewerbsfähigsten unter den Industrieländern die Notwendigkeit, mittels beschäftigungspolitischer Opfer Märkte für die Zukunft zu schaffen, nicht sehr vordringlich erscheinen. Es mag für sie näher liegen, sich um die optimale Nutzung der vom Markt ohnehin gebotenen Chancen zu bemühen, als sich um die weltweite Schaffung derartiger Chancen zu sorgen. Die wirtschaftspolitische Priorität ist dann auf den Ausbau der eigenen Wettbewerbsfähigkeit vis a vis den anderen Industrieländern zu legen.

Gleichzeitig kann der L-Güter-Sektor als Beschäftigungsreservat gegen Importkonkurrenz aus Niedriglohnländern abgeschottet werden, ohne daß deswegen eine Gefährdung des Wachstums im T-Güter-Sektor befürchtet werden muß. Gerade den wettbewerbsfähigeren Industrieländern böte sich somit die Möglichkeit, eine Politik der Struktur-

---

79) Vgl. Vaitsos 1981

modernisierung mit einer Politik der partiellen Strukturkonservierung zu verbinden, solange es im beschäftigungspolitischen Interese als wünschenswert erscheint. Der zu leistende Wohlfahrtsverzicht würde rein konsumptive (und für den einzelnen marginale) Bedeutung haben und die weltwirtschaftliche Position des Landes im Kern (d.h. was hochwertige Produktionsprivilegien anbelangt) nicht negativ beeinflussen.

Um ein raumwirtschaftliches Bild zu gebrauchen: die Entwicklung des Landes als industriellen "Zentrums" würde mit den gebotenen Mitteln vorangetrieben werden, gleichzeitig würde der Teil der Erwerbsbevölkerung, der nicht vom "Zentrum" (d.h. vom T-Güter-Sektor und den von der internationalen Arbeitsteilung unabhängigen Wirtschaftsbereichen) absorbiert werden kann, als nationale "Peripherie" subventioniert und gegen die Konkurrenz der ausländischen Peripherie abgeschirmt. Sollte sich die Expansion des Zentrums als kräftig genug erweisen, könnte die nationale Peripherie aufgegeben und die freiwerdenden Marktchancen der ausländischen Peripherie überlassen werden. Industrieländer mit schwacher Zentrums-Leistung hingegen müssen ein umso ausgeprägteres Interesse an der Erhaltung ihrer Peripherie aufbringen, sei es mittels Schutzmaßnahmen oder sei es schließlich durch die Stärkung der Wettbewerbsfähigkeit der peripheren Wirtschaftsbereiche. Letzteres würde allerdings erfordern, daß das Land die einer "Zentrumswirtschaft" entsprechenden Austauschprivilegien mehr oder weniger aufgibt und sich den Preisrelationen einer "peripheren Volkswirtschaft" annähert. Außerdem steht zu befürchten, daß mit einer exzessiven Fürsorge für die "peripheren" Industriebereiche die politische Fähigkeit nachläßt, sich unter Opfern in "zentrale" Bereiche vorzukämpfen.[80)]

Da es an der Leistungsfähigkeit des T-Güter-Sektors hängt, welches Los einem Industrieland zukommt, liegt es in dessen Interesse, seine Wirtschaftspolitik prioritär auf dieses Ziel hin zu orientieren. Hierzu ist es erforderlich, alles zu tun, um die Angebots-

---

80) Vgl. Curzon/Curzon-Price 1979 und Löwenthal 1977: S. 60

kapazität des T-Sektors qualitativ und quantitativ auf gezielte Marktoffensiven vorzubereiten. Unter anderem bedeutet das, daß entsprechende Investititonen in Perioden auch eher restriktiver Konjukturpolitik sichergestellt werden und daß die Produktivität im Weltvergleich auf Spitzenniveau gehalten wird.[81] Letzteres verlangt natürlich, daß das unmittelbare Beschäftigungsanliegen hintan gesetzt wird, was hinwiederum die Fähigkeit bzw. die Bereitschaft vermindert, im Zuge verstärkter Arbeitsteilung mit der Dritten Welt Arbeitsplätze im L-Güter-Sektor aufzugeben.

Sicherung des Exports

Es wurde argumentiert, daß das beschäftigungspolitische (partielle) Strukturerhaltungsinteresse der Industrieländer umso stärker ins Gewicht fällt, je brisanter sich die Beschäftigungsproblematik aus dem Zusammenwirken von Wirtschaftswachstum und Produktivitätsanstieg entwickelt. Diese Problematik steckt demnach den Rahmen ab, innerhalb dessen die Industrieländer die Vorteile erweiterter internationaler Arbeitsteilung mit den neu industrialisierenden Ländern wahrnehmen können. Es wurde weiterhin argumentiert, daß verstärkter Handelsaustausch zwischen den beiden Ländergruppen sehr wahrscheinlich nicht der Schlüssel zu einem beschäftigungspolitisch hinreichendem Wachstum sein wird. Die Frage nach der Vorteilhaftigkeit erweiterter internationaler Arbeitsteilung bleibt also der Lösung des Wachstums-Produktivitäts-Problems nachgeordnet.

Der tatsächlichen Komplexität der Interessenlage wäre jedoch nicht Genüge getan, wenn nicht eine weitere Dimension hinzugezogen wird. Eine Beeinträchtigung der internationalen Arbeitsteilung durch Handelsbarrieren verhindert nicht nur das Entstehen zusätzlicher Marktchancen für die Exportindustrien der Industrieländer (ein Verzicht, der ja im nationalen Beschäftigungsinteresse in Kauf genommen werden kann), sondern sie birgt auch Gefahren für die in diesen Industrien bestehenden Arbeitsplätze. Zunächst ist in Betracht zu ziehen, daß der Mangel an Devisenverdienstmöglichkeiten die neu industrialisierenden Länder zwingen kann, in verstärktem Maße Importe zu sub-

[81] Unter den Industrieländern verfolgt Japan wohl am konsequentesten eine Politik der ständigen Weiterentwicklung nationaler Wettbewerbsfähigkeit (vgl. Drucker 1980 und Laumer 1980).

stituieren und damit dem T-Güter-Sektor der Industrieländer Märkte zu entziehen. Die Anpassung, der man im L-Güter-Sektor entkommen will, kann dann teilweise dem T-Güter-Sektor aufgezwungen werden. [82] Diese Gefahr müßten in erster Linie die exportstarken unter den Industrieländern fürchten, deren Produktionsstruktur besonders stark auf Arbeitsteilung mit Entwicklungsländern ausgerichtet ist. Es sind die gleichen Länder, die auch am ehesten in der Lage sind, die Freisetzungseffekte verstärkter Importkonkurrenz zu kompensieren. Ein Abwägen der Interessen könnte deshalb bei diesen Ländern am ehesten ein Übergewicht zugunsten erweiterter Arbeitsteilung ergeben.

Bei der Einschätzung dieser Perspektive dürfen natürlich zwei Dinge nicht außer acht gelassen werden. Erstens führt der technologische Reifungsprozeß in den neu industrialisierenden Ländern auf jeden Fall zu einer ständigen Verschiebung der Importnachfrage und damit auch immer wieder zur Auflösung früherer Exportmärkte der Industrieländer. Zweitens sind die Möglichkeiten der Entwicklungsländer zur Importsubstitution begrenzt. Von einer bestimmten Industrialisierungsphase an sind sie weitgehend auf den Export angewiesen, um den industriellen Aufbau fortzuführen. Die Industrieländer können der von daher kommenden Strukturbedrohung auf der Exportseite deshalb mit einiger Gelassenheit entgegensehen.

Beunruhigender kann die Perspektive werden, daß die neu industrialisierenden Länder den alten Industrieländern nicht nur auf deren Binnenmärkten, sondern auch im Export zu Konkurrenten werden. Damit machen sie den Industrieländern Marktchancen streitig, für die nicht unmittelbar eine Kompensation im Sinne einer erweiterten Arbeitsteilung erwartet werden kann. Hierbei steht mehr auf dem Spiel als die Arbeitsplätze in den von der Konkurrenz betroffenen Exportindustrien. Es geht um die Importfähigkeit, d.h. unter anderem auch um den Zugang zu denjenigen Ressourcen, die im Lande selbst nicht verfügbar sind, von denen jedoch die eigene Produktionsfähigkeit abhängt.

[82] So ist die Überkapazität in den Stahlindustrien der Industrieländer zum Teil auch darauf zurückzuführen, daß frühere Abnehmerländer in der Dritten Welt verstärkt dazu übergegangen sind, ihren eigenen Stahl herzustellen - auch ohne hierbei international wettbewerbsfähig zu sein (vgl. US-CIA 1979).

Fast alle Industrieländer sind auf den massiven Import von Rohstoffen angewiesen, um ihre industrielle Produktion aufrecht zu erhalten und auszuweiten. Das Auftreten der Entwicklungsländer auf den Weltmärkten für Industriegüter berührt nun den Zugang der Industrieländer zu den Rohstoffen auf mehrfache Weise. Zunächst trägt der mit der Industrialisierung entstehende und durch die industriellen Exporterlöse mit Nachfragekraft ausgestattete zunehmende Rohstoffbedarf der Dritten Welt zu einer Verschiebung der Angebots- und Nachfrageverhältnisse auf den internationalen Rohstoffmärkten bei. Die Nachfrage nimmt zu, das Angebot aufgrund erhöhten Eigenbedarfs von Exporteuren tendenziell ab. Die terms of trade der Industrieländer gegenüber den Rohstoffproduzenten drohen sich zu verschlechtern. Je nachdem wie reagibel der Rohstoffpreis ist, liegt in dieser Beziehung das Eigeninteresse der Industrieländer darin, die Nachfrage der Entwicklungsländer begrenzt und ihre Angebotsneigung hoch zu halten. Dies schließt nicht aus, daß im Zuge veränderter Arbeitsteilung die Verarbeitung von letztlich in den Industrieländern konsumierten Rohstoffen in die Dritte Welt verlegt wird. Wichtig wäre dabei nur, daß der Anspruch der Entwicklungsländer auf Rohstoffe (oder auf die für die Rohstofferzeugung benötigten Ressourcen) für den Eigengebrauch möglichst wenig steigt.

In dieser Hinsicht kommt es den Interessen der Industriestaaten entgegen, wenn die Entwicklungsländer unter starkem Verschuldungsdruck stehen. Denn abgesehen von der politischen Einflußmöglichkeit, die sie evtl. den Gläubigerländern verschafft, trägt die Verschuldung der Entwicklungsländer tendenziell dazu bei, den internationalen Rohstoffmarkt sowohl von der Angebotsseite (Exportzwang von Anbieterländern) als auch von der Nachfrageseite (begrenzte Importkraft) her zu entlasten.

Aber nicht nur der Preis international gehandelter Rohstoffe, sondern auch die Fähigkeit der Industrieländer, ihn zu zahlen, wird durch die Exportindustrialisierung von Entwicklungsländern tangiert. Um die Einfuhr der unentbehrlichen Rohstoffe zu finanzieren, müssen die verarbeitenden Länder (mit Ausnahme einiger weniger wie Australien und zurzeit Großbritannien) über die industrielle Arbeitsteilung mit anderen Ländern hinaus einen hinreichenden Exportüberschuß erzielen.

Der Markt, der die industriellen Exportüberschüsse aufnehmen soll, wird aber durch das Vordringen der nun gleichfalls immer rohstoffabhängiger werdenden neu industrialisierenden Länder mehr und mehr umkämpft.[83] Auch wenn das Rohstoffangebot elastisch ist und auf absehbare Zeit noch den steigenden Weltbedarf decken kann, wächst den Industrieländern mit der neuen Exportkonkurrenz die Gefahr heran, aus Bereichen bisheriger Arbeitsteilung mit den rohstoffanbietenden Ländern herausgedrängt zu werden. Gelingt es nicht, in anderen Bereichen industrielle Exportüberschüsse zu erzielen (sei es im Handel mit den Rohstoffanbietern selbst, sei es im Handel mit Industrie- und neu industrialisierenden Ländern), droht die Notwendigkeit der Verschuldung und letzten Endes der Importeinschränkung mit allen ihren Folgewirkungen.

Sind die rohstoffanbietenden Länder (wie die OPEC-Länder in ihrer Gesamtheit) nur begrenzt fähig oder willens, ihre Exporterlöse für Einfuhren auszugeben, wird Verschuldung auf der Seite der Importländer sogar unvermeidlich. Bei der Konkurrenz auf den industriellen Exportmärkten geht es dann nicht zuletzt um die Zuweisung von Defizitpositionen an die einzelnen Länder. Steigende industrielle Leistungsfähigkeit von Niedriglohnländern bedeutet in dieser Hinsicht prinzipiell eine Gefahr für die Handelsbilanzen der etablierten Industrieländer und damit für ihre traditionelle Gläubigerposition. Aber nicht nur diese steht auf dem Spiel. Importe aus Ländern, die mit ihren Exporterlösen in erster Linie ihre Rohstoffrechnungen begleichen, verdrängen heimische Produzenten vom Markt und setzen dadurch Arbeitskräfte frei, bieten dafür aber keine zusätzlichen Marktchancen für die heimische Exportindustrie. Soweit dieser Zusammenhang zutrifft - was vor allem bei relativ hoch entwickelten industriellen Aufsteigerländern der Fall ist oder werden kann[84] -, zeigen mehr Fer-

---

[83] Das "Ärgernis" Japan, d.h. seine nicht nachlassenden Exportoffensiven und seine gleichzeitige Verschlossenheit gegenüber industriellen Importen, hat seinen Ursprung in dem Bestreben dieses extrem rohstoffarmen Landes, seinen für das wirtschaftliche Wachstum lebenswichtigen Rohstoffbezug zu sichern. Vgl. Morgan 198o: S. 92/3. S. auch Alexander Mayr in der Süddeutschen Zeitung vom 16. Dez. 198o.

[84] Der Handel der Bundesrepublik Deutschland mit den exportstarken Entwicklungsländern Ostasiens (Hongkong, Taiwan, Südkorea) weist z.B. seit 1977 steigende Defizite auf. Vgl. Gälli 198o: S. 3-4.

tigwarenimporte keine erweiterte Arbeitsteilung mit diesen Ländern an, sondern den Verlust industrieller Produktionsprivilegien an sie. Es kann deshalb nicht im Interesse der etablierten Industrieländer liegen, daß ihnen eine derartige, auf industrielle Exportüberschüsse abzielende und dazu fähige Konkurrenz heranwächst.[85]

Noch kritischer muß die industrielle Exportkonkurrenz für das wirtschaftliche Wohlergehen der Rohstoffimportländer werden, wenn das Rohstoffangebot unelastisch wird. Die Basis des Wohlstandes wird dann sozusagen verschoben von der industriellen Produktivkraft (Kapital und Know-How) zum Rohstoffbesitz. Die überlegene Fähigkeit zu produzieren, auf der der Reichtum der Industrieländer beruht, verliert an Bedeutung in dem Maße, wie sich diese Fähigkeit in der Welt ausbreitet. Statt der Frage: "wer kann was am besten produzieren?" tritt die Frage "wer darf produzieren?" in den Vordergrund. Daran angehängt sind die Fragen: "wer darf Produktionskapazität bilden?" und "wer darf die verarbeiteten Rohstoffe konsumptiv nutzen?". Die Antwort wird weniger durch arbeitsteilige Arrangements als durch Verdrängungswettbewerb gesucht und gegeben werden. Nur die wettbewerbsfähigsten Länder setzen sich dabei durch, aber auch sie müssen den Rohstoffeignern steigenden Tribut zahlen.

In dem Maße, wie es zum Kampf um knappe Rohstoffe und somit um industrielle Produktionsprivilegien kommt, kann es für die Industrieländer nicht damit getan sein, daß sie sich neue Spezialisierungsbereiche suchen, in denen sie einen Wettbewerbvorsprung vor den nachdrängenden Niedriglohnländern haben. Um deren Nachfragekraft auf dem Weltrohstoffmarkt zu neutralisieren und das alte Rohstoffverteilungsmuster zu verteidigen, müssen die Industrieländer die Marktvolumina, die sie im Handel mit den Rohstoffexporteuren an die Dritte-Welt-Konkurrenz verlieren, entweder durch eine entsprechende Preissteigerung bei ihren verbliebenen Exportgütern bzw. durch einen Überschuß im Handel mit den anderen Industriegüterexporteuren kompensieren. Beides ist nur dem möglich, der unverzichtbare Güter

[85] Vgl. die Einschätzung in Major 1980: "(The developed countries) will not, if they can help it, allow the emergence of any more Japans with a high propensity to export and a low propensity to import manufactures." (S.251).

mehr oder weniger konkurrenzlos anbietet, der also der Kontrolle über "strategische" Rohstoffe eine Kontrolle über "strategische" Industrieprodukte an die Seite setzen kann.[86] Die neu industrialisierenden Länder, die dazu nicht in der Lage sind, werden damit in eine doppelte Abhängigkeit gedrängt. Aufgrund dieser Abhängigkeit werden sie in eine komplementäre Arbeitsteilung mit den technologisch führenden Ländern gezwungen, aber gleichzeitig daran gehindert, sie wahrzunehmen.

Die Interessenlage der Industrieländer stellt sich dabei folgendermaßen dar: Unmittelbar ist ihnen an nachfragekräftigen Exportmärkten für ihren T-Güter-Sektor gelegen. Das setzt industrielles Wachstum in den Importländern voraus. Gleichzeitig fördert der T-Güter-Import dieses Wachstum. Durch ihre Kontrolle über die T-Güter sichern sich die Industrieländer ihren Anteil an allen industriellen Markterfolgen der Entwicklungsländer. Auf der anderen Seite ist ihr zentrales wirtschaftliches Interesse jedoch darauf gerichtet, daß die zur industriellen Produktion erforderlichen knappen Rohstoffe der eigenen Industrie zukommen und damit notwendigerweise derjenigen der Handelspartner vorenthalten bleiben. Gelingt dies, läuft die dadurch bewirkte Drosselung des industriellen Wachstums bei den "Partnern" letzten Endes darauf hinaus, daß die Ausweitung der Arbeitsteilung hinfällig wird und die (von der Rohstoffverfügbarkeit her nur begrenzt mögliche) industrielle Produktion ungeteilt in den technologisch führenden Ländern verbleibt.

Der Weltmarkt für Erdöl ist in letzter Zeit einer Situation nahegekommen, die bei den Konsumentenländern den Kampf um Versorgungsprivilegien zu einem Nullsummenspiel der beschriebenen Art werden zu

---

86) Diejenigen Industrieländer, die selbst signifikante Nettoexporteure knapper Rohstoffe sind (wie heute Großbritannien oder noch klarer Australien), bleiben vom industriellen Exportzwang ausgenommen und können es sich insoweit leisten, sich der internationalen Technologie-Konkurrenz zu entziehen. Analoges gilt auch für Rohstoffexporteure, die dabei sind, sich zu industrialisieren. Solange die Exporterlöse ausreichen, können sie ohne Rücksicht auf den internationalen Preiswettbewerb eine binnenmarktorientierte Industrieprotion aufbauen und damit für den binnenwirtschaftlichen Bereich die Preisrelation zwischen Rohstoffen und industrieller Arbeitskraft von den weltwirtschaftlichen Knappheitsverhältnissen abkapseln.

lassen droht.[87] Sollte sich hier die Angebotsrigidität festigen, oder sich gar auf andere Märkte ausweiten, werden Rohstoffversorgungsinteresssen für die Auseinandersetzung um die neue internationale Arbeitsteilung dominierend werden und alle anderen Interessenaspekte in den Hintergrund drängen. Derartige Knappheitssituationen sollten jedoch prinzipiell als temporär aufgefaßt werden, da die dadurch ausgelösten Marktkräfte Substitutionsprozesse einleiten (z.B. Entwicklung alternativer Energiequellen, Erdölförderung außerhalb der OPEC, weniger energieintensive Produktionsverfahren, Nachfrageverschiebung zu weniger "energiehaltigen" Erzeugnissen). Es ist deshalb zu erwarten, daß eine Ausweitung der Rohstoffnachfrage im Zuge der Industrialisierung der Dritten Welt und eine damit einhergehende Verknappung der Rohstoffe auf Dauer zwar zu einer Rohstoffverteuerung aber wohl nicht zu einer "Aushungerung" des industriellen Wachstums in der Welt führt. Die Konkurrenz zwischen neu industrialisierenden und alten Industrieländern um Exportmärkte wird sich forcieren, da für alle Rohstoffverarbeiter die Importrechnung größer wird. Aber die Notwendigkeit, die Konkurrenz vom Rohstoffmarkt zu verdrängen, entfällt in dem Maße, wie sich mit steigendem Preis Substitutionsmöglichkeiten in der Beschaffung, der Verarbeitung und im Absatzmarkt auftun. Auf dem Weltmarkt wird dann nicht die industrielle Lebensfrage schlechthin (wer darf produzieren?) entschieden. Vielmehr wird es darum gehen, welcher volkswirtschaftliche Aufwand zur Erlangung bzw. Erhaltung industrieller Produktionsprivilegien von den einzelnen Ländern erbracht werden muß. Hierbei führt die Konkurrenz der neu industrialisierenden Länder dazu, daß die Anforderungen auch an die Industrieländer höher werden. Diese hingegen können durch die Festigung technologischer Monopolpositionen die Rohstoffverteuerung zu kompensieren und damit die erhöhten Aufwendungen vom Ausland wieder hereinzuholen versuchen.

Wie immer die Situation auf den internationalen Rohstoffmärkten sich entwickeln mag, für das wirtschaftliche Wohlergehen der meisten In-

---

87) Vgl. die Aussage des Präsidenten des amerikanischen Worldwatch Institute, Lester Brown, vor dem US-Congress-Hearing zur Lage der Automobilindustrie (U.S. House of Representatives 198o: 342-344).

dustrieländer wird aufgrund ihrer Importabhängigkeit die industrielle Exportkraft ebenso entscheidend sein wie sie für die neu industrialisierenden Länder ist. Die Frage nach den Beschäftigungsauswirkungen verstärkter Importkonkurrenz betrifft, gemessen daran, nur einen Nebenkriegsschauplatz. Die Ereignisse dort bleiben jedoch nicht ohne Wirkung auf die Wettbewerbssituation auf den Exportmärkten. Eine Proliferation von Einfuhrbarrieren gegenüber Industrieerzeugnissen aus Entwicklungsländern trägt zur Erosion der Welthandelsordnung bei. Dem Prinzip, daß mangelnde Wettbewerbsfähigkeit durch politisch verfügte Protektion kompensiert werden kann, wird damit das Eindringen in die internationale Wirtschaftspolitik erleichtert. Eine wichtige normative Barriere für die Durchsetzung von Protektionsforderungen wird beiseite geräumt. Es wächst damit die Wahrscheinlichkeit, daß Regierungen - partikularem Interessendruck folgend - Anpasssungsschwierigkeiten mehr und mehr durch Beschneiden der Importkonkurrenz begegnen. International gesehen wird so die Tendenz gestärkt, Produktions- und Verkaufsprivilegien auszuhandeln und die Bedeutung von Wettbewerbsfähigkeit zu vermindern.

Der Markt, auf dem Wettbewerbsvorsprünge zur Geltung kommen, würde sich nicht nur quantitativ verengen. Er würde auch selektiver dergestalt, daß nur noch in bestimmten Produktionsbereichen Wettbewerbsfähigkeit den Ausschlag gibt. Es wären in erster Linie die Güter, für die es auf dem Markt (noch) keine Substitute gibt und solche, die von Rohstoffüberschußländern nachgefragt werden. Eine solche Tendenz liegt nicht im Interesse derjenigen Industriestaaten, die sich durch besondere Wettbewerbsfähigkeit auszeichnen und deren Exportindustrien deshalb überproportional von einer Erweiterung der internationalen Arbeitsteilung profitieren könnten. Sie kommt den Ländern entgegen, deren Marktchancen durch Bilateralitätsabkommen vor dem Zugriff der Konkurrenz gesichert werden müssen.

Die alten Industrieländer in der internationalen Standortkonkurrenz

Im Zentrum der bisherigen Überlegungen zur Interessenlage der Industrieländer standen die Marktchancen der dort ansässigen Produktion. Es wurde argumentiert, daß die Sicherung der Marktchancen angesichts der zunehmenden Konkurrenz aus Niedriglohnländern vor allem von der Aufrechterhaltung ihres technologischen Wettbewerbsvorsprungs abhängt. In Anbetracht des technisch-industriellen Emanzipationsprozesses in einigen neu industrialisierenden Ländern muß dieser Wettbewerbsvorsprung ständig neu erarbeitet werden. Überlegene Innovationsfähigkeit wird damit zur entscheidenden Basis der industrialisierten Hochlohnländer in der internationalen Arbeitsteilung.

Industrielle Innovationsfähigkeit ist nun jedoch nicht unbedingt eine Eigenschaft von Ländern, sondern primär von Unternehmen. Wie das technologische Defizit in der Dritten Welt durch die Ansiedlung von Produktionsbetrieben ausländischer Unternehmen kompensiert werden kann, so besteht natürlich auch prinzipiell die Möglichkeit, daß die "innovative Kompetenz" aus Industrieländern auswandert und sich anderswo niederläßt. In dem Maße, wie Unternehmen solchermaßen standortbeweglich werden, treten Überlegungen hinsichtlich der Nachfrageentwicklung auf den Weltmärkten (nach dem Muster: Wachstum in den Entwicklungsländern schafft Nachfrage nach Industrieländer-Exporten) sowie hinsichtlich der industriellen Wettbewerbs- und Exportfähigkeit in ihrer Bedeutung für die Industrieländer zurück. Primär geht es dann um die Frage: von wo aus (und d.h. auch mit welchen Arbeitskräften) werden welche Märkte beliefert? Wo wird die wettbewerbsfähige Produktion angesiedelt? Wohin fließen die Exporteinkünfte? Wachstum und Stagnation, Zentrums- und Peripherie-Status auch der etablierten Industrieländer werden abhängig von unternehmerischen Standortentscheidungen. Wird im solchermaßen internationalisierten Wirtschaftsraum insgesamt weniger investiert, als Industrie- und Entwicklungsländer von ihrer Ressourcenbasis her zusammen absorbieren können, muß eine Investitionsentscheidung für Land A zwangsweise auf Kosten des wirtschaftlichen Wachstums der übrigen Länder erfolgen.

Im Interesse der Industrieländer insgesamt liegt es, diese Art von Mobilität zu verhindern und in der internationalen Standortkonkurrenz den unangefochtenen Vorrang bei technologisch anspruchsvollen Produktionsprozessen zu bewahren. Die Industrieländer müssen daran interessiert sein, die nationale Bindung ihrer transnational tätigen Unternehmen zu festigen und sich damit, was technologisch anspruchsvolle Produktionsprozesse betrifft, unabhängig von der internationalen Standortkonkurrenz zu halten. Solange die nationale Bindung besteht (Siemens also ein deutsches Unternehmen oder Sony ein japanisches Unternehmen bleibt), können die Auslandsniederlassungen der transnational tätigen Unternehmen als Brückenköpfe der nationalen Industrie angesehen werden, die für sie alte Märkte absichern und neue erschließen. Auslandsinvestitionen sind dann gewissermaßen Teil der gesamtwirtschaftlichen Marketing-Strategie einer Nation.

Von bestimmten Größenrelationen an kann Auslagerung jedoch auch einer Lösung des Unternehmens vom "Heimatstandort" gleichkommen und somit eine Entscheidung bedeuten, Produktionsprivilegien nicht dem Ursprungsland, sondern anderen Ländern zukommen zu lassen. Eine derartige "Auswanderung" von Unternehmen kann für die Industrieländer wegen der direkt betroffenen Arbeitsplätze Probleme schaffen. Grund zu ernster Besorgnis entsteht jedoch, wenn die Exportfähigkeit eines Landes gefährdet wird.

Was die multinationalen Unternehmen an ihr ursprüngliches Herkunftsland bindet, ist schwer zu fassen. Kulturelle Affinität und nationale Loyalität mögen eine Rolle spielen. Wichtiger ist wahrscheinlich der politische Rückhalt, der den Unternehmen von ihrem Herkunftsland gegeben wird und der ihre weltweiten wirtschaftlichen Aktivitäten absichert,[88] sowie die massive wirtschaftliche Unterstützung, die die Staaten "ihren" Unternehmen in Form von Aufträgen und Subventionen zukommen lassen. Andererseits erscheint es zumindest ungewiß, ob die nationale Bindung permanenten Standortnachteilen (auch politischer Art) im Mutterland widerstehen kann. Das Unternehmensinteresse kann eine allmähliche Ausdünnung der Aktivitäten im Mutterland und eine Verlagerung auch technologisch anspruchsvoller

---

88) Vgl. Bienefeld/Godfrey/Schmitz 1977

Produktionsprozesse an günstigere Standorte erfordern. Die Mobilitätsbereitschaft kann durch Kooperationsangebote anderer Staaten gefördert werden. In dem Maße, wie es den industriell aufholenden Ländern der Dritten Welt gelingt, ihre wirtschaftlichen Standortnachteile abzubauen, könnte sich die Konkurrenz zwischen den Staaten um die Gunst von Unternehmen erheblich verstärken. In diesem Sinne müßte den Hochlohnländern an der Aufrechterhaltung des allgemeinen Entwicklungsgefälles zu den Ländern der Dritten Welt gelegen sein; denn es ist die Leistungsfähigkeit vieler Wirtschafts- und dem Wirtschaftsleben vorgelagerter Gesellschaftsbereiche, die in ihrem Zusammenwirken den Kontext ergeben, den hochkomplexe Produktionsprozesse für ihre Effizienz benötigen und der "Standortqualität" ausmacht. Eine Ausweitung der Standortoptionen derjenigen Unternehmen, die die Träger technologischer Überlegenheit sind, aber würde die "Standortrente", die heute den Industrieländern in Form von Steuern und überdurchschnittlich hohen Löhnen zufließt, tendenziell einschränken.

Das politische Interesse an der Dritten Welt

Über die wirtschaftlichen Vor- und Nachteile hinaus, die den alten Industrieländern aus dem Wandel in der internationalen Arbeitsteilung entstehen, wird wohl eine andere Dimension von Überlegungen zunehmend die künftigen Nord-Süd-Beziehungen beeinflussen. Vorgänge in den vormaligen Randgebieten des Weltgeschehens sind heute von nicht mehr zu vernachlässigender politischer Bedeutung für den "Westen" wie für den "Osten". Rohstoffabhängigkeit und militärisch-strategische Entwicklungen haben die "Südflanke" beider "Zentralregionen" hochsensibel gemacht.

Welche politischen Konsequenzen aus dieser neuen Sensibilität zu ziehen sind, ist noch Gegenstand beträchtlicher politischer und intellektueller Kontroverse. Es läßt sich jedoch ein starkes Argument dahingehend aufbauen, daß politische Instabilität in Entwicklungsländern ein erhöhtes Sicherheitsrisiko für die Welt als ganzes oder für den insgesamt weniger autarken Westen mit sich bringt.[89]

---

[89] Dieses ist eines der grundlegenden Argumente, auf das die sogenannte Brandt-Kommission ihr Plädoyer für ein verstärktes südpolitisches Engagement des Nordens gründet (ICIDI 198o). Fundamentale Zweifel daran werden z.B. bei Dahrendorf 198o zum Ausdruck gebracht.

Es läge demnach im Interesse des Nordens bzw. des Westens, für die Stabilisierung des Südens Sorge zu tragen. Es läßt sich weiterhin argumentieren, daß politische Instabilität im Süden durch die mit der wirtschaftlichen Unterentwicklung zusammenhängenden Probleme genährt wird und daß folglich die Förderung wirtschaftlicher und sozialer Entwicklung zu den tragenden Säulen einer auf Stabilisierung abzielenden Politik gehört.[9o)] In dem Maße, wie schließlich krisenfreie Entwicklung der Dritten Welt der Absicherung durch zunehmende Industrieexporte bedarf, würde es das übergreifende Sicherheitsinteresse der (westlichen) Industrieländer verbieten, derartige Exporte zu behindern - auch wenn sie rein wirtschaftspolitisch gesehen unwillkommen sein sollten. Je mehr dieses übergreifende Interesse ins Gewicht fallen wird, desto relevanter wird für die Industrieländer natürlich auch der Zusammenhang zwischen Industrieexporten und wirtschaftlicher Entwicklung in den neu industrialisierenden Exportländern werden. Die Ausfuhr von Fertigwaren wäre dann nicht so sehr pauschal zu unterstützen, sondern vorzugsweise dort, wo sie integraler Bestandteil einer lebensfähigen, erfolgversprechenden Entwicklungsstrategie ist.[91)]

9o) Für Gegenargumente hierzu siehe Tucker 1981.

91) Vgl. Kapitel III b und IV e dieser Studie.

d) Das Interesse transnationaler Unternehmen

Im Zentrum des wirtschaftlichen Interesse von Nationen stehen die Einkommensquellen ihrer Bürger bzw. des politisch repräsentierten Teils ihrer Bürger. Hinzu kommt das Eigeninteresse des politischen "Herrschaftsapparates" (oder des politischen "Systems") an der Machtquelle "nationales Wirtschaftspotential". Für beides ist heute die Produktion innerhalb der nationalen Grenzen von entscheidender Bedeutung. Die Bestimmung des nationalen Interesses hinsichtlich des Wandels in der internationalen Arbeitsteilung setzt deshalb bei den an den nationalen Produktionsstandort gebundenen Marktchancen an. Dies trifft auch für die wirtschaftlichen Einzelinteressen zu, soweit das Einkommen in der nationalen, d.h. am nationalen Standort stattfindenden, Produktion entsteht - und soweit ihnen die Teilhabe an ausländischen Einkommensquellen verwehrt (bzw. nur unter hohen "Kosten" aller Art möglich) ist.

Diese Mobilitätseinschränkung gilt für die überwältigende Mehrheit der Arbeitnehmer und für den überwiegenden Teil der Unternehmen. Sie gilt seit jeher kaum für den Kapitalanleger, der sein Geld auf die verschiedensten Wege in ausländische Unternehmungen stecken und aus ihnen Profiteinkommen erzielen kann. Sie gilt auch prinzipiell nicht für größere Unternehmungen, die über hinreichende Kommunikationsmöglichkeiten und logistische Kapazität verfügen, um außerhalb ihres Stammsitzes die Produktion aufzunehmen. Mit der Herausbildung geeigneter Vermittlungsinstitutionen wie z.B. der Deutschen Entwicklungsgesellschaft (DEG) wird dies in zunehmendem Maße auch für weniger große Unternehmen möglich.

Rücken fremde Produktionsstandorte in die Reichweite von Unternehmen, erfordert es ihr Profitinteresse, sich ihrer zu bedienen, wenn dort die Produktionsbedingungen günstiger (und d.h. in erster Linie kostengünstiger) sind. Bringt die Produktionsauslagerung den Pionier-Unternehmen zunächst noch einen Extragewinn, wird sie für die übrigen Unternehmen früher oder später zur Notwendigkeit, um in der internationalen Konkurrenz bestehen zu können. Unabhängig von der nationalen

Zugehörigkeit seiner Eigner und seiner Führung wird ein Unternehmen in dem Maße zur Internationalisierung seiner Standortentscheidungen gezwungen, wie die Märkte, auf denen es tätig ist und bestehen will, von ausländischen Standorten aus besser beliefert werden können.[92] So ist denn auch das Bestreben der Industrieländer-Unternehmen, Standortvorteile wahrzunehmen, zu einem der wichtigsten Motoren exportorientierter Industrialisierung in den Entwicklungsländern geworden.

Dies schließt nicht aus, daß Unternehmen der neuen Herausforderung weitaus kostengünstigerer Standorte auch anders begegnen. Vor allem die (aus welchen Gründen auch immer) weniger mobilen unter ihnen trachten (zunächst) oft mehr danach, sich der Konkurrenzsituation zu entziehen statt sich ihr anzupassen. Protektions- und Subventionsforderungen einerseits, Überwechseln in weniger bedrohte Produktionslinien und stärkere Spezialisierung andererseits, sind nationalorientierte Unternehmensstrategien angesichts der sich verändernden internationalen Wettbewerbsverhältnisse. Die Interessenlage der Unternehmen in der konkreten handelspolitischen Auseinandersetzung ist dabei weitgehend geprägt vom Grad der bereits vorgenommenen Internationalisierung. Im Interesse der Auslagerer liegt es, daß sie ihre neuen Standortvorteile am Markt nutzen können. Dies kann mit den Zielen der Protektionisten in Widerspruch geraten. Andererseits kann Protektion den bereits zum Markt zugelassenen Auslagerern auch Extragewinne sichern, die sie anderenfalls an die verstärkte internationale Konkurrenz abgeben müßten. Die zur Internationalisierung fähigen Unternehmen können sich im übrigen auch am besten an eine Welt relativ abgekapselter nationaler Märkte anpassen. Indem sie die Produktion in die jeweiligen Märkte selbst verlegen, sichern sie sich nicht nur ihren Absatz, sondern auch die Anwartschaft auf Monopolpositionen,

---

92) Die technischen Entwicklungen, die konkurrenzfähige Produktion in Entwicklungsländern möglich machten (Zerlegbarkeit von Arbeitsprozessen, verbilligter Transport u.ä.) haben die Rahmenbedingungen verändert, innerhalb derer das Kapital seine Verwertung und Akkumulation betreiben muß. (Vgl. hierzu Fröbel/Heinrichs/Kreye 1977: insbes. Kap. 2). "International orientiert" ist das Kapitel hingegen von jeher gewesen; denn es hat von jeher auch Profitchancen wahrgenommen, die sich durch Produktion und Verkauf außerhalb der nationalen Grenzen boten (vgl. Wallerstein 1979: S. 19/2o).

die sich in geschlossenen Märkten eher durchsetzen lassen. Unternehmen ohne multinationale Produktionsbasis sind hier, sofern sie international wettbewerbsfähig sind, an offenen, für Export zugänglichen Märkten interessiert.

Vom betriebswirtschaftlichen Standpunkt aus läßt sich also das Unternehmensinteresse hinsichtlich der internationalen Arbeitsteilung nicht eindeutig bestimmen. Es ist darauf gerichtet, einerseits die vom Markt gebotenen Standortmöglichkeiten unabhängig von nationalen Rücksichten optimal zu nutzen, und andererseits, die Marktbedingungen so zu beeinflussen, daß sie den eigenen Standortmöglichkeiten entsprechen. Je größer die geographische Reichweite ihrer Standortdispositionen ist, desto weniger ausgeprägt sollte auch das Interesse von Unternehmen an der einen oder anderen internationalen Marktordnung sein - wie gesagt, unter betriebswirtschaftlichen Gesichtspunkten.[93)]

Mit der Internationalisierung ihrer produktiven Tätigkeit lösen sich Unternehmen jedoch auch aus dem national-ökonomischen und nationalpolitischen Zusammenhang. Die Möglichkeit, zur Belieferung eines bestimmten Marktes zwischen unterschiedlichen nationalen Standorten den günstigeren auszuwählen (eine Möglichkeit, die die Konkurrenz alsbald zur Notwendigkeit erhebt), ist nicht nur unter Kostengesichtspunkten relevant, sondern unter allen Aspekten, welche die Kapitalverwertung betreffen. Für die zur Internationalisierung fähigen Unternehmen (d.h. für das hinter ihnen stehende Kapital) stellt sich die Frage nach der gesellschaftlich-politischen Basis ihrer Tätigkeit und ihrer Existenz. Die unmittelbare Aktionsfreiheit des Kapitals (d.h. seine Möglichkeit, aus den vorhandenen Marktbedingungen ungehindert Profit zu ziehen) ist in den alten Industrieländern von mehreren

---

93) Es gibt Argumente, die darauf hinauslaufen, daß die Möglichkeit, ständig kostengünstigere Produktionsstandorte auszunutzen, angesichts der Ausschöpfung bisheriger Expansionsreserven eine wichtige Voraussetzung für weitere gewinnbringende Kapitalanlagen und damit für die Erhaltung des kapitalistischen Systems geworden sei (s. z.B. Wallerstein 1979: 71). Auch die Vorstellung, daß angesichts verschärfter Technologiekonkurrenz und damit einhergehender beschleunigter Veraltung von Technologien deren Lebenszyklus verlängert werden müsse, ist eine Variante dieses Themas (vgl. z.B. Ernst 198o: S. 19/2o).

Es ist hier nicht der Platz, sich mit diesem Argument in gebührender Komplexität auseinanderzusetzen. Es soll deshalb der Hinweis genügen, daß es den Autor dieser Studie nicht überzeugt, (das Investitionen-induzierende Innovationspotential scheint ihm bei weitem noch nicht ausgeschöpft zu sein) daß es aber, wenn es zuträfe, von zentraler Bedeutung für die hier vorgebrachten Überlegungen wäre.

Seiten her eingeschränkt worden. Staat und organisierte Arbeitnehmerschaft haben es in eine verteilungspolitische Disziplin eingebunden, die einen Teil der dem Einzelunternehmen jeweils möglich erscheinenden Gewinne de facto sozialisiert. Hinzu kommen Ansätze, die Verfügungsgewalt der Kapitaleigner bzw. des ihnen verantwortlichen Managements über ihre Unternehmen einzuschränken.[94] Die Verlagerung der Produktion in den Geltungsbereich anderer politischer Machtverhältnisse kann - sobald sie kostenmäßig vertretbar wird - Unternehmen die Möglichkeit eröffnen, sich der sozialstaatlichen Fesseln zu befreien und dadurch die Rentabilität des eingesetzten Kapitals zu erhöhen. Wie bei den reinen Betriebskosten und allen Faktoren, die sich kostenmäßig auswirken (wie Arbeitsdisziplin, Streikhäufigkeit oder Umweltauflagen) kann auch hier die Konkurrenz dazu drängen, von den sich bietenden Möglichkeiten Gebrauch zu machen; denn von den erzielbaren (weil verteilungspolitisch zugelassenen) Gewinnen hängt wesentlich die Manövrierfähigkeit der Unternehmen im weitesten Sinne ab.Aus diesen Überlegungen heraus läge es im Interesse transnational disponierender Unternehmen, über die ohnehin zwingende Ausnutzung von Kostenunterschieden hinaus "unternehmerfreundliche" Standorte für ihre Produktion nicht nur zu suchen, sondern auch bewußt aufzubauen. Dabei ist ihre internationale Mobilität, ihre Unabhängigkeit von einem bestimmten Standort, ein entscheidendes Machtmittel, um von investitionshungrigen Staaten Konzessionen zu erreichen.

Im Rahmen der technischen Transferierbarkeit von Produktivität (ein Rahmen, der auf absehbare Zeit unter anderem vom Entwicklungsverlauf der diversen Länder, ihrer infrastrukturellen Dichte, ihrem Bildungssystem und dergleichen abgesteckt wird) stünde damit die industrielle Weltarbeitsteilung vollkommen zur Disposition. Das heißt, das Interesse transnationaler Unternehmen würde sich nicht darauf beschränken, im Dienste der Kostensenkung jeweils Teilprozesse ihrer Produktion an Niedriglohnländer auszulagern. Es würde auch die Übertragung von technologisch anspruchvoller, Lohnkosten-unabhängiger Produktion in diejenigen Länder umfassen, die dem Kapital die günstigsten Verwertungsbedingungen bieten.

---

94) Vgl. hierzu Löwenthal 1977: S. XXII ff.

Auf der anderen Seite ist die immer stärkere Einbindung des Kapitals in die sozialstaatliche Verteilungsdisziplin zu einer wichtigen Voraussetzung für die Expansion gewinnbringender privater Wirtschaftstätigkeit geworden. Die Arbeitnehmerschaften und öffentlichen Hände der Industrieländer stellen die entscheidende Nachfrage, die das kapitalistische System in Bewegung halten. Die Kontrahenten der Unternehmerschaft im Verteilungskonflikt sind auch ihre wichtigsten Kunden. Jedem Einzelunternehmen ist zwar eine Entlassung aus der sozialstaatlichen Pflicht durchaus willkommen. Eine fundamentale Rückkorrektur des sozialstaatlichen Verteilungsmusters würde jedoch den Weltkapitalismus in eine ungeheure Krise stürzen und kann somit nicht im Selbstinteresse der Unternehmerschaften in ihrer Gesamtheit liegen.

Ein weiterer Aspekt kommt hinzu. Das Großkapital (Großunternehmen und Unternehmenskonglomerate) kann seine Interessen am besten in Verbindung mit einer politischen Ordnungsmacht wahrnehmen, die in das Machtgeschehen lenkend eingreift, den Markt den jeweiligen Verwertungsbedürfnissen des Großkapitals formend annähert. Wie Löwenthal sagt, "das Monopol drängt zum Staat" (Löwenthal 1977: S.38). Für die internationale Expansion des Kapitals, für die Internationalisierung der Unternehmen, war und ist die politische Unterstützung und Absicherung seitens der Herkunftländer wichtig. Diesen Unternehmen muß deshalb gerade in dem Maße, wie sie ihre internationalen Aktivitäten ausweiten, daran gelegen sein, eine Macht auf ihrer Seite zu haben, die in der Lage ist, die Interessen des Großkapitals auch weltweit zu fördern und zu schützen. In den einzelnen Niederlassungsländern ist die jeweilige "Lokalmacht" der relevante politische Bezugspunkt, auf den die Einflußnahme gerichtet wird. Dies ersetzt aber nicht die "Metropolmacht", welche die Außeninteressen "ihrer " Unternehmen wahrnimmt, ihnen den Zugang zu fremden Märkten öffnen und sichern hilft, signifikanten Einfluß auf die Gestaltung weltwirschaftlicher Beziehungen nimmt, gegebenenfalls andere Länder unter Druck setzt, und in deren unmittelbaren Einflußbereich in der Regel ein entscheidender Teil des Absatzmarktes der Unternehmen fällt.[95] Das soll nicht heißen, daß auf dem Boden der bestehenden institutionalisierten Weltwirtschaftsordnung nicht auch transnationale Unternehmen ohne starke politische Rückendeckung[96] erfolgreich tätig sein können. Aber auch ihnen kommt indirekt das Wirken kapitalistischer Ordnungsmächte zugute.

Ist dem internationalen Kapital an der Allianz mit den Metropolstaaten (also den etablierten Industriestaaten, von denen seine internationale Expansion ihren Ausgang nahm) gelegen, muß sein nationaler Charakter irgendwie erhalten bleiben. Die Unternehmen, durch die es seine Verwertung betreibt, dürfen das Stammland nicht total verlassen. Vor allem darf die latente Klassenallianz, auf der das politische System der westlichen Industriesstaaten trotz aller manifesten Konflikte basiert, nicht einseitig aufgekündigt werden, wenn diese Staaten für die Zwecke des Kapitals eingesetzt werden sollen. Wenn die Volkswirtschaft der Industriestaaten aus "ihren" multinational tätigen Unternehmen keinen Nutzen mehr zieht, weil diese ihr Kapital abziehen, schwindet die Interessengemeinschaft zwischen "Multis" und Staat (sowohl was das Machtinteresse der Politiker, als auch was das wirtschaftliche Interesse der für den demokratischen Konsens erforderlichen Mehrheiten betrifft). Die Unternehmen setzen damit die politische Unterstützung in der internationalen Arena aufs Spiel, aber auch die Einflußnahme auf die Steuerung des Marktgeschehens "zuhause".

---

95) Die Feststellung von Fröbel/Heinrichs/Kreye: "Das Kapital braucht und benutzt den Staat für seine Verwertung und Akkumulation; aber es ist dafür nicht auf irgendeinen bestimmten Staat angewiesen" (Fröbel/Heinrichs/Kreye 1977: S. 4o) ist insofern zwar nicht falsch. Sie kennzeichnet aber das Verhältnis von transnationalen Unternehmen und Staat nicht hinreichend, da nicht jedweder Staat für das Kapital die Funktionen des Metropolstaates wahrnehmen kann.

96) Unternehmen mit Stammsitz in kleineren Ländern wie der Schweiz, Griechenlands oder des Libanon.

Indem sie sich dem Umverteilungsdruck zu entziehen trachten, den die Arbeitnehmerschaften durch ihren politischen Einfluß im demokratischen Industriestaat ausüben, laufen die Unternehmen Gefahr, sozialisierenden Tendenzen erst richtig die Schleusen zu öffenen und damit die politische Basis des Kapitals weltweit erheblich zu schwächen. Sie haben deshalb ein grundlegendes Interesse daran, die wirtschaftliche Bindung an ihr Stammland aufrecht zu erhalten. Sie haben des weiteren ein objektives Interesse an der wirtschaftlichen Stärke ihres Stammlandes; denn daran hängt der Einfluß, den es international geltend machen kann.

Eine Lockerung der nationalen Bindung durch verstärkte Produktionsauslagerung kann ebenso wie eine gewisse Zurückhaltung in der wirtschaftspolitischen Kooperationsbereitschaft als Druckmittel dienen, um im internen Verteilungskonflikt eine unternehmerfreundlichere Wirtschaftspolitik durchzusetzen. Eine definitive Lösung vom Stammland erscheint jedoch nur dann mit dem Interesse eines Unternehmens vereinbar zu sein, wenn gleichzeitig der Anschluß an eine andere Metropolmacht gelingt.[97)]

Die vorangegangen Überlegungen lassen erwarten, daß die großen Unternehmen der Industrieländer die Internationalisierung der Produktion in abgestufter Form betreiben werden. Einerseits suchen sie die Standortvorteile wahrzunehmen und auch bewußt zu entwickeln, die eine Verlagerung von Produktionsprozessen in Länder der Dritten Welt bietet. Zur standortmäßigen Disposition werden aber nicht alle Produktionsprozesse gestellt - auch nicht im Rahmen des von der Kostenseite her Realisierbaren. Ein signifikanter Teil der Fertigung, in erster Linie die technologisch anspruchsvollen und wenig Lohnkosten-empfindlichen Tätigkeiten, wird grundsätzlich im Stammland behalten - wenngleich sicher nicht unwiderruflich und unter allen Umständen. Dem langfristigen Interesse der Unternehmen entspricht also eine Internationalisierungskonzeption, die vom Prinzip her hierarchisch angelegt ist. In dem aus ihr sich ergebenden Muster der industriellen Weltarbeitsteilung werden den Auslagerungsländern diejenigen Fertigungsprozesse zuerkannt, für die sie von der Kostenseite her klare Standortvorteile

---

97) Vgl. Bienefeld/Godfrey/Schmitz 1977

aufweisen bzw. nach einiger Investition aufzuweisen versprechen. Dadurch, daß die technologisch anspruchsvolle Fertigung prinzipiell im Stammland verbleibt, wird das technologische Gefälle zwischen diesem und den (selbst wieder hierarchisch abgestuften) Auslagerungsländern erhalten. Letztere bleiben - in der strategischen Konzeption der transnationalen Unternehmen - Peripherie, die in erster Linie kostenmäßig konkurrieren muß.[98] Für die globalen Kapitalverwertungsstrategien der transnationalen Unternehmen sind die Niederlassungsländer der Dritten Welt nicht zuletzt dadurch von besonderem Interesse, daß sie eine hierarchische Differenzierung des Marktes begünstigen. Soweit sich dadurch das eingesetzte Kapital vielfältiger verwerten läßt (z.B. Verlängerung des Produktzyklus), ist den Unternehmen an einer Aufrechterhaltung der hierarchischen Standortdifferenzierung gelegen.

Ebenfalls abgestuft ist in dieser Konzeption die "Erpressbarkeit" von Staaten zu sehen - abgestuft sowohl, was Länder als auch was die Produktionsprozesse betrifft. Peripherieländer können stärker unter Druck gesetzt werden, günstige Kapitalverwertungsbedingungen zu garantieren; denn sie sind für die Unternehmen leichter durch andere Standorte ersetzbar und sind ihrerseits abhängiger von der Investition transnationaler Unternehmen als es etablierte Industrieländer sind.[99] Die Erhaltung verlagerungsfähiger Produktion können sich die Unternehmen relativ teuer abkaufen lassen, während sie bei der einem Metropolstandort vorbehaltenen Produktion eher Konzessionen machen werden (obgleich diese auch ihre ökonomisch vertretbaren Grenzen haben). Die Bereitschaft zur Standortbeibehaltung hängt dabei nicht zuletzt auch von der Amortisationsdauer des investierten Kapitals bzw. dem zu einer rentablen Verlagerung erforderlichen Aufwand in Form von Sachanlagen und Produktionsausfall während der Anlaufphase ab.

---

98) Dies wird z.B. auch aus der empirischen Untersuchung von Pausenberger (198o) deutlich, deren Ergebnisse ansonsten eher die "Multis" gegenüber pauschalen Ausbeutungsvorwürfen rehabilitieren.

99) Industrieländer verfügen über bessere finanzielle, technologische und unternehmerische Eigenressourcen als die meisten Entwicklungsländer und sind deshalb eher in der Lage, nationale Produktion auch ohne Beitrag der "Multis" zu betreiben. Allerdings sollte nicht der Aspekt außer acht gelassen werden, daß das Investitionsverhalten der nur im nationalen Rahmen disponierenden Industrie (in erster Linie kleinere Unternehmen) stark von den Nachfrageimpulsen abhängt, die von der Investitionstätigkeit der transnational operierenden Großindustrie ausgehen (vgl. hierzu Schui 1978).

In diesem Punkt sind die Unternehmen tendenziell um so weniger beweglich, je kapitalintensiver und abhängiger von großbetrieblicher Fertigung die Produktion ist bzw. je mehr sie auf den Verbund mit vor- und nachgelagerten Funktionen wie Forschung, lokale Zulieferer, unternehmensspezifische Ausbildung etc. angewiesen ist.

Das Bestreben der transnationalen Unternehmen, bei aller Ausnutzung internationaler Standortvorteile die Bindung an den Metropolstaat nicht aufzugeben, erfordert es, sich gegen etwaige Emanzipationsversuche von Auslagerungsländern abzusichern. Während die Unternehmen einerseits daran interessiert sein müssen, in der Dritten Welt (unabhängig vom Willen jedes einzelnen Unternehmens) sich bildendes industrielles Potential für den eigenen Profit zu nutzen, müssen sie andererseits darauf achten, daß dieses Potential sich nicht im Zuge nationalistisch-merkantilistischer Bestrebungen verselbständigt und sich nicht mehr in die Industrieland-zentrierte Unternehmensstrategie einordnen läßt.[1oo] In anderen Worten, es liegt im Unternehmensinteresse, die industrielle Produktion in den Auslagerungsländern in Abhängigkeit von der Produktion am Stammsitz des auslagernden Unternehmens zu halten.[1o1] Ungeachtet der organisatorisch-rechtlichen Bindungen kann diese Abhängigkeit die Form annehmen, daß der "Zweigbetrieb" bei aller Ausweitung des Produktionsprogramms im Entwicklungsland auf Importe aus der "Mutterfirma" angewiesen bleibt oder daß er in Zulieferfunktion zu diesem gehalten wird. Das entscheidende Mittel zur Aufrechterhaltung der Kontrolle ist dabei die exklusive Verfügung der transnationalen Unternehmen über unverzichtbare Technologie, die nur selektiv weitergegeben wird.[1o2] Die möglichst weitgehende Einglie-

---

1oo) Deshalb ist es auch prinzipiell nicht im Sinne transnationaler Konzerne, wenn staatliche Unternehmen der Entwicklungsländer die industrielle Weiterverarbeitung nationaler Rohstoffe übernehmen (vgl. Vaitsos 1981).

1o1) Vgl. Ernst 198o: S. 23/24

1o2) Methoden, mit denen transnationale Unternehmen sicherstellen, daß die Industrieproduktion in Entwicklungsländern den Interessen der Unternehmenszentrale dienbar bleibt, sind z.B. bei Epstein/Mirow 1977, Newfarmer 1978, Michalet 198o und in den diversen Beiträgen zu Ernst 198o, Kap. III beschrieben.

derung der in den Entwicklungsländern heranwachsenden Industrien in ein internationales Arbeitsteilungsnetz kann dabei als relativ sichere Garantie für den Fortbestand der technologischen Abhängigkeit dienen. Denn der Martkerfolg einer solchermaßen eingebundenen Produktion würde durch ein Ausscheren unmittelbar aufs Spiel gesetzt.

Die in groben Strichen skizzierte Verhaltensabstufung transnationaler Unternehmen gegenüber unterschiedlichen Standorten, die dazu tendiert, das wirtschaftliche Gefälle zwischen weltwirtschaftlichen Zentren und Peripherie zu verfestigen, muß gewissermaßen als generelle Prädisposition begriffen werden. Sollten sich aufgrund ökonomischer und/ oder politischer Entwicklungen die relativen Standortqualitäten spürbar ändern, werden sich die Unternehmen daran anzupassen verstehen. Ein klarer Anpassungsfall wäre z.B.gegeben, wenn der politische Einfluß des Kapitals in einem Industrieland drastisch zurückgedrängt werden sollte (etwa im Gefolge einer krisenhaften Wirtschaftsentwicklung) und sytemverändernde Kräfte das Sagen bekommen sollten. Aber auch ohne derartige politische "Unfälle" kann es das ökonomische Interesse international disponierender Unternehmen erfordern, Dritte-Welt-Standorten einen zentraleren Platz in der konzerninternen Arbeitsteilung einzuräumen als es dem bislang zu beobachtenden Muster entspricht. Ein wichtiger Faktor, der transnationale Unternehmen zur Abweichung von ihrer Prädisposition veranlassen kann, ist das Verhalten der Konkurrenz. Das Interesse, Konkurrenz (sei es von Seiten anderer "Multis", sei es von Seiten nationalistisch-merkantilistischer Industrialisierungsbemühungen relativ fortgeschrittener Entwicklungsländer) unter Kontrolle zu halten, kann ein stärkeres Engagement in einem neu industrialisierenden Land herbeiführen als vielleicht ursprünglich angestrebt.

Ein weiterer Faktor ist die generelle Stagnation der Nachfrage, die in den Industrieländern zu einem länger andauernden Phänomen zu werden scheint und die es dem Kapital erschwert, gewinnbringende Anlagemöglichkeiten zu finden. Neben kostenreduzierenden Investitionen, zu denen auch die Produktionsverlagerung an kostengünstigere Standorte gehört, bekommt in dieser Situation der Kampf um noch wachsende Märkte in der Dritten Welt eine größere Bedeutung. Mit weniger alternativen Anlagemöglichkeiten vor Augen als zu Zeiten ungebrochener wirtschaftlicher Expansion in den Industrieländern mögen die Unternehmen sich zu weitreichenden Konzessionen an umworbene Niederlassungsländer bereit finden. Konfrontiert mit zielstrebigen industriell-technologischen Entwicklungsstrategien solcher Länder und einer daran ausgerichteten harten Verhandlungsposition könnten sie auch sehr hochwertige Technologie transferieren, damit stärker von einer Stammland-zentrierten Konzernstrategie abrücken und den begünstigten Niederlassungsländern den Anschluß an das industrielle Entwicklungsniveau der alten Industrieländer erleichtern.[1o3)]

Derartige Verschiebungen in den relativen Positionen von Ländern, zu denen auch das Absinken von Industrieländern zum Status von "Semiperipherien" gehört, sind mit dem Kapitalverwertungsinteresse der transnationalen Unternehmen durchaus vereinbar. Obgleich sie die Bindung an das Stammland nicht ohne weiteres aufgeben und insofern nicht von vornherein als vollkommen staatenlose Akteure auf dem Globus Ressourcenallokationen vornehmen, zeichnen sie sich doch durch hinreichende Flexibilität aus, um ihr Interesse vom wirtschaftlichen Schicksal einzelner Staaten - auch des Stammlandes - notfalls zu entkoppeln und sich mit aufsteigenden Konkurrenznationen zu verbünden.

1o3) Diese Vorstellung deckt sich nicht mit jener, die in der Produktionsverlagerung in Niedriglohnländer eine Überlebensnotwendigkeit des Weltkapitalismus angesichts stagnierender Märkte und sinkender Profite sieht. Um sich bietende Anlagemöglichkeiten wird natürlich heftiger gekämpft, wenn diese allgemein knapp sind. Insofern verstärkt die Wachstumsverlangsamung u.a. auch das Bemühen um profitable Standortinnovation. Auf der anderen Seite - und darum geht es hier - erhöht sich auch die Bereitschaft der Unternehmen, relative "Nachteile" in Kauf zu nehmen, um ins Geschäft zu kommen oder im Geschäft zu bleiben. Daher die möglichen Konzessionen an verhandlungsstarke Entwicklungsländer! (vgl. zu diesem Gedankengang Wallerstein 1979: S. 98 ff.).

Diese Art von "Opportunismus", der gleichwohl nur der Natur des verwertungssuchenden Privatkapitals entspricht, kann sich auch noch in anderer Hinsicht zeigen. Wesentlicher noch als die Suche nach günstigen Standorten ist für Unternehmen die Suche nach Märkten. Die politische Kontrolle über hinreichend attraktive Märkte kann deshalb für Staaten ein wichtiges Faustpfand sein, um die Standortentscheidungen international disponierender Unternehmen auch unabhängig von Produktionskostengesichtspunkten im nationalen Interesse zu beeinflussen.

Entwicklungsländer verfügen, bezogen auf das heute in der Welt angebotene industrielle Produktionssortiment (also ohne daß es großer Innovationen bedürfte) über ein riesiges Nachfragepotential. In den alten Industrieländern war die Anpassung der Löhne an den Produktivitätsfortschritt der hauptsächliche Mechanismus, um das Massennachfragepotential marktwirksam und zu einem entscheidenden Wachstumsträger werden zu lassen, nachdem die ursprünglichen Marktausweitungsreserven erschöpft waren.Obgleich gegen den Widerstand der Unternehmerschaft durchgesetzt, erwies sich die expansive Lohnpolitik als wesentliche Stütze der fortgesetzten Kapitalverwertung und -akkumulation. So liegt auch heute im "aufgeklärten" Kapitalinteresse die Aktivierung der Massennachfrage in den Entwicklungsländern. Dies ist allerdings nur als zweiter Schritt möglich, wenn die produktive Leistung der prospektiven Lohnempfänger bereits für andere Märkte (z.B. Exportmärkte) erbracht wird. Die aus dem Lohneinkommen gespeiste Nachfrage kann nur einen von anderswoher kommenden Wachstumsimpuls fortsetzen. Entwicklungsländer mit relativ starker Exportindustrie wären dazu typischerweise in der Lage. In Anbetracht des stark verlangsamten Wirtschaftswachstums in den Industrieländern wäre es nun durchaus vorstellbar, daß transnationale Unternehmen - den Signalen einer entsprechenden staatlichen Entwicklungspolitik folgend - gegenüber derartigen Ländern eine an Marktexpansion orientierte Investitionspolitik betreiben und nicht mehr eine, die primär an Kostensenkung orientiert ist. Ein solchermaßen als Zukunftsmarkt akzeptiertes Land würde im Gegensatz zur heute (noch) dominierenden Praxis nicht mehr als Standort für Niedriglohnproduktion infrage kommen, sondern im Gegenteil als Standort für Produktionsprozesse, die auch mit relativ hohen Lohnkosten lebensfähig sind. Die Initiative zu einem derartigen Unterfangen und seine Koordination müßte natürlich bei der Regierung des betreffenden Landes liegen.[1o4)] Das Investitionsinteresse des internationalen Kapitals aber könnte geweckt werden durch die Aussicht, im Gefolge der Produktionsverlagerung (die unter Kostengesichtspunkten evtl. gar nicht so interessant ist)neue lohnenswerte Märkte zu erschließen. Eine derartige Aussicht wäre gerade dann, wenn die bisherigen Märkte ins Stagnieren geraten sind, ein besonders starkes Motiv.

Im Sinne unserer Argumentation wäre also zu erwarten, daß transnationale Unternehmen nicht nur dorthin "auswandern", wo sie für ihre gegebenen Märkte kostengünstiger produzieren können, sondern in einigen Fällen auch dorthin, wo sie ein größeres Wachstumspotential vorfinden. Die in Antizipation des Wachstums vorgenommenen Investitionen würden dann in der Tat nicht mehr nur einzelne Produktionsprozesse, sondern industrielle Wachstumsdynamik in die auserwählten Länder verlagern.[1o5)]

1o4) Die systematischen Bestrebungen Singapurs, sich als Zentrum für Hochlohnproduktion zu profilieren, entsprechen in etwa einer solchen Zielsetzung.

1o5) Entgegen der verbreiteten Vorstellung von der Dritten Welt als weltwirtschaftlichem Wachstumsmotor (Brandt-Bericht!) wären gemäß dieser Argumentation (einige) Entwicklungsländer als Wachstumszonen aufzufassen, die in dieser Funktion zum Rest der Welt in einem Konkurrenzverhältnis stehen.

e) <u>Das Interesse der Arbeitnehmer und die Verteilung des Volkseinkommens</u>

In den bisherigen Überlegungen ist bereits mehrfach zum Vorschein getreten, daß die Position eines Landes in der internationalen Arbeitsteilung unterschiedliche Teile seiner Erwerbsbevölkerung unterschiedlich berührt. Entwicklungen, welche die Einkommensquellen einer Gruppe gefährden, verbessern meistens gleichzeitig die Marktchancen anderer Gruppen der gleichen Nation. Es ist auch offensichtlich geworden, daß sich die Verteilungspositionen (wenn man so will: die Marktchancen) von Arbeit und Kapital verschieben können. Wie die (in ihrer eigenen Produzentenrolle nicht betroffenen) Konsumenten aus der internationalen Konkurrenz der Produzenten Vorteil ziehen, so kann das Kapital von der internationalen Konkurrenz der Arbeitskräfte profitieren und vice versa.[106]

Das Interesse von Arbeitnehmern in Bezug auf Veränderungen der internationalen Arbeitsteilung kann jedoch nicht unmittelbar aus ihrem "Klasseninteresse" vis a vis dem Kapital abgeleitet werden. Als überwiegend innerhalb der nationalen Grenzen tätigen Erwerbspersonen eignet ihnen zunächst eine Interessenlage, die sich mit derjenigen der Nation als Gesamtheit, als Interessenverbund deckt. Ihnen kommt es zugute, wenn die Produktion im Lande floriert und die im Lande hergestellten Güter international einen hohen Tauschwert haben. Da das reale Entlohnungspotential von der produktiven Leistung der Arbeit abhängt, bzw. von ihrer Bewertung auf dem Markt, haben die Arbeitnehmer jeden Landes ein fundamentales Interesse daran, daß ihnen innerhalb ihrer geographischen Reichweite die Möglichkeit gegeben wird, an möglichst "hochwertiger" Produktion teilzunehmen. Zum Nutzen gereicht ihnen deshalb potentiell alles, was ihrem Land Produktions- und Verkaufsprivilegien verschafft und sichert.

---

[106] Die Veränderungen in den Einkommensanteilen von Arbeit und Kapital infolge erweiterten Warenaustausches sind formal im sogenannten Stolper-Samuelson-Theorem beschrieben. Es besagt, daß der knappere Faktor, also in den Industrieländern die Arbeit, durch die Handelsausweitung billiger wird und somit Anteile am Volkseinkommen verliert. Dieses Theorem wird jedoch wegen seiner vereinfachenden Annahmen der Komplexität der Veränderungen im Nord-Süd-Handel nicht voll gerecht, sonderns weist sozusagen nur auf einen unter mehreren Wirkungszusammenhängen hin. Es kann deshalb auch in empirischen Untersuchungen nicht einwandfrei bestätigt werden (s. z.B. Chung 1980).

Die Realisierung dieses Potentials hängt für die Arbeitnehmer allerdings davon ab, wieweit sie an dem Reichtum, der im Land produziert und im Austausch mit anderen Ländern erwirtschaftet wird, teilhaben. Die nationale Position in der internationalen Arbeitsteilung vermittelt sich dem konkreten wirtschaftlichen Interesse des Arbeitnehmers über seine beiden Rollen als Anbieter von Arbeitskraft und als Nachfrager von Gütern. Nationale Produktionsprivilegien interessieren ihn, soweit sie ihm über bezahlte Beschäftigung Anteil am Produktionswert geben. Austauschrelationen mit anderen Ländern interessieren ihn, soweit sie sich in den Preisen der von ihm nachgefragten Güter niederschlagen.

In beiden Aspekten reflektiert "nationaler Wohlstand" die Konkurrenzfähigkeit und die relative Bewertung der nationalen Arbeitskraft gegenüber der anderer Länder. Das heißt Produktionsprivilegien, Entlohnung, Güterpreise und Austauschrelationen resultieren maßgeblich aus der Position der nationalen Arbeitskraft auf den diversen (Produkt- und Arbeitsprozeß-spezifisch aufzufassenden) internationalen Arbeitsmärkten (mitsamt ihren "künstlichen" Verzerrungen). Aber in beiden Aspekten kommt "nationaler Wohlstand" der Arbeitnehmerschaft (oder gar allen Arbeitnehmern) nicht automatisch zugute.

Für die Arbeitnehmer der Industrieländer ist die Beschäftigungsfrage von besonderem Interesse. Das Vordringen der Entwicklungsländer-Exporte auf den Weltmärkten führt in jedem Fall zu einer Umschichtung der Beschäftigungsmöglichkeiten. Doch bereits dies ist für die betroffenen Arbeitnehmer bedrohlich genug, da die qualifikationsmäßigen Voraussetzungen für den Einsatz in anderen Branchen oft nicht vorhanden sind und die vielfach erforderliche geographische Umsiedlung als gravierender Einschnitt in die Lebensverhältnisse empfunden wird. Außerdem hat der einzelne trotz der großen volkswirtschaftlichen Zusammenhänge bei weitem keine Garantie für seine Wiederbeschäftigung, wenn die Volkswirtschaft insgesamt weniger Arbeitsplätze anbietet als nachgefragt werden. Hinzu kommt - wie oben näher dargelegt -, daß Freisetzungen aufgrund vermehrter Importe durchaus nicht ohne weiteres durch neue Arbeitsplätze in der Exportindustrie des gleichen Landes kompensiert werden. Anstelle der Freisetzung britischer Textilarbeiter können z.B. neue Arbeitsplätze in der westdeutschen Elektro-Industrie entstehen. Dies alles bestärkt, zumal in Zeiten erhöhter allgemeiner Arbeitslosigkeit, die konservative Strukturpräferenz der Arbeitnehmerschaft in den Industrieländern, d.h. ihre Ablehnung struktureller Anpassung, selbst wenn sie letzen Endes höherwertige und besser bezahlte Arbeitsplätze erwarten können.

Zur erhöhten Arbeitsplatzunsicherheit und zum mitunter mühevollen Jobwechsel kommt der - ebenfalls oben aufgezeigte - "Rationalisierungseffekt" erweiterter Arbeitsteilung mit Niedriglohnländern.[107] Das heißt um die zusätzlichen Exportgüter für die Entwicklungsländer herzustellen, wird in der Regel weniger Arbeit benötigt als durch die Importe freigesetzt wird.

Was sich vom Standpunkt des gesamtwirtschaftlichen Wohlfahrtinteresses vorteilhaft darstellt - nämlich gleiches Versorgungsniveau für weniger Arbeitsaufwand - ist für die Beschäftigung zuerst einmal negativ. Für die Arbeitnehmer ist wichtig, daß der abstrakte volkswirtschaftliche Nutzen in akzeptabler Weise verteilt wird. Die Einsparung an volkswirtschaftlichem Arbeitsaufwand muß, sofern sie nicht durch vermehrte Produktion kompensiert wird, von möglichst vielen Arbeitnehmern als Freizeitgewinn getragen werden und darf nicht einigen wenigen als Arbeitslosigkeit aufgebürdet werden. Letzteres trifft nicht nur die Arbeitslosen selbst, sondern verunsichert darüberhinaus weite Teile der übrigen Arbeitnehmerschaft und schwächt ihre Verhandlungsposition gegenüber der Arbeitgeberseite.

Obgleich die Umverteilung der volkswirtschaftlichen Arbeitsmenge auf mehr Arbeitsplätze kaum durchführbar ist zur kurzfristigen Behebung neu entstandener Arbeitslosigkeit, so haben sich im Laufe der Jahrzehnte ständige Arbeitszeitverkürzungen aller Art doch als wirksames Mittel erwiesen, um das Arbeitsangebot vorweg in etwa in Einklang mit den gewaltigen Produktivitätssteigerungen zu bringen, die infolge des technischen Fortschritts möglich wurden. Ähnlich könnte evtl. auf Dauer das Beschäftigungsproblem lösbar sein, das sich aus

---

[107] Wie im Teil c dieses Kapitels dargelegt, fällt dieser Effekt deswegen ins Gewicht, weil er sich einem in letzter Zeit ohnehin stark hervortretenden, nicht handelsbedingten Arbeitseinspareffekt aufgrund technologischer Innovation zugesellt.

einer verstärkten Arbeitsteilung mit Niedriglohnländern ergibt. Alternativ hierzu liesse sich auch daran denken, Teile der handelsbedingten Realeinkommenszuwächse in Nachfragekanäle zu leiten, die ihrerseits zur Etablierung und Erhaltung zusätzlicher Arbeitsplätze (etwa im Bereich nicht kapitalintensiver Dienstleistungen) führen. Dadurch könnte es allerdings erforderlich werden, einen Teil des Zusatzeinkommens mittels Besteuerung der privaten Verfügung zu entziehen.

Eine prinzipielle Unvereinbarkeit mit den Interessen der Arbeitnehmer in den Industrieländern besteht in der Frage der handelsbedingten Arbeitszeiteinsparung ebenso wenig wie Rationalisierung grundsätzlich ihren Interessen widerspricht. Die Kosten-/Nutzenverteilung ist weder beim einen noch beim anderen vorbestimmt und kann bei geeigneter Arbeitsmarktpolitik zu einem Wohlfahrtszuwachs für alle Arbeitnehmer führen.

Gelingt es nicht, die Vollbeschäftigung zu erhalten (und hierbei kann erweiterte internationale Arbeitsteilung immer nur als relativ unbedeutender Faktor neben anderen, wesentlich gewichtigeren gesehen werden), wird es den Unternehmen leichter, sich Forderungen nach höherer Entlohnung zu widersetzen. Nicht nur die Arbeitnehmer der von Importen bedrohten Branchen, sondern die nationale Arbeitnehmerschaft in ihrer Gesamtheit müßte eine derartige Entwicklung ablehnen. Reallohngewinnen in Form verbilligten Importwarenangebotes - Gewinne, die oft besonders für die unteren Einkommensschichten ins Gewicht fallen - stünde dann der Verzicht auf eine volle Beteiligung an zukünftigen volkswirtschaftlichen Produktivitätsgewinnen gegenüber.

Das Interesse der Arbeitnehmer in den Entwicklungsländern knüpft ebenfalls an der Beschäftigung an. Dabei stellt sich die Situation zunächst weniger ambivalent dar. Mehr Exportchancen bedeuten mehr Arbeitsplätze in den betreffenden Branchen. Importrestriktionen der Industrieländer hingegen wirken sich in direkter Weise negativ auf die Beschäftigung aus, da sonst mögliche Arbeitsplätze nicht geschaffen, bestehende unter Umständen vernichtet werden.

Was die Wahl zwischen alternativen Industrialisierungsstrategien betrifft, spricht unter Beschäftigungsgesichtspunkten ebenfalls vieles für eine relative Konzentration auf den Export, weil dieser eine Spezialisierung auf Produkte ermöglicht, die mit arbeitsintensiven Verfahren hergestellt werden. Unter marktwirtschaftlichen Bedingungen erfordert binnenmarktorientierte Industrialisierung hingegen selbst dort, wo die Schaffung größerer regionaler Binnenmärkte hinreichende Produktionszahlen gewährleistet, eine Produktmischung, die mit einem vergleichsweise hohen Kapitaleinsatz pro Arbeitsplatz verbunden ist.[1o8)]

Natürlich kommt die Exportorientierung der Beschäftigung nur dann auf Dauer zugute, wenn ein ständiger Strom arbeitsplatzschaffender Investitionen sichergestellt wird. Die Induzierung von Wachstumsimpulsen für vor- und nachgelagerte Produktions- und Dienstleistungszweige darf deshalb über der Errichtung von Fertigungskapazitäten für den Export nicht vernachlässigt werden. Die Exportproduktion kann auch in keinem Fall allein zu Vollbeschäftigung führen. Hierzu ist die Expansion des Binnenmarktes unabdingbare Voraussetzung.[1o9)] Ohne sie bleibt der arbeitsschaffende Effekt von sogenannten industriellen Exportmonokulturen ohne weitere Verknüpfung mit der nationalen Produktionsstruktur auf die Primärinvestition beschränkt und auf längere Frist meist gering. Aber die Gefahr, daß die Wachstumsdynamik (also die eigentliche Entwicklung) gegenüber der momentanen Erstellung von Produktionskapazität vernachlässigt wird, ist nicht auf exportorientierte Industrieförderungspolitiken beschränkt. Der Verzicht auf Industrieexporte wäre auf jeden Fall die falsche Forderung, wenn es um die Forcierung der Arbeitsplatzschaffung geht. Denn es ist nicht die Exportenklave, die in manchen Ländern der Dritten Welt eine umfassende Entwicklung bremst, sondern der Mangel an sonstigen Entwicklungs-

---

1o8) Vgl. Pfaller 1978 und die dort angeführte Literatur.

1o9) Wie Elsenhans anführt, würde selbst die Verlagerung aller 1oo Millionen industriellen Arbeitsplätze der OECD-Länder in die Dritte Welt die dortige Arbeitslosigkeit nicht beheben (Elsenhans 198o: S. 484/485).

impulsen, der die Industrialisierung auf die Enklave beschränkt.[110] Gegnerschaft zur Inkorporierung in die internationale industrielle Arbeitsteilung gründet deshalb in Entwicklungsländern nicht in beschäftigungspolitischen Erwägungen.

In anderer Hinsicht berührt jedoch eine exportorientierte Industrialisierungspolitik die Interessen der Arbeitnehmer in den Entwicklungsländern unmittelbar. Der Exporterfolg verlangt eine straffe Lohn- und Arbeitsdisziplin, die wenig Spielraum für die Austragung von Verteilungskonflikten mit den Arbeitgebern läßt. So ist denn auch in den erfolgreichsten industriellen Exportländern der Dritten Welt die gewerkschaftliche Aktivität rigoros eingeschränkt.[111] Das erleichtert es der Unternehmerseite, die Löhne und Lohnnebenkosten unter das Niveau zu drücken, das mit internationaler Wettbewerbsfähigkeit eigentlich vereinbar wäre, und sich stattdessen eine höhere Gewinnspanne zu sichern. Ebenso ermöglichen niedrige Arbeitskosten (in nationaler Währung gemessen) eine höhere Bewertung der eigenen Währung, was denen zugute kommt, die am meisten importierte Waren und Dienstleistungen absorbieren - also in der Regel nicht der Unterschicht. Die politischen Vorkehrungen, die in vielen Entwicklungsländern getroffen werden, um die für den industriellen Export notwendige Lohndisziplin zu sichern, verschlechtern so die verteilungspolitischen Chancen der Arbeitnehmer und leisten einer stärkeren Ausbeutung Vorschub als sie bei größerer gewerkschaftlicher Freiheit möglich wäre.

Dies bedeutet jedoch nicht, daß die Produktion für den Export als solche niedrigere Reallöhne und schlechtere Arbeitsbedingungen verlangt als eine binnenmarktorientierte Produktion. Die Spezialisierung gemäß den komparativen Kostenvorteilen erlaubt im Gegenteil eine höhere durchschnittliche Produktivität als eine stärker auf Eigenversorgung gerichtete Produktion - trotz der ungünstigen Austauschverhältnisse. Wieweit die Arbeitnehmer an der größeren

---

110) Vgl. die Kritik Ffrench-Davis' an der Entwicklungspolitik des Pinochet-Regimes in Chile (Ffrench-Davis 1979).

111) Eine Ausnahme bildet Hongkong, wo der starke Zustrom von Arbeitskräften lange Zeit mitgeholfen hat, soziale Energien von kollektiver Aktion in individuelles Akkommodierungs- und Aufstiegsstreben abzuleiten.

Angebotsmasse, die über den Austausch erwirtschaftet wird, teilhaben, hängt davon ab, wieweit sie selbst in den Genuß der Ergebnisse ihrer höheren Arbeitsproduktivität kommen. Werden die mit relativ hoher Produktivität hergestellten Erzeugnisse in ihrer Gesamtheit exportiert, (wie z.B. bei Elektronikteilen der Fall) und liegen die im Gegenzug importierten Waren außerhalb des Konsumbereichs des Arbeiters, so hat er durch die effizientere volkswirtschaftliche Ressourcenallokation nichts gewonnen. Diese kommt dann entweder dem Konsum der Reichen oder einer beschleunigten Kapitalbildung zugute.

Zieht man die Verteilungsverluste mit in Betracht, die dem Arbeitnehmer im Exportmodell aufgrund einer rigorosen politischen Disziplinierung drohen, so wäre ihm - zumindest kurzfristig - mit einer binnenmarktorientierten Industrialisierung besser gedient. Der volkswirtschaftliche "Kuchen" wäre zwar kleiner, aber das Stück, das er davon abbekommt, eher größer. Auf längere Frist und vor allem mit zunehmender Diversifizierung haben jedoch auch die Arbeitnehmer an dem erhöhten wirtschaftlichen Wachstum teil, das über eine adäquat betriebene Exportindustrialisierung erzielt wird. Dieser Effekt stellt sich ein durch eine sukzessive Verbilligung von industriellen Konsumgütern im Laufe der Diversifizierung der Exportbasis. Er kann verstärkt werden durch die Verknappung der Arbeitskraft, die im Gefolge der Ausdehnung arbeitsintensiver Exportproduktion eher eintritt als bei relativ kapitalintensiver Importsubstitution.

Ob, inwieweit und wielange exportorientierte Industrialisierung zu Lasten der Arbeitnehmer geht, ist nicht von der wirtschaftlichen Logik dieser Entwicklungsstrategie vorbestimmt, sondern hängt von den Modalitäten ihrer Implementierung ab. Hinter ihnen stehen Entscheidungen über die Preisrelation zwischen Gütern des Massenkonsums und des gehobenen Konsums, über Konsumausweitung und beschleunigte Kapitalakkumulation sowie über die Einkommensverteilung zwischen Arbeit und Kapital. Es sind diese Entscheidungen, die das Interesse der Arbeitnehmer in den Entwicklungsländern berühren. Die Option zwischen export- und binnenmarktorientierter Industrialisierung ist überdies weitgehend imaginär, da der Devisenengpaß in den meisten Ländern eine Exportausweitung zur Voraussetzung weiteren industriellen Wachstums macht.

Die Wünschbarkeit einer Inkorporierung in die internationale industrielle Arbeitsteilung ist deshalb als solche in den Entwicklungsländern auch weniger Gegenstand eines Interessenkonfliktes als in den Industrieländern, wo eine vorhandene Produktionsstruktur und die an ihr hängenden Arbeitsplätze in ihrem Bestand gefährdet und etablierte Interessen bedroht sind.[112)]

Den dargestellten Interessenkonstellationen liegt die Vorstellung zugrunde, daß im Zuge erweiterter Arbeitsteilung zwischen Industrie- und Entwicklungsländern die Handelsströme in beiden Richtungen zunehmen. Erfolgt jedoch der Rückfluß der Exporterlöse aus den Entwicklungsländern nicht größtenteils in Form von Importnachfrage, sondern über den Gewinntransfer multinationaler Unternehmen, muß die Interessenlage der Arbeitnehmer etwas komplexer gesehen werden.

In den Industrieländern wird in der Tat Arbeitslosigkeit geschaffen, wenn Produktionsauslagerung nicht durch eine entsprechende Expansion des Exportsektors kompensiert wird. Diese Arbeitslosigkeit geht über den "Rationalisierungseffekt" einer Strukturaufwertung hinaus und stellt keinen "Freizeitgewinn" dar, den es durch geeignete Arbeitsmarktmaßnahmen zu sozialisieren gälte. Es steht ihm keine Verbilligung von Gütern (gleiches Wohlfahrtsniveau für weniger Arbeit) gegenüber, sondern die Aufgabe nationaler Produktion zugunsten des Bezugs von Renteneinkommen aus dem Ausland. Das heißt, ein Teil des Volkseinkommens entsteht nun, ohne daß es dazu der Mitwirkung von inländischer Arbeitskraft bedürfte. Von dieser Art von Arbeitsein-

---

112) Der Vollständigkeit halber ist zu vermerken, daß in Entwicklungsländern, die eine binnenmarktorientierte, relativ diversifizierte industrielle Produktionsstruktur aufgebaut haben, ebenfalls etablierte Interessen entstanden sind, die von einer Umstellung der Wirtschaftspolitik auf Exportorientierung bedroht werden (vgl. Schydlowsky 1975 und die mexikanische Fallstudie von Müller-Ohlsen 1974: S. 196 ff). Besonders betroffen können davon auch die Arbeitnehmer sein, denen zum Zwecke der internationalen Wettbewerbsfähigkeit eine striktere Arbeitsdisziplin auferlegt werden muß. Außerdem verteuert eine evtl. notwendig werdende Währungsabwertung die Importe und verringert somit zunächst einmal das Realeinkommen all derer, die direkt oder indirekt importierte Waren und Dienstleistungen absorbieren. Das Konsumenteninteresse wird also zunächst unter der Verschlechterung der terms of trade leiden. Dieser Effekt würde nur kompensiert, wenn gleichzeitig zugelassen würde, daß Importe teurere Eigenprodukte vom Markt verdrängen. Dies hinwiederum würde etbalierte Produzenteninteressen auf den Plan rufen.

sparung hätte die Arbeitnehmerschaft nur einen Nutzen, wenn es ihr gelänge, am aus dem Ausland transferierten Kapitalgewinn selbst teilzuhaben und so die entgangene (Real-)Lohnsumme zu kompensieren. Das aber würde bedeuten, daß ein Teil des ins Ausland abgewanderten Kapitals de facto sozialisiert werden müßte; denn über Lohnerhöhungen allein wäre es nicht mehr zu fassen. Arbeitszeit-reduzierende Maßnahmen sind dann zusätzlich noch nötig, um den solchermaßen wiederhergestellten Arbeitnehmeranteil am (realen) Volkseinkommen allen Arbeitskräften zukommen zu lassen.[113]

In Zeiten hohen wirtschaftlichen Wachstums und gesicherter Vollbeschäftigung erlaubt die Produktionsauslagerung dem Kapital, über die von der Verfübarkeit und Produktivität nationaler Arbeitskraft gesetzten Grenzen hinaus zu expandieren. Die Volkswirtschaft des Industrielandes als ganzes erhält dadurch die Chance, ihre Produktionsstruktur gemäß den komparativen Kosten aufzuwerten und dabei besonders vorteilhafte terms of trade gegenüber dem weniger entwickelten Ausland durchzusetzen. Ein Beschäftigungsausgleich ist nicht nötig, da die vorhandenen Kapazitäten ohnehin voll beansprucht werden. Herrscht in den Industrieländern jedoch ein Überangebot an Arbeitskraft, sei es aus konjunkturellen Gründen oder sei es aufgrund übermäßig kapitalintensiver Produktionsweise, werden der heimischen Wirtschaft durch Produktionsauslagerung mögliche Arbeitsplätze vorenthalten. Das Kapital bedient sich ausländischer Arbeitskraft, obgleich ihm nationale Arbeitskraft zur Verfügung stünde. In anderen Worten, bestehende oder potentielle Arbeitsplätze werden exportiert und - übertragen gesprochen - ein Teil der Unterbeschäftigung der Entwicklungsländer in die Industrieländer importiert. Die Arbeiter in Industrie- und Entwicklungsländern werden zueinander in Konkurrenz um Arbeitsplätze gesetzt, die Verhandlungsposition der Arbeitnehmerschaft der Industrieländer gegenüber dem Kapital geschwächt. Es ist deshalb nur konsequent, wenn die Gewerkschaften der Industrieländer in Zeiten hartnäckiger Arbeitslosigkeit der Produktionsauslagerung in Niedriglohnländer skeptisch bis feindlich gegenüberstehen.

Doch obgleich der Trend zur Produktionsverlagerung insgesamt den Arbeitnehmerinteressen zuwiderlaufen mag, kann die Auslagerungsent-

---

113) Vgl. die Schlußbemerkung in Fröbel/Heinrichs/Kreye 1981 (S. 18).

scheidung des einzelnen Unternehmens oder auch einer ganzen Branche durchaus auch im Interesse der Jobsicherung liegen. Denn einer allgemein und international sich durchsetzenden Praxis kann sich eine nationale Industrie oder gar eine einzelne Firma nur unter Verlust ihrer Wettbewerbsfähigkeit entziehen. Nur durch Abschirmung gegen die ausländische Konkurrenz kann dann die teurere, weil mit höheren Lohnkosten belastete inländische Produktion lebensfähig erhalten werden. Dieses Instrument hinwiederum nützt nicht zur Erhaltung von Exportmärkten und ist deshalb weitgehend untauglich in exportabhängigen Industriezweigen. Die Sachzwänge sind hier ähnlich wie bei der Produktionsverbilligung und Arbeitseinsparung durch Rationalisierung. Auch sie dient bei gegebener und national nicht kontrollierbarer Wettbewerbssituation der Lebensfähigkeit von Firmen oder ganzen Industriezweigen und damit der Sicherung von Arbeitsplätzen.[114]

Die Produktionsverlagerung in Niedriglohnländer setzt also die Arbeitnehmer der alten Industrieländer in eine interessenmäßig ambivalente Lage. Solange das Verhältnis von Wirtschaftswachstum und Produktivitätsentwicklung oder auch der strukturelle Wandel Vollbeschäftigung nicht zulassen, ist ihre Arbeitsplatzsicherheit insgesamt durch die Auslagerung bedroht, und zwar (im Gegensatz zur Importkonkurrenz, die von den Entwicklungsländern ausgeht) auch auf längere Frist. Die zu dieser Situation führende Gesamtentwicklung ist jedoch nur begrenzt kontrollierbar. Auf der Entscheidungsebene hingegen, auf der politischer Widerstand gegen Auslagerung wirksam werden könnte, erfordert die Arbeitsplatzerhaltung oft die Stärkung der nationalen Unternehmen im internationalen Wettbewerb.

Den Arbeitnehmern in den Entwicklungsländern ist die Schaffung von Jobs durch produktionsauslagernde Industrieländer-Unternehmen prinzipiell nicht minder willkommen wie die seitens eines exportorientierten nationalen Unternehmens. Der ausländische Unternehmer ist für sie oft derjenige, der ihnen den Zugang zum internationalen Arbeitsmarkt öffnet, ihre Arbeitskraft dort ökonomisch verwertbar

---

114) Vgl. z.B. Donges/Juhl 1979.

macht. Die unmittelbare Alternative dagegen heißt meist: keine vergleichbar günstige Beschäftigung. Auf der anderen Seite wird durch das Angewiesensein auf ausländische Firmen der Umverteilungsspielraum stärker eingeengt als es mit einheimischen Unternehmen der Fall wäre, die in ihrem Aktionsbereich auf den nationalen Standort und damit den nationalen Arbeitsmarkt beschränkt sind oder die - so staatliche Unternehmen - gar der nationalen Entwicklung verpflichtet sind. In beiden Fällen muß die nationale Exportproduktion auf dem internationalen Markt preislich konkurrieren und sich die Entlohnung der Arbeitskräfte dieser Anforderung unterordnen. Bei von Auslandsfirmen kontrollierter, verlagerungsfähiger Produktion setzt die Konkurrenz jedoch direkt auf dem Arbeitsmarkt an, ohne daß es einen Mehrwert gäbe, der gegebenenfalls national umverteilt werden könnte. Das Land exportiert keine Produkte in andere Länder, sondern Arbeitsleistung an ausländische Unternehmen. Diese sind aufgrund ihrer internationalen Standortflexibilität gegen Umverteilungsbestrebungen seitens lokaler Arbeitnehmerschaften auch dann weitestgehend immun, wenn der zugehörige Gütermarkt hierzu noch einen Spielraum ließe, wenn es also nur um die Profitmarge geht (die bei ausgelagerter Teilproduktion oft ohnehin nur eine rechnerische Vergleichsgröße ist).[115]

Innerhalb der betroffenen Branchen führt die Produktionsverlagerung von Hochlohnländern in Niedriglohnländer zu einer deutlichen Herabsetzung des Lohneinkommens, während die Unternehmen ihren Gewinn aufrechterhalten oder erhöhen. Letztere versuchen mit der Auslagerung, sich der volkswirtschaftlichen Doppelfunktion des Lohns zu entziehen. Der Rückgriff auf das in den Entwicklungsländern bestehende "Reserveheer" von unterbeschäftigten Arbeitskräften bietet die Chance, die Arbeitskosten niedrig zu halten, während die hohen Löhne der Industrieländer weiterhin einen großen Absatzmarkt gewährleisten. Die Nachfrage in den Industrieländern bleibt aber nur dann

---

115) Vgl. Senghaas-Knobloch 198o zu den Arbeitskosten-minimierenden Praktiken von Unternehmen, die Teilfertigungsprozesse in Niedriglohnländern vornehmen lassen.

unbeeinträchtigt von der Produktionsverlagerung, wenn interne und externe Wachstumskräfte die auslagerungsbedingten Beschäftigungsverluste kompensieren und somit das Lohnvolumen aufrechterhalten. Nimmt die Auslagerung Größenordnungen an, die dieses (in Zeiten allgemeiner wirtschaftlicher Stagnation geschwächte) Kompensierungsvermögen übersteigen, schrumpft der Markt in den Industrieländern. Damit würde eine der tragenden Säulen der fortgesetzten wirtschaftlichen Prosperität in den kapitalistischen Industrieländern, nämlich die vom Lohneinkommen ausgehende Massenkonsumnachfrage, ins Wanken geraten. Massennachfrage-stützende Umverteilungsmaßnahmen wären dann nicht nur im Arbeitnehmerinteresse, sondern auch im Interesse der volkswirtschaftlichen Krisenvermeidung angebracht.[116)]

In dem Maße, wie die Verlagerung der Produktion an Niedriglohnstandorte tatsächlich das Nachfragepotential in den Hochlohnländern reduziert, müßte das an den Auslagerungsstandorten geschaffene Lohneinkommen an Bedeutung für die sich wie die Produktion "internationalisierende" Konjunktur gewinnen. Auch die internationalisierte Unternehmenswirtschaft kann zur Sicherung des Absatzes nur soweit auf verteilungspolitische Korrekturen verzichten, wie die Antizipation erweiterter Märkte die Investitionstätigkeit antreibt und damit "autonom" Einkommen und Nachfrage schafft. Kräftige Lohnerhöhungen in den Entwicklungsländern stehen jedoch dem ursprünglichen Auslagerungsmotiv, nämlich niedrige Arbeitskosten, direkt entgegen. In einem weltwirtschaftlichen Kontext schwacher "autonomer" Wachstumsimpulse verdichtet also eine Produktionsverlagerung größeren Ausmaßes die Gefahr der Überproduktion, der dem kapitalistischen System immanenten Krisenursache.[117)]

[116)] Damit werden nicht die ernsthaften Bedenken gegenüber einer naiv-keynesianischen, nur auf Konsumnachfrage bauenden Wachstums- und Vollbeschäftigungspolitik vernachlässigt. Nachhaltiges wirtschaftliches Wachstum bedarf einer starken "autonomen", d.h. nicht an bereits bestehender Nachfrage orientierten Investition und somit auch einer adäquaten Sparquote. Ist aber die Investitionsneigung unzureichend, stellt die Reduzierung der Konsumnachfrage keine Ressourcenfreisetzung zugunsten der Investition dar, sondern eine zusätzliche Schwächung der Konjunktur.

[117)] Vgl. Fröbel/Heinrichs/Kreye 1981: insbes. S. 15 ff.

Bislang scheint die Substitution teuerer durch billigere Arbeitskraft noch nicht an Größenordnungen heranzukommen, die sie zu einem ernsthaften rezessiven Faktor für die Weltwirtschaft werden ließen. Da der Trend jedoch weitergeht, bestünde ein grundsätzliches allgemeines Interesse an seiner Kontrolle im Dienste einer globalen Nachfragesteuerung. Im nationalen Rahmen sorgen Gewerkschaften, evtl. im Verbund mit dem Staat, für die Anpassung des Lohneinkommens an die Produktionskapazität und sichern so, oft gegen den unmittelbaren Willen der Unternehmen, die Stabilität des kapitalistischen Systems langfristig ab. Im internationalen Rahmen findet sich jedoch keine zentrale Instanz, die sozusagen globale Einkommenspolitik betreiben würde.[118] Andererseits scheinen weder die nationalen Regierungen noch die Arbeitnehmer zu einem gleichgerichteten Vorgehen gegenüber den sich internationalisierenden Unternehmen gelangen zu können, da Niedrig- und Hochlohnländer in Konkurrenz um Arbeitsplätze zueinander stehen. Die Unternehmen selbst schließlich müßten gegen ihre eigene ökonomische Logik handeln, sollten sie auf vom Markt ermöglichte (und oft auch geforderte) Arbeitskostenreduzierung verzichten.

Ist der Ersatz teuerer Industrieländer- durch billige Entwicklungsländerarbeit nicht aufzuhalten und reicht andererseits das "autonome" Wachstum nicht aus, um den dadurch bedingten Ausfall von Lohneinkommen weltweit zu kompensieren, läge eine drastische Verknappung der Arbeitskraft in der Dritten Welt im Funktionsinteresse der kapitalistischen Weltwirtschaft. Mit einer derartigen Verknappung würde die Ursache der krisenträchtigen Lohndifferenz verschwinden. Dazu wäre aber eine rasche binnenmarktorientierte Produktionsausweitung unter Ausnutzung aller Beschäftigungsmöglichkeiten nötig, die sozusagen den Wirkungen massiver Produktionsverlagerung zuvorkäme. Den Abbau der "industriellen Reservearmee" der Dritten Welt mit allen Mitteln zu beschleunigen, um so die schwache Flanke des sich internationalisierenden Wirtschaftskreislaufs so schnell wie möglich abzusichern, müßte demnach ein Zentralanliegen der Wirtschaftspolitik des Westens sein.[119]

---

118) Die globale Umverteilungspolitik im Interesse eines gestärkten weltweiten Wirtschaftswachstums stellt einen Kernpunkt der Empfehlungen der sogenannten Brandt-Kommission dar (Independent Commission on International Development Issues 198o: insbes. S. 66 ff). Im Vordergrund stehen dabei jedoch Transfers von reichen in arme Staaten und weniger vom Profit- zum Lohneinkommen.

119) Vgl. Elsenhans 198o: S. 485.

IV. Die industrielle Weltarbeitsteilung als Gegenstand internationaler Politik: Strategien und Konfliktkonstellationen

a) Internationale Arbeitsteilung als politische Frage

Die zunehmende internationale Wettbewerbsfähigkeit neu industrialisierender Länder, sei es als Exporteure von Fertigwaren, sei es als Produktionsstandorte für transnationale Unternehmen, wirkt sich auf die Situation der diversen Teilnehmer am weltwirtschaftlichen Geschehen auf vielfache Weise aus. Sie bringt mit sich unmittelbare Anpassungszwänge sowie längerfristige Perspektiven verheißungsvoller und bedrohlicher Natur. In Wahrnehmung dieser Perspektiven und Konsequenzen - seien sie nun direkt fühlbar oder für die Zukunft antizipiert - versuchen die betroffenen Akteure, sich auf die Situation einzustellen bzw. auf sie Einfluß zu nehmen. Das Bestreben, Chancen wahrzunehmen und Nachteile abzuwenden, orientiert sich im Prinzip an den Interessenlagen, die im vorangegangenen Kapitel näher untersucht wurden. Aus der "objektiven" Interessenlage entspringt nun aber nicht unmittelbar das Handeln. Gewissermaßen dazwischengeschaltet ist

a) die Wahrnehmung der Interessen, wozu im weiteren Sinne auch Prioritätensetzung bei konfligierenden Interessen gehört, und
b) der Bezug zu den Konsequenzen des eigenen Handelns.

Die einzelnen Akteure, also Wirtschaftssubjekte, Interessenverbände, Politiker, Regierungen, supranationale Organisationen, fragen sich nicht nur, was die "neue internationale Arbeitsteilung" für sie (ihre Branche, ihr Land etc.) bringt, sondern auch, welche Handlungsoptionen sie haben.

Die Einflußnahme auf das Geschehen ist umso rationaler, je langfristiger die Folgen eigenen Handelns im voraus kalkuliert und mit in die eigenen Pläne - die damit den Charakter von Strategien annehmen - einbezogen werden. Es darf jedoch nicht von vornherein unterstellt werden, daß die Auseinandersetzungen um die internationale Arbeitsteilung solchermaßen "rational" geführt werden. Neben der begrenzten Fähigkeit der Akteure zur Einschätzung der Situation und zur Voraussicht kommt als prinzipieller "Irrationalitätsfaktor" der Umstand ins Spiel, daß in den Situationsdeutungen der einzelnen Akteure, aus denen sich die "Rationalität" ihres Handelns ableitet, die mit der internationalen Arbeitsteilung zusammenhängenden Fragen nur einen Aspekt unter mehreren darstellen. Das oft zitierte Paradebeispiel bietet die Situation des Politikers, dessen institutionalisiertes Eigeninteresse in der Erlangung und Erhaltung von Herrschaftspositionen besteht. Diesem Interesse sind Handlungsweisen dienlich, die durchaus nicht im Einklang mit dem längerfristigen Wohlfahrtsinteresse der Nation zu sein brauchen. Hinter den Sanktionen, an denen der Politiker sein Verhalten ausrichtet und weitgehend ausrichten muß, stehen z.T. Gruppeninteressen, die sich des Politikers als Durchsetzungsinstrument bedienen. Eine wichtige Rolle spielt aber auch die Bedeutung, die von der politischen Öffentlichkeit sichtbaren Erfolgsanzeichen, bzw. der Abwesenheit von sichtbaren Krisenzeichen (wie Arbeitslosigkeit, Preissteigerungen etc.), beigemessen wird. Im relativ kurzfristig angelegten Eigeninteresse des Politikers liegt es oft eher, diese Indikatoren zu manipulieren, als langfristig positive Entwicklungen abzusichern. Auch die Vertreter von Interessenverbänden sind in ihrer Politik an Erfolgsindikatoren orientiert, die nur teilweise mit dem längerfristigen wirtschaftlichen Interesse der Basis übereinstimmen.

In die Versuche, auf die industrielle Weltarbeitsteilung bewußt Einfluß zu nehmen, fließen also Zielvorstellungen ein, die mit den Kategorien der vorangegangenen Analyse nicht erfaßt werden. Diese zusätzliche Dimension der "Irrationalität" (irrational, wie gesagt, vom Standpunkt der nachhaltigen wirtschaftlichen Nutzensicherung) bringt allerdings eher eine Vereinfachung in die internationale Auseinandersetzung, da sie stark selektiv auf die politisch verfolgbaren Ziele von Regierungen einwirkt und die latenteren, wenngleich längerfristig nichtsdestoweniger realen Dimensionen der oben aufgeschlüsselten Interessenlagen zunächst einmal politisch unwichtig macht.

In der nachfolgenden Analyse sollen die Bestrebungen, auf die internationale Arbeitsteilung Einfluß zu nehmen, in ihrem politischen Werdegang dargestellt und auf ihre Auswirkungen hin untersucht werden. Einen entscheidenden Aspekt bilden dabei die Reaktionen der jeweils anderen Akteure und die darauf abgestellten Versuche, die Handlungen anderer im Sinne der eigenen Ziele zu beeinflussen. Damit kommen sowohl Machtbeziehungen ins Spiel als auch Formeln des Interessenausgleiches, die verlustreiche Konfliktaustragung vermeiden helfen. Derartige Formeln können bei entsprechender Generalisierung und Institutionalisierung den Charakter von internalen "Marktordnungen" annehmen. Ihre politische Tragfähigkeit und wirtschaftlichen Konsequenzen zu diskutieren, soll ebenfalls Gegenstand der folgenden Überlegungen sein.

Angelpunkt der Auseinandersetzungen um die "neue internationale Arbeitsteilung" ist die Reaktion der alten Industriestaaten auf die Fertigwarenimporte aus Entwicklungsländern, die seit Mitte der 6o-er Jahre fühlbare Ausmaße angenommen haben und seither weiterhin rasch zunahmen. Während mehrere Entwicklungsländer (natürlich auch nach einer entsprechenden internen entwicklungspolitischen Diskussion) unter Ausnutzung der bestehenden internationalen Marktordnung zunächst einmal ökonomische Fakten schufen und im Zusammenwirken mit transnationalen Unternehmen die industrielle Weltarbeitsteilung in ihrem Interesse zu verändern begannen, geht es heute um die Frage: wieweit soll die solchermaßen betriebene Veränderung toleriert werden? Diese Frage bezieht sich direkt auf die zu ergreifenden handelspolitischen Maßnahmen, mit denen der Zugang von Fertigwaren aus der Dritten Welt zu den Industrieländermärkten begrenzt oder, wo dies bereits geschehen ist, evtl. auch wieder erleichtert werden soll.

Die Voraussetzung für die Exporterfolge der Dritten Welt und auch für die Produktionsauslagerung der Industrieländer-Unternehmen ist die relativ liberale Welthandelsordnung, wie sie nach dem zweiten Weltkrieg in mehreren Zollermäßigungsschüben im Rahmen des GATT geschaffen wurde. Das in ihr verankerte und weitgehend verwirklichte Prinzip des ungehinderten Warenaustausches spiegelt die in den westlichen Industrieländern herrschende wirtschaftspolitische Grundüberzeugung und mit ihr das "Funktionsinteresse" des kapitalistisch-marktwirtschaftlichen Systems wider. Bestrebungungen, die auf eine Verminderung der Industrieexporte aus der Dritten Welt abzielen, müssen auf die eine oder andere Weise Modifizierungen dieser Welthandelsordnung bewirken und damit etablierte Prinzipien verletzen. Die bewiesene Bereitschaft der Industrieländer-Regierungen, die "Spielregeln" des internationalen Handels zu Ungunsten der Entwicklungsländerexporte zu ändern, stellt wiederum den Ausgangspunkt für die Überlegungen und den Ansatzpunkt für evtl. politische Maßnahmen all jener dar, die eine Ausweitung der Industrieausfuhren aus der Dritten Welt anstreben, also in erster Linie der Regierungen der betroffenen Exportländer. Der "Kampf" um die neue internationale Arbeitsteilung ist in diesem Sinne immer ein Kampf um den Marktzugang in den Industrieländern.

Der wichtigste unmittelbare Hebel, dessen Betätigung es dabei zu beeinflussen gilt, ist die handelspolitische Entscheidungsgewalt der Industrieländer-Regierungen (bzw. des supranationalen EG-Rates). Die Ausübung dieser Entscheidungsgewalt in der einen oder anderen Richtung (z.B. Zulassung oder Nichtzulassung bestimmter Einfuhren) reflektiert den relativen Einfluß der unterschiedlichen Interessen innerhalb und außerhalb der Industrieländer. Handelspolitische Regierungsentscheidungen sind aber nicht nur das Ziel der Einflußnahme diverser Interessenten. Die Industrieländer-Regierungen selbst sind ebenfalls Akteure in diesem Ringen, Akteure, die - in wessen Interesse auch immer - Ziele verfolgen, ggf. Strategien entwickeln und diese in die Arena sowohl der internationalen als auch der innerstaatlichen Auseinandersetzung einbringen.[12o)] Analytisch gesehen, lassen sich dementsprechend zwei Stufen der Auseinandersetzung unterscheiden. Auf der ersten geht es um die Festlegung von Regierungszielen, auf der zweiten um deren Durchsetzung gegen äußeren und inneren Widerstand.

12o) Vgl. das handelspolitische Willensbildungsmodell bei Walter 1972.

Die handelspolitischen Spielregeln, die den Wandel in der industriellen Arbeitsteilung ermöglichen, sind wie gesagt das unmittelbare Streitobjekt, auf das sich die Bemühungen aller Beteiligten auf beiden Stufen der Auseinandersetzung richten. Gleichzeitig fließen die (tatsächlichen oder antizipierten) Ergebnisse dieser Auseinandersetzung aber auch als Gegebenheiten oder Eventualitäten in die Allokationspläne von Regierungen und (zumindest größeren) Unternehmen ein. Für Entwicklungsländer stellt sich so die Frage, ob sie angesichts protektionistischer Tendenzen in den Industrieländern weiterhin oder ebenfalls bestimmte Exportindustrien aus- bzw. aufbauen sollen. Für Unternehmen stellt sich die analoge Frage hinsichtlich der Produktionsverlagerung in Niedriglohnländer. Aber auch Industrieländer-Regierungen und bedrohte Branchen in den Industrieländern müssen überlegen, wieweit sie durch handelspolitische Maßnahmen der Herausforderung seitens der neu industrialisierenden Länder wirksam begegnen können. Während also an der handelspolitischen Front noch gekämpft wird, werden auch bereits die Konsequenzen aus diesem Kampf gezogen und die internationale Arbeitsteilung sozusagen an ihm vorbei weiterentwickelt. Die handelspolitische Auseinandersetzung selbst kann dadurch tendenziell entschärft, aber auch auf andere industrielle Bereiche verschoben werden.

Handelspolitik (und das heißt im weitesten Sinne Marktordnungspolitik) und Allokationspolitik stellen die beiden Pole dar, zwischen denen jeder Versuch, die Entwicklung der internationalen Arbeitsteilung zu beeinflussen, sich bewegt. Während erstere auf die Kanalisierung (auch Eindämmung) der wirtschaftlichen Energien abzielt, die aus den internationalen Kosten- und Produktivitätsrelationen entstehen, dient letztere der Erzeugung solcher Energien. Da Handelspolitik im großen und ganzen das Privileg von Staaten und interstaatlichen Organisationen ist, müssen nichtstaatliche Interessenträger ihre diesbzeüglichen Bestrebungen auf die Beeinflussung von Regierungsentscheidungen richten. Bei der Allokationspolitik hingegen geht es eher den Regierungen darum, (ggf. mit handelspolitischen Mitteln) die Entscheidungen privater Wirtschaftssubjekte zu beeinflussen. Staaten können sich aber auch allokationspolitische Enthaltsamkeit auferlegen und die Position ihrer Länder in der internationalen Arbeitsteilung den privaten Allokationsentscheidungen und damit der

Eigendynamik der Produktionsaufteilung im (welt-)wirtschaftlichen Raum überlassen.

b) Die politische Situation der Industrieländer

Betrachten wir zuerst die politischen oder (entsprechende längerfristige Rationalität unterstellt) strategischen Optionen der alten Industrieländer. Ihr Handlungsfeld ist angesichts der Exportoffensive der Dritten Welt abgesteckt durch vier grundsätzliche Möglichkeiten.

1. Handelspolitische Defensivmaßnahmen unter Verzicht auf allokationspolitische Anpassung. Eine derartige Politik würde zumindest kurzfristig auf Strukturkonservierung abzielen.

2. Handelspolitische Defensivmaßnahmen plus aktive allokationspolitische Anpassung. Ziel ist es hierbei, die internationale Wettbewerbsfähigkeit der nationalen Industrie für die Zukunft zu gewährleisten, gleichzeitig aber die Belange abzusichern, die eine Strukturanpassuung allein nicht wahrnehmen könnte - sei es, daß ihre Wirkungen zu spät auftreten, sei es, daß sie quantitativ unzureichend (z.B. für die Vollbeschäftigung) ausfallen würde.

3. Aktive allokationspolitische Anpassung unter Verzicht auf handelspolitische Maßnahmen. Die Absicherungsfunktion der Alternative 2 würde hier entfallen, was sowohl Vertrauen in die Leistungsfähigkeit der eigenen Wirtschaft als auch Skepsis gegenüber den Folgen handelspolitischer Schutzmaßnahmen widerspiegeln kann.

4. Verzicht auf allokationspolitische und handelspolitische Reaktionen. Die Anpassung an die veränderten internationalen Wettbewerbsverhältnisse wird der Wirtschaft selbst anheimgestellt. Auftretende Schwierigkeiten, wie z.B. regionale Arbeitslosigkeit, werden als vorübergehend in Kauf genommen und evtl. durch soziale Hilfsmaßnahmen für die Betroffenen erträglicher gemacht.

Abstufungen in den handelspolitischen und den allokationspolitischen Maßnahmen ermöglichen in der Praxis unzählige "Zwischenlösungen", die aber nichtsdestoweniger anhand der vier Grundalternativen verortet werden können. Die Wahl zwischen ihnen muß im Spannungsfeld strategischer, am nationalen Interesse ausgerichteter Überlegungen einerseits und des politischen Drucks von Interessengruppen andererseits gesehen werden. Als weiterer Einflußfaktor ließe sich vielleicht noch die Persistenz etablierter wirtschaftspolitischer Verhaltensweisen und die normative Kraft der zugehörigen Überzeugungen anführen.

Aus der Analyse in Kapitel III leitet sich für die Industrieländer keine eindeutige Verhaltensempfehlung ab. Klar ist das anzustrebende Ziel "Erhaltung der internationalen Wettbewerbsfähigkeit", das eine rein defensive Abwehrreaktion gegenüber den Industrieexporten aus Entwicklungsländern als unzulänglich, eine Spezialisierung auf sogenannte T-Güter jedoch als wünschenswert herausstellt. Fraglich ist aber bereits, wie die technologische Wettbewerbsüberlegenheit am besten zu erreichen ist, durch gezielte staatliche Industriepolitik oder über die "natürliche" Anpassung der Unternehmen an die veränderte Marktsituation, der es sie folglich voll auszusetzen gilt. Die wirtschaftspoltischen Meinungen sind hier so unterschiedlich wie die Erfahrungen der verschiedenen Länder. Auf der anderen Seite erscheint die "künstliche" Erhaltung des L-Güter-Sektors als ein beschäftigungspolitisch sinnvolles Nebenziel, wenn und solange Strukturanpassung die Freisetzungseffekte verstärkter Importkonkurrenz nicht kompensiert, was aus mehreren Gründen der Fall sein kann. So gesehen läßt sich selbst Alternative 1 als rationale Doppelstrategie begreifen, welche die Abschottung des für die Beschäftigung wichtigen L-Güter-Sektors mit einer bewährten Politik der Nichtintervention (bzw. der nur marginalen Intervention) in den außenwirtschaftlich zentralen T-Güter-Sektor verbindet.

In dieser Situation, in der die langfristigen Zielvorstellungen klarer sind als die Wege zu ihrer Verwirklichung und in der vor allem die Zuordnung wirtschaftspolitischer Handlungsalternativen zu strategischen Zielen undeutlich ist, gewinnen kurzfristige Belange mit relativ eindeutiger Zweck-Mittel-Zuordnung an politikbestimmender Kraft. Etwas zugespitzt ausgedrückt, verkürzt sich demnach für die Industrieländer die praktische wirtschaftspolitische Problematik der "neuen internationalen Arbeitsteilung" auf zwei ziemlich unverbundene Fragen. Die eine betrifft die adäquate Industrie- oder Strukturpolitik zur langfristigen Sicherung der internationalen Wettbewerbsfähigkeit. Die Wahl zwischen gezielter Entwicklung bestimmter Produktionsbereiche einerseits und ungezielter Investitions- und Innovationsförderung andererseits charakterisiert dabei eine der wichtigsten Problemdimensionen.

Die andere Frage ist von unmittelbarerer Brisanz. Sie lautet: wieweit soll die Zerstörung von Arbeitsplätzen durch zunehmende Importkonkurrenz akzeptiert werden? Die Tolerierung der unmittelbar sichtbar werdenden und kurzfristig nicht kompensierbaren Beschäftigungsverluste verursacht den Regierenden ebenso unmittelbare politische Schwierigkeiten - und zwar weitgehend unabhängig davon, wie diese Ursache von Arbeitslosigkeit im Vergleich mit anderen zu gewichten ist.

Ein Vergleich mit anderen wirtschaftspolitischen Anpassungsproblemen zeigt nun jedoch, daß auch demokratische Regierungen durchaus in der Lage sind, ohne exzessives politisches Risiko einschneidende Maßnahmen durchzusetzen. Dies ist dann der Fall, wenn die Kosten der Unterlassung gravierend sind und als solche erkannt werden. Die Durchhaltung einer Politik der offenen Märkte gegenüber Entwicklungsländerexporten müßte also durch übergeordnete Interessen zu motivieren und zu legitimieren sein.

Das gesamtwirtschaftliche Konsumenteninteresse an effizienterem Ressourceneinsatz und verbilligtem Güterangebot hat für jeden einzelnen nur geringe Bedeutung und wiegt deshalb politisch wenig im Vergleich zum wirtschaftlichen Existenzinteresse der von den Importen betroffenen Gruppen. Politisch läßt sich der Gedanke der Allokationseffizienz und der wohlfahrtserhöhenden Wirkung nur in Verbindung mit dem Argument geltend machen, daß die von der protektionistischen Seite ins Feld geführten Arbeitsplatzverluste sehr gering, nur vorübergehend oder auch durch Importbeschränkungen nicht zu vermeiden seien. Den immer wieder versuchten "Nachweisen" in dieser Richtung[121)] will es aber in keinem Industrieland so recht gelingen, das Beschäftigungsproblem, das sich unmittelbar aus dem Schrumpfen von Branchen ergibt, zu bagatellisieren - zumindest nicht zu Zeiten ungewohnt hoher allgemeiner Arbeitslosigkeit und zunehmenden beschäftigungspolitischen Pessimismusses.

Eine Position, welche die Schwierigkeiten anerkennt, die verstärkte Importkonkurrenz für signikante Bevölkerungsgruppen mit sich bringt, aber dennoch für offene Märkte eintritt, stellt eine offensive Lösung des Beschäftigungsproblems in den Mittelpunkt ihrer wirtschaftspolitischen Strategie. Defensive, auf künstliche Markterhaltung zurückgreifende Maßnahmen werden nicht nur als gesamtwirtschaftlich kostspielig, sondern auch als wenig wirkungsvoll angesehen, da sie die Probleme ständig weiter verschärfen. So überzeugend dieser Ansatz im Prinzip ist und so sehr er deswegen auch in den offiziellen Stellungnahmen der Industrieländer-Regierungen präferiert wird,[122)] so schwer tut er sich im Aufzeigen konkreter funktionierender Alternativen.

---

121) Nach all den durchgeführten Untersuchungen (siehe Fußnote Nr.72) ist es bemerkenswert, daß auch heute noch neue Berechnungen der Freisetzungseffekte von Billigimporten mit politischer Überzeugungsintention veröffentlicht werden (s. Krueger 198o, Wolter 198o und DIW 1981).

122) Das wohl ausgefeilteste Plädoyer für eine "offensive" Bewältigung der neuen internationalen Arbeitsteilung stellt die OECD-Studie "The Case for Positive Adjustment Policies" (OECD 1979) dar.

In seiner einfacheren Version weist er die Schaffung neuer Arbeitsplätze der verstärkten Exportproduktion zu, deren Nachfrage aus eben den Deviseneinnahmen entsteht, welche die Entwicklungsländer aufgrund ihrer industriellen Exporterfolge beziehen. Anpassungshilfen der verschiedensten Art sollen dabei den Übergang von Arbeitskräften in die neuen Beschäftigungen erleichtern.[123] In den Abschnitten c) und e) des Kapitels III wurde gezeigt, daß dieser einfache internationale Wirtschaftskreislauf allein keine Wiederbeschäftigung der in importkonkurrierenden Branchen freigesetzten Arbeitskräfte zuwege bringt - schon gar nicht in Zeiten, in denen verlangsamtes wirtschaftliches Wachstum mit allgemeinen Rationalisierungsbestrebungen zusammenfällt. Die immer wieder geforderten Handelsanpassungspolitiken stellen deshalb für sich genommen keine Lösung dar, so nützlich und notwendig sie auch sein mögen, um mögliche Umstrukturierung tatsächlich zuwege zu bringen. Es kommt hinzu, daß in einigen Industrieländern, insbesondere den USA, die Furcht zunimmt, gerade auch im T-Güter-Sektor, auf dessen Produkte sich die erhöhte Entwicklungsländernachfrage richten würde, an Boden gegenüber der Konkurrenz zu verlieren und deshalb in einer offeneren Weltwirtschaft das Nachsehen zu haben.[124]

Weiterführende Versionen der beschäftigungspolitischen Offensivlösung setzen deshalb auch nicht bei der Umstrukturierung der Produktion, sondern bei ihrer Ausweitung an. Damit berühren sie aber geradewegs eines der wirtschaftspolitischen Kernprobleme der Gegenwart, nämlich das der nachhaltigen Wachstumssicherung im Dienste der Vollbeschäftigung. Die westlichen Industrieländer stehen ihm bislang

---

123) Vgl. z. B. Adelmann 198o: S. 3o1 f. und ICIDI 198o: S. 181 f.

124) Ein Symptom dieser politisch relevanten Furcht sind die von der US-Administration in letzter Zeit durchgeführten Studien zur internationalen Wettbewerbsfähigkeit des Landes (Aho/Rosen 198o, Bowen 198o, US-Dept. of Labor 198o). Eines ihrer hervorstechenden Ergebnisse ist die sukzessive Verringerung des ehemaligen Wettbewerbsvorsprunges, was Technologie und Produktivität betrifft.

mit stark divergierenden theoretischen Deutungen und allgemeiner politischer Hilflosigkeit gegenüber. Die Forderung nach fundamentalen, neue Investitionszyklen auslösenden Innovationen mag auf eine Lösung jenseits der keynesianischen Sackgasse hinweisen, bringt sie aber noch nicht zustande. Derartige Innovationen, wie überhaupt die Schaffung neuer Nachfragebereiche in Industrie und Dienstleistungssektor, können deshalb auch noch keine politische Alternative zur defensiv-protektionistischen Reaktion auf massive Billigimporte darstellen. Sie müssen vielmehr als ökonomische Voraussetzung angesehen werden, die erst hergestellt werden müßte, damit die politische Alternative durchführbar wird. Die Entstehung neuer, gesamtwirtschaftlicher Expansionsbewegungen tragender Investitionsbereiche scheint ihren eigenen Evolutionsgesetzen zu unterliegen und sich nicht nach Bedarf herbeiführen zu lassen.

Die in sich geschlossenste Version einer offensiven Alternativstrategie weist der industriellen Entwicklung der Dritten Welt die Funktion der entscheidenden Nachfrageexpansion zu, die die Wachstumsschwäche der Industrieländer überwinden soll. Die Unterstützung dieser Entwicklung durch die Bereithaltung zunehmender Devisenverdienstmöglichkeiten (und das heißt offene Märkte) wäre dabei eine Vorbedingung für den Erfolg der Strategie und könnte ihn nicht erst abwarten. Eine politische Entscheidung zu ihren Gunsten kann nur im vollen Vertrauen auf ihr Gelingen getroffen werden, da die Kosten vorweg in Kauf zu nehmen sind. Dieses Vertrauen aber ist, wie oben bereits gezeigt, derzeit nicht gegeben. Die Wirtschaftspolitik der westlichen Industrieländer ist gegenwärtig von profunder Skepsis gegenüber dem Gedanken der Nachfragestimulierung geprägt und prioritär dem Stabilitätsziel verpflichtet, dessen Erreichen sie als wesentliche Vorbedingung jedweder nachhaltigen Wachstumsbeschleunigung ansieht. So sehr die gleiche wirtschaftspolitische Philosophie auch den Protektionismus verabscheut, so kann gerade sie ihm doch keine überzeugende Alternativlösung des Beschäftigungsproblems (die über die einen starken Glauben erfordernden längerfristigen Selbstheilungskräfte einer strikt marktgelenkten Wirtschaft hinausginge) entgegensetzen. Paradoxerweise begünstigt sie deshalb das Ziehen der protektionistischen Notbremse.[125)]

[125)] Vgl. Lipton 198o: S. 325

Es bleibt als mögliches politisches Gegengewicht gegen das defensive Beschäftigungssicherungsinteresse, dem die Industrieländer-Regierungen mangels praktischer Alternativen widerstrebend Tribut zollen müssen, das Interesse an der Erhaltung einer freiheitlichen Weltmarktordnung. Angesichts der starken Abhängigkeit fast aller Industriestaaten vom Export und angesichts auch der globalen politischen Ziele des Westens[125)] muß diesem Interesse in der Tat politikbeeinflussendes Potential zuerkannt werden.

Von der Beschäftigungsseite her unter Druck, jedoch bestrebt, das Prinzip des Freihandels nicht auszuhöhlen, betreiben die Regierungen der Industrieländer seit Ende der 6o-er und in verstärktem Maße seit Mitte der 7o-er Jahre eine eigenartige Doppelpolitik. Auf der einen Seite haben sie, wenn auch schrittweise und zögernd, alle notwendigen Maßnahmen getroffen, um in Not geratene Branchen (sofern sie quantitativ irgendwie ins Gewicht fallen) vor weiteren Marktverlusten an die Importkonkurenz aus Niedriglohnländern zu schützen. Auf der anderen Seite sind sie bestrebt, diesen als unvermeidlich angesehenen Protektionismus einzudämmen, als Sonderfall zu isolieren und sozusagen um ihn herum die Handelsliberalisierung weiter voranzutreiben. Die Warnungen vor den Gefahren des Protektionismus, die aus offiziellem Munde umso eindringlicher ertönen, je eindeutiger die protektionistischen Sündenfälle werden, spiegeln die gespaltene Interessenlage der Industrieländer-Regierungen wider.

Die faktische Doppelgleisigkeit der westlichen Handelspolitik - unverdeckte Schutzmaßnahmen gegenüber Entwicklungsländerexporten, Festhalten an mehr oder weniger offenen Märkten für die mitunter ebenfalls sehr schmerzhafte Industrieländerkonkurrenz - erklärt sich im wesentlichen aus der unterschiedlichen Vergeltungsmacht der beiden Länderkategorien.

---

125) Vgl. den Hinweis auf die politische Bedeutung der multilateralen Handelsvereinbarungen im amerikanischen Parlamentsbericht zu diesem Thema (US-Congress 1979: S. 45).

Die Entwicklungsländer haben meist keine Alternativen zum Import der aus den Industrieländern bezogenen Waren. Die (unmittelbaren) Handelsinteressen letzterer sind deshalb weitgehend immun gegenüber Importrestriktionen seitens der Dritten Welt. Vergeltungsmaßnahmen anderer Industrieländer würden jedoch direkt die eigenen Exportinteressen treffen. Um Schutz gegen Arbeitsplatz-bedrohende Importzunahmen, wie gegenwärtig von japanischen PKWs, zu erreichen, werden deshalb alle Register der Handelsdiplomatie gezogen, bevor restriktive Maßnahmen erwogen werden.

Es ist bezeichnend, daß fast alle Industrieländer sich in ihrer Handelspolitik gegenüber Fertigwaren-exportierenden Entwicklungsländern effektiv in die gleiche protektionistische Richtung bewegten, obgleich die politischen Willensbildungsprozesse höchst unterschiedlich verlaufen, handelspolitische Entscheidungen auf sehr verschiedenen politischen Ebenen getroffen werden und die Abhängigkeit der Regierung von organisierten Interessengruppen ebenfalls sehr unterschiedlich ist. Ein Teil dieser Uniformität geht dabei allerdings unzweifelhaft auf den handelspolitischen Gleichschritt zurück, zu dem sich die EG-Mitgliedsstaaten verpflichtet haben. Das führt dazu, daß die Länder mit international relativ konkurrenzfähigen Industriestrukturen wie die Bundesrepublik Deutschland den Ländern mit relativ verwundbaren Strukturen und entsprechend stark artikulierten Schutzinteressen, wie z.B. Frankreich und Großbritannien, protektionistische Zugeständnisse machen. Die handelspolitische Willensbildung der EG ist in diesem Aspekt ähnlich derjenigen innerhalb einer Nation, in der das Schutzinteresse der importbedrohten Industriesektoren sich gegen die Freihandelsinteressen der konkurrenzfähigen Sektoren durchsetzt.[127)]

---

127) Vgl. die kurze Überblicksdarstellung über die Politik des Protektionismus von Verreydt und Waelbroek (198o: S. 17 ff.). Insgesamt sind dem Autor ausführliche Analysen handelspolitischer Entscheidungsprozesse nur für die USA bekannt (s. Walter 1972, Baldwin 1976, Destler 198o, Rode 198o und Finger/Hall/Nelson). Siehe zum EG-Textilprotektionismus auch Keesing/Wolf 198o: S. 6o ff.

c) Exkurs: der neue Protektionismus der Industrieländer

Im folgenden wird die Entwicklung der Handelspolitik der Industrieländer gegenüber Fertigwarenausfuhren aus der Dritten Welt zusammenfassend dargestellt. Charakteristisch für die gespaltene Einstellung der Industrieländer-Regierungen ist dabei wiederum die Tatsache, daß sie schon frühzeitig handelspolitische Maßnahmen ergriffen, um die Fertigwarenexporte aus Entwicklungsländern zu fördern. Die vorherrschende Überzeugung in den westlichen Industrieländern, daß freier Warenaustausch den allgemeinen Wohlstand fördere, ließ auch die Entwicklungsländer in den Genuß der Handelserleichterungen kommen, welche die im GATT zusammengeschlossenen marktwirtschaftlich organsisierten Länder sich in diversen Verhandlungsrunden gegenseitig einräumten.[128)] Den Entwicklungsländern wurde andererseits die Aufrechterhaltung hoher Handelsbarrieren in Form von Zöllen und anderen Beschränkungen mit Rücksicht auf ihre fundamentale wirtschaftliche Leistungsschwäche zugestanden.

Darüberhinaus zeigten sich die entwickelten Industrieländer sogar bereit, den Erzeugnissen aus Entwicklungsländern einen leichteren Marktzugang zu gewähren als den Einfuhren aus den Partnerländern des GATT - dies allerdings nur für begrenzte Importmengen. Das Entgegenkommen fand seinen Ausdruck im Allgemeinen Präferenzsystem. Noch weitergehende Handelserleichterungen räumte die Europäische Gemeinschaft einer reduzierten Gruppe von Entwicklungsländern, den

128) Dennoch ist die Zollstruktur der Industrieländer mit ihrer relativ höheren Belastung von Fertig- und Halbfertigwaren auch weiterhin gegen die industriellen Exportinteressen der Dritten Welt gerichtet (s. Daten und Diskussion in Lal 1979). Was die Zollhöhe betrifft, so unterliegen z.B. Bekleidungsartikel, die zu den wichtigsten industriellen Ausfuhrprodukten der Entwicklungsländer gehören, immer noch einem Nominalzoll von durchschnittlich 25 %. Japan erhebt auf Schuhimporte 27 % Zoll, Südafrika bis zu 3o %. Daß weitere Zollermäßigungen noch bedeutende Marktpotentiale für die Fertigwarenexporte aus Entwicklungsländern erschließen könnten, wird außer von Lal (1979) auch von Lage und Kiang (1979) gezeigt. Vgl. auch Cline u.a. 1978: S. 2o7 f. und Cable/Weston 1979: S. 81 ff.

sogenannten AKP-Staaten ein.[129] Auch osteuropäische Staatshandelsländer haben Präferenzvorkehrungen für Einfuhren aus Entwicklungsländern getroffen.

Neben der Öffnung der Industrieländermärkte für die Exporte aus Entwicklungsländern trat allerdings schon bald, nachdem sich die ersten industriellen Exporterfolge eingestellt hatten, eine Gegentendenz zu Tage. Verarbeitete Produkte aus Entwicklungsländern, die sich auf den Märkten der Industrieländer als besonders konkurrenzfähig erwiesen, wurden spezifischen Einfuhrbeschränkungen unterworfen. Derartige Beschränkungen traten erstmals Ende der 5o-er Jahre auf. Sie richteten sich bislang ganz überwiegend gegen Textil- und Bekleidungsexporte der Entwicklungsländer. Erst seit Mitte der 7o-er Jahre werden auch zunehmend andere Produkte zum Ziel importhemmender Maßnahmen.

Textil und Bekleidung

Mit Produkten der Textil- und Bekleidungsbranche erzielten Entwicklungsländer erstmals größere Exporterfolge außerhalb des traditionellen Bereiches mineralischer und agrarischer Rohmaterialien. Als arbeitsintensive Güter par excellence wurden sie zum Kernstück der industriellen Exportkapazität der Dritten Welt. Ende der 5o-er Jahre begann man in den alten Industrieländern die neuen Billigeinfuhren als ernste Konkurrenz für die einheimische Industrie zu spüren, nachdem in den Jahren zuvor bereits die japanischen Exporte Unruhe in die Märkte gebracht hatten. Der Ruf nach Einfuhrbeschränkungen konnte politisch bald nicht mehr ignoriert werden. Er fiel jedoch zusammen mit einer allgemeinen weltweiten Liberalisierungsbewegung, die sich von den universalistischen Spielregeln des noch jungen GATT leiten ließ. Die nicht zu umgehende Errichtung neuer und noch dazu spezifisch auf bestimmte Exportländer zugeschnittener Handelshemm-

---

129) Der wichtigste Unterschied zum Allgemeinen Präferenzsystem liegt im Wegfall der mengenmäßigen Beschränkungen für die erleichterten (d.h. zollfrei zugelassenen) Einfuhren. Vgl. auch Fasbender u.a. 1973, Feldsieper 1975, Murray 1973 und Murray 1977.

nisse bedurfte der internationalen Legalisierung durch Einbettung in einen GATT-konformen Rahmen. So entstanden die internationalen Abkommen über den Handel mit Baumwoll-Textilien, zunächst das "kurzfristige" von 1961/62, sodann das "langfristige" (LTA), das einschließlich Verlängerung bis 1973 dauerte.[13o]
Das LTA wurde danach durch ein erweitertes Abkommen ersetzt, das sich auf den Handel mit allen Textilarten erstreckte, das sogenannte Multifaser-Abkommen. Im Jahre 1977 wurde seine Geltungsdauer bis 1981 verlängert. Eine weitere Verlängerung ist vorgesehen.[131]

GATT-gemäß wurden in den Vereinbarungen Vorkehrungen zur Ermöglichung von Einfuhrbeschränkungen eingebunden in einen auf eine möglichst freie Entwicklung des Welttextilhandels abzielenden Rahmen von Prinzipien und Bestimmungen. Die Errichtung von Handelshemmnissen wurde von daher einschränkenden Regeln unterworfen. Die Textilabkommen hatten also von jeher eine doppelte Funktion: einerseits verhinderten sie eine willkürliche und ungeregelte Handhabung von Importrestriktionen, indem sie dem unvermeidlichen Protektionsverlangen begrenzte Realisierungsmöglichkeiten unter GATT-Kontrolle einräumten. Andererseits gaben sie den Industrieländern ein legalisiertes Instrument zur Unterbindung unerwünschter Textileinfuhren aus Niedriglohnländern an die Hand. Mit zunehmendem protektionistischen Druck trat dabei der Aspekt der Handelssicherung immer mehr zurück gegenüber dem der Handelsrestriktion.

Als die für die Praxis wichtigste Vorkehrung der Textilrahmenabkommen erwies sich seit Mitte der 6o-er Jahre die Ermöglichung bilateraler Abkommen über Handelsbeschränkungen. Diese bilateralen Abkommen, auf die die meisten Industrieländer früher oder später zurückgriffen, bedienen sich des Instrumentes der freiwilligen Exportbeschränkung. Die Einwilligung hierzu von Seiten der textilexportierenden Niedriglohnländer wird jedoch durch massiven politischen Druck (meist durch die Androhung einseitiger Importrestriktionen) sichergestellt.

13o) Für eine detaillierte Beschreibung der Abkommen und ihrer Wirkungsweise siehe Bardan 1973 und GATT 1966.

131) Eine detaillierte Beschreibung des Multifaser-Abkommens findet sich in US International Trade Commission 1978. S. auch Keesing/Wolf 198o.

U S A

Für die USA, die nach dem Zweiten Weltkrieg eine von Zollsenkungen getragene Politik der allgemeinen Handelsliberalisierung begonnen hatten, stellt sich das Problem spezifischer Einfuhrbeschränkungen im Textilsektor erstmals in den frühen 5o-er Jahren. Nachdem rasche Importzunahmen von Baumwoll-Textilien durch ein Exportbeschränkungsabkommen (EBA) mit Japan[132)] in den Jahren 1957 und 1958 gestoppt und zum Teil rückgängig gemacht worden waren, kam es zu einem erneuten Anstieg der Einfuhren, diesmal vor allem aus Hongkong, aber bald auch aus einer Reihe anderer Entwicklungsländer. Als Antwort darauf betrieben die USA den Abschluß erst des "kurzfristigen", dann des "langfristigen" Abkommens über den Handel mit Baumwoll-Textilien.

Bis 1963 machten die USA von der in diesem Abkommen vorgesehenen Möglichkeit einseitiger kurzfristiger Importbeschränkungen gegenüber Argentinien, Brasilien, Kolumbien, Mexiko, Pakistan, Taiwan, Hongkong, Indien, Israel, Jamaica, Korea, Spanien, Portugal, den Philippinen, Polen, Jugoslawien und Ägypten Gebrauch. Ab 1963 traten an die Stelle dieser kurzfristigen Restriktionen bilaterale Beschränkungsabkommen, ähnlich dem mit Japan vom Jahre 1957. Ende 1966 waren derartige Abkommen in Kraft mit Korea, Hongkong, Taiwan, Singapur, den Philippinen, Indien, Pakistan, Kolumbien, Jugoslawien, Griechenland, der Türkei, Spanien, Israel, Jamaica, Ägypten und Portugal. 1967 kamen Malta und Mexiko hinzu, 1969 Costa Rica, 197o Malaysia und Brasilien, 1971 Peru und Haiti, 1972 Thailand, Macao, Nicaragua und El Salvador. Mit der Volksrepublik China, inzwischen wichtigster Lieferant von Baumwoll-Textilien geworden, wurden erst 1979 Exportbeschränkungen vereinbart.

---

132) Auf Druck der USA beschränkte Japan seine Ausfuhren zunächst von 1957 bis 1961 auf Mengen, die - differenziert nach Warengruppen - insgesamt unter denen von 1956 lagen.

Die Beschränkungsabkommen haben seit 1963 eine im wesentlichen unveränderte Gestalt. Sie sehen vor:

a) ein Globalkontingent
b) Einzelkontingente innerhalb des Globalkontingents für verschiedene Produktkategorien oder Produktgruppen
c) jährliche Zuwachsraten für die Kontingente
d) Regeln für die Anrechnung von Exportmengen auf die Kontingente anderer Jahre oder anderer Produktkategorien.

Die Laufzeit der einzelnen EBAs (mit Verlängerungen) betrug zwischen ein und neun Jahren (Türkei), meist jedoch drei oder vier Jahre. Sie wurden häufig modifiziert, vor allem in Bezug auf Einzelkontingente. Bisweilen wurden einmalige Sonderexportmengen zugestanden. Im großen und ganzen richteten sich die Kontingente nach den Liefermengen des betreffenden Landes vor Abschluß des ersten Beschränkungsabkommens. Als Zuwachsrate wurde in den ersten Jahren uniform 5 % und nur in Ausnahmefällen zwischen 6 % und 7 % konzediert. Der Abschluß neuer Abkommen trug jedoch gelegentlich der erweiterten Lieferkapazität eines Landes in Gestalt größerer Kontingente Rechnung. Nach Einbeziehung von synthetischen und Wollstoffen in die EBA betrug die Standardzuwachsrate 7 %. Die tatsächliche Zunahme der Textilexporte eines Entwicklungslandes in die USA lag häufig über dieser Rate, da - ganz abgesehen von einer oft großzügigen Handhabung der Beschränkungsregeln - mit der Zeit zugestandene Quoten immer besser ausgenutzt wurden. Dennoch gelang es den USA, mit dem Instrument der EBA den Anstieg der Textil- und Bekleidungsimporte in Maßen zu halten, die mit Sicherheit weit unter denen lagen, die sich bei Abwesenheit quantitativer Beschränkungen eingestellt hätten.

Der Anteil von Entwicklungsländerexporten am nationalen Verbrauch an Bekleidung stieg von 0,8 in den Jahren 1959/60 auf 5,8 in den Jahren 1973/74 und der am Konsum von Stoffen und Garnen von 1,6 auf 3,3 %. Diese Zuwachsraten liegen leicht über denen der sechs ursprünglichen EG-Länder aber deutlich unter denen Großbritanniens (oder auch Japans im Bereich der Bekleidung). Nach Einschluß der Nicht-Baumwoll-Textilien in die EBAs im Jahre 1972 ging das Importwachstum zunächst deutlich zurück (allerdings auch unter dem Einfluß der Rezession von 1974/75), zog jedoch in den darauffolgenden Jahren wieder stark an. Der Vergleich der Importmengen von 1973 und 1976 ist ambivalent. Während in vielen der ins Gewicht fallenden Produktkategorien ein Rückgang zu konstatieren ist, verzeichneten die Einfuhren in anderen Kategorien mitunter dramatische Zunahmen (vor allem bei Bekleidungsartikeln). Der Gesamtanteil der Textil- und Bekleidungsimporte am inländischen Konsum konnte allerdings seit Einführung des Multifaserabkommens leicht zurückgedrängt werden. Er kommt erst durch die jüngsten mittels besserer Ausnutzung der Kontingente erreichten Exportausweitungen der Entwicklungsländer wieder an den Spitzenwert der frühen 70iger Jahre heran.[133)]

Daß die protektionistischen Interessen der USA mächtig genug sind, vorerst eine signifikante Ausweitung der Importdurchdringung zu verhindern, zeigt sich in der Verschärfung der letzten EBAs, die für Südkorea, Taiwan und Hongkong eine Reduzierung der Exportkontingente verfügten. Dies gilt ungeachtet der Tatsache, daß die EBAs mit Ägypten, El Salvador, Nicaragua, Portugal, Peru, Spanien, Griechenland, der Türkei und Jugoslawien in den Jahren 1975 und 1976 beendet und nicht verlängert wurden. Es hatte sich gezeigt, daß die Importe aus diesen Ländern keine Bedrohung für die inländischen Produzenten darstellen würden, obgleich zum Beispiel Portugal 1970 ein Baumwollkontingent so groß wie das Indiens und achtmal so groß wie das Rumäniens hatte, Ländern also, mit denen weiterhin EBAs geführt werden. Statt definitiver quantitativer Beschränkungen wurde mit den Ländern, deren EBAs nicht verlängert worden waren, Konsultationen für den Fall vereinbart, daß ihre Exporte Schwierigkeiten auf dem US-Markt hervorrufen sollten.

Einen Überblick über den Textil-Protektionismus der USA vermittelt die Tabelle Nr. 3.

---

133) Die Importdurchdringung des US-Marktes stieg relativ stetig von 9,5 % im Jahre 1967 auf 19,1 im Jahr 1976 im Baumwollbereich, von 21,6 in 1967 auf 28 % in 1970 im Wollbereich (um dann nach einigen Auf-und-abs auf 23,4 % in 1976 zu sinken) und von 3,9 % in 1967 auf 10,5 % in 1971 im Kunstfaserbereich (um dann ebenfalls auf 7,1 % in 1976 abzusinken). Daten: US Dept. of Commerce 1978: S. 2.

	Südkorea	Hongkong	Taiwan	Singapur	Thailand	Philippinen	Malaysia	Indien	Pakistan	Brasilien	Mexiko	Kolumbien	Ägypten	Jugoslawien	Rumänien	Griechenland	Türkei	Spanien	Israel	Jamaica	Portugal	Macau	Haiti	Sonstige
1963			E/BW 53			S		S					E/BW 42					E/BW 31	E/BW 13	E/BW 19	S			(f)
1964	S	S				E/BW 16		E(c)/BW 38	S	S	S	S		S		E/BW 6	E/BW 3				E/BW 9o			
1965	E/BW 26								E/BW 25			E/BW 24		E/BW 15										
1966		E/BW 323		E/BW 3o				E/BW 8o	E/BW 65											E/BW 21				
1967	E/BW 32		E/BW 65								E/BW 75							E/BW 38	E/BW 23		E/BW 1o3			E(g)
1968				E/BW 36		E/BW 22						E/BW 33		E/BW 19		E/BW 9								
1969																								E(h)
197o		E/BW 43o					E/AT 25	E/BW 11o	E/BW 85	E/BW 75			E/BW 53							E/BW 26				
1971	E/AT 4o4	E/AT 7o4	E/AT	E/BW 45							E/BW 98	E/BW 4o		E/BW 23	E/BW 9	E/BW 11					E/BW 114		E/BW 5	E(i)
1972					E/BW 15																			E(k)
1973				E/AT 19o				E/BW 152														E/AT 28		
1974	E/AT 5o5	E/AT 835							E/BW 13o															
1975			E/AT 714	E/AT 2o5		E/AT 189	E/AT 33				E/AT 197	E/AT 91	E/BW 9o		E/BW 18							E/AT 32		
1976					E/AT 7o					E/BW 114 KF(d)				(E)/(e)		(E)/(e)		(E)/(e)					E/AT 61	
1977								E							E/AT 3[illegible]									
1978	E/AT	E/AT 958	E(a)/AT (758		E(b)							E/AT 127	(E/(e							E				C(l)
1979										E	E											E	E	E(m) I(n)

Abkürzungen

AT: Alle Arten von Textilien

BW: Baumwolltextilien

C: Ausgleichszoll (countervailing duty)

E: Exportbeschränkungsabkommen

I: einseitige Importbeschränkung

KF: Kunstfasertextilien

S: Restriktion unter Bezug auf GATT-Schutzklausel

Die Zahlen geben die in den EBAs zugestandenen Globalquoten im ersten Jahr des Abkommens in Millionen Quadratyard-Äquivalenten (yd^2) an.

(a): Halbjahresabkommen, Kontingent: 379 Mio yd^2

(b): Einzellimits, Bekleidung: 53 Mio yd^2

(c): zuzüglich handwerkl. Erzeugnisse

(d): Konsultationen bei überdurchschnittlichem Importanstieg

(e): Konsultationen bei Marktstörung

(f): Argentinien

(g): Malta (BW, 13 Mio yd^2, bis 1975)

(h): Costa Rica (BW, 3 Mio yd^2, bis 1971)

(i): Peru (BW, 5 Mio yd^2, bis 1975)

(k): Nicaragua (BW, 5 Mio yd^2, bis 1975); El Salvador (BW, 5 Mio yd^2 bis 1976)

(l): Uruguay

(m): Dominikan. Republik

(n): China

E U R O P Ä I S C H E   G E M E I N S C H A F T

Bis im Jahre 1970 die EG eine gemeinsame Importpolitik gegenüber Entwicklungsländern durchführte, verhielten sich die einzelnen Mitgliedsländer sehr unterschiedlich. Die Bundesrepublik Deutschland und Frankreich hatten seit den 50iger Jahren sehr starke Importrestriktionen gegenüber Textilien aus Entwicklungsländern in Form von jährlichen Höchstmengen angewandt. Italien und die kleineren EG-Länder hingegen waren weitaus liberaler und unterwarfen lediglich Importe aus Japan mengenmäßigen Beschränkungen. Die Niederlande machten den Abbau ihrer Textil- und Bekleidungsindustrie zum integralen Bestandteil ihrer Entwicklungshilfepolitik. Großbritannien legte bis 1959 völlige Liberalität im Textilhandel mit Entwicklungsländern an den Tag. Den Rahmen hierfür bildete das Commonwealth, dem alle wichtigen Lieferländer von damals angehörten.

Das Ergebnis der unterschiedlichen Importpolitiken war, daß im Jahre 1960 der Anteil der Importe am Inlandsverbrauch von Baumwoll-Textilien (ohne Bekleidung), der damals weitaus bedeutendsten Textilkategorie, in den sechs EG-Ländern 5 %, in Großbritannien hingegen 35 % betrug.

In den 60iger Jahren kam es zu einer allgemeinen Angleichung. Deutschland und Frankreich lockerten sukzessive Importrestriktionen mit dem Ziel, sie (in Einklang mit dem 1962 abgeschlossenen langfristigen Abkommen zum internationalen Handel mit Baumwolltextilien - LTA) allmählich ganz aufzuheben. Großbritannien führte hingegen 1959 erstmals Einfuhrkontingente ein. Sie richteten sich gegen Hongkong, Indien und Pakistan, die wichtigsten Lieferländer. In der zweiten Hälfte der 60iger Jahre, noch bevor die EG-Mitglieder ihre früheren Einfuhrkontingente ganz aufgehoben hatten, ersetzten sie diese durch bilaterale Restriktionsabkommen mit individuellen Lieferländern, wie sie unter Artikel 4 des LTA vorgesehen waren. Bereits vorher hatten Deutschland (gegenüber Hongkong) und Italien (gegenüber 7 Ländern) zu kurzfristigen Importrestriktionen bei einzelnen Produktkategorien gegriffen, um sog. Marktzerrüttungen entgegenzuwirken. Großbritannien setzte seinen 1959 begonnen Restriktionskurs 1966 mit bilateralen Beschränkungsabkommen mit insgesamt 32 Entwicklungs- und Staatshandelsländern fort.

Diesem Schritt war ein rascher Anstieg der Importe aus neuen, vorher unbedeutenden Lieferländern vorangegangen. Die den einzelnen Ländern zugestandenen Quoten richteten sich nach den Lieferungen im Zeitraum 1962 bis 1964, wobei Hongkong, Indien und Pakistan ihre früheren Kontingente aufrecht erhielten. Darüberhinaus konnten alle Länder zusätzliche Einfuhrgenehmigungen im Rahmen einer Globalquote bekommen. Beide, Individual- und Globalquoten, wurden jährlich um ein Prozent ausgeweitet.

Die Länder der Sechser-Gemeinschaft gingen ab 1970 zu einer gemeinsamen Importpolitik über und schlossen im Rahmen des LTAs gemeinsame Exportbeschränkungsabkommen mit Korea, Hongkong, Taiwan, Indien, Pakistan und Ägypten ab. Die Phase der Liberalisierung, die sich während der 60er Jahre im Abbau der Importbeschränkungen manifestiert hatte, war damit zu Ende gegangen. Von nun an wurden die Einfuhrrestriktionen sukzessive verschärft, auf neue Lieferländer und neue Produktkategorien ausgeweitet. Im Rahmen des 1974 verabschiedeten Multifaserabkommens (MFA) schloß die EG bis 1977 bilaterale EBAs mit 13 Entwicklungsländern ab: Brasilien, Kolumbien, Hongkong, Indien, Korea, Macau, Malaysia, Mexico, Pakistan, Rumänien, Singapur, Thailand und Jugoslawien.[134)]

Die in diesem Abkommen ansonsten festgelegten Einfuhrrestriktionen wurden in einzelnen Produktkategorien mehrere Male verschärft durch kurzfristige Schutzmaßnahmen gegen plötzliche "Marktzerrüttungen" sowie durch Anti-Dumping-Maßnahmen. Diese ad-hoc-Verschärfungen bestehender Beschränkungen erfuhren eine dramatische Häufung im Jahre 1977. Im Sommer dieses Jahres setzte Frankreich auf eigene Faust drastisch reduzierte Höchsteinfuhrmengen für mehrere Produkte gegenüber Singapur, Griechenland, Tunesien, Marokko, Ägypten und Macau ein. Sie wurden von der Gemeinschaft nachträglich durch Übernahme größtenteils legalisiert.

---

134) Gegenüber Ägypten wurden 1970 festgesetzte Höchstmengen für das Jahr 1977 aufgehoben.

Die Ende 1977 fällige Verlängerung des MFA bis einschließlich 1981 benutzte die EG, um die Textil- und Bekleidungseinfuhren aus 32 Entwicklungsländern so systematisch unter Kontrolle zu bringen, daß, ausgehend vom Basisjahr 1976, eine jährliche Gesamteinfuhrzunahme von 6 % nicht überschritten werden würde. Die bei den sog. sensibelsten Produkten (die insgesamt mehr als 50 % der EG-Einfuhren aus den Niedriglohnländern ausmachen) zugestandene Zunahme bewegt sich sogar nur zwischen 2 und 3 %. Die Einfuhr weiterer sensibler Produkte (insgesamt 17 % der EG-Einfuhren aus Niedriglohnländern) darf im Durchschnitt um 4 % jährlich wachsen. Um Neulingen auf dem Welttextilmarkt größere Expansionschancen einzuräumen, als ihnen aufgrund ihrer vergangenen geringen Ausfuhren zustünden, wurden die Kontingente für einige der bisherigen Hauptlieferländer (Honkong, Taiwan, Korea) gegenüber 1976 gekürzt. Die getroffenen Maßnahmen sollten den Gesamtanteil der Einfuhren am europäischen Textilmarkt auf dem Niveau von 1976 einfrieren bzw. über schwache Zunahmen hinaus nicht ansteigen lassen. Dieser Anteil beträgt 37,5 Prozent.[135)]

Zur Durchsetzung ihrer restriktiven Ziele benutzte die EG bis März 1979 gegenüber 22 Entwicklungsländern (sowie Ungarn und Polen) bilaterale Beschränkungsvereinbarungen. Es sind dies: Korea, Hongkong, Singapur, Thailand, die Philippinen, Malaysia, Indien, Pakistan, Brasilien, Mexiko, Kolumbien, Jugoslawien, Rumänien, Macau, Sri Lanka, Argentinien, Ägypten, Peru, Spanien, Griechenland und Marokko.

Später kam die Volksrepublik China hinzu. Mit Bangladesch wurde ein Abkommen zur Beschränkung der Einfuhren von Juteerzeugnissen geschlossen. Gegenüber Taiwan, das nicht Mitglied des Multifaserabkommens ist, legte die EG formal einseitige Einfuhrkontingente fest.
Mit den Textilherstellern der Türkei wurden zunächst inoffizielle Vereinbarungen auf nicht-staatlicher Ebene getroffen, denen im Verlauf des Jahres 1978 einseitige Kontingentfestlegungen seitens Großbritannien folgten. Inoffizielle Vereinbarungen wurden ebenfalls mit Tunesien getroffen. Gegenüber Jordanien, Syrien und Libanon wurden Richtmengen festgelegt, nach deren Überschreiten mit Kontingen-

---

135) Das Verhältnis von Importen zur Eigenproduktion liegt bei 44 %.

Tabelle 4: Handelsbeschränkungen der EG gegenüber Textil- und Bekleidungsimporten aus Entwicklungsländern, bis 1979

	1963	1964	1965	1966	1967	1968	1967	1968	1969	197o	1971	1972	1973	1974	1975	1976	1977	1978	1979
Südkorea										E →		A (4)		M A (6) →	E (7) → S (4,6, 8,9,17)	S (17)	S (6)	E (24)	
Hongkong	Q(GB)	S (2)(D)								E →					E (1o, 13)	S (4 17)	→	E (25)	
Taiwan										E →		A (4)		A (6) →	E → S (4,6, 17)	S (6)	S	Q (26)	
Singapur															E (11, 13) →	S (17)	S (F) S (19)	E (27)	
Thailand																E	S (16, 17,2o 21)	E (27)	
Philippinen																	S (2o)	E (28)	
Malaysia															E (9, 13) →		S (4, 9)	E (27)	
Indien	Q(GB) (1)									E →					E (14)		S (4, 9,2o)	E (29)	
Pakistan	Q(GB) (1)									E (3) →					E (15) →		S (4, 9,21)	E (3o)	
Brasilien															ES S (16, 17)	E (4, 15, 18) →		E (3o)	
Mexiko																S (GB) E →		E (31)	
Kolumbien																E (13)	S (4, 9)	E (32)	
Jugoslawien													E →			E (15)	S (4)	E (33)	
Rumänien																E →		E (25)	
Griechenland																	S (F,I)	(E) Q	(E)
Türkei																	S (4, 9)	(E) O(GB) (34)	
Spanien															S (4, 17)		S (4, 9,2o)	R	(E)
Ägypten										E →					E →		S(F) S	E	
Macau															E (11 13) →		S(F) S (19)	E	
Tunesien																	S(F) S (22)	(E)	(E)
Marokko																	S(F) S (23)	(E)	(E)
Bangladesh																	S(F) S (21)	E (21)	
Portugal															S (4, 17)			R	(E)
Sonstige				Q(GB)									S (4, 5)				S (4, 5)	E (35) R (36) Q(GB) (37)	(E)

unvollständige Information

Abkurzungen

A: Anti-dumping-Maßnahmen
D: Deutschland
E: Exportbeschrankungsabkommen
(E): informelle Exportbeschrankungsabkommen
ES: Einfuhrstop
F: Frankreich
GB: Großbritannien
I: Italien
M: Festsetzung eines Mindestverkaufspreises
Q: Einfuhrquoten (einseitig festgelegt)
R: Einfuhrrichtplafonds (nach ihrem Überschreiten drohen Restriktionen)
S: Restriktionsmaßnahmen im Rahmen der GATT- oder MFA-Schutzklauseln
~ alle Lander von der unter "sonstige" aufgeführten Maßnahme betroffen

1: seit 1959
2: Baumwollhemden und -nachthemden
3: Höchstmenge insgesamt 43oo t (Ausfuhr in die EG 197o: 73oo t)
4: Garne und Fäden
5: gegenuber allen Drittlandern
6: Socken
7: 9 Produktgruppen
8: Handschuhe
9: Hemden
1o: 14 Produktgruppen
11: Hosen
13: regionale Beschränkungen innerhalb der EG
14: Baumwollgewebe, -wasche, -blusen
15: Baumwollgewebe, Haushaltswasche
16: Stoffe
17: spezifische Textilien
18: Fertigwaren
19: Bekleidungsartikel
2o: Unterwasche
21: Juteartikel
22: für die 2.Hälfte 1977: 2oo.ooo Hemden, 176.ooo Damenblusen, 952.ooo T-Shirts
23: für die 2.Hälfte 1977: 25o.ooo Hemden, 25o.ooo Damenblusen, 2,58 Mio T-Shirts
24: 21 Produktgruppen
25: 17 Produktgruppen
26: 16 Produktgruppen
27: 9 Produktgruppen
28: 5 Produktgruppen
29: 1o Produktgruppen
3o: 8 Produktgruppen
31: 2 Produktgruppen
32: 3 Produktgruppen
33: 15 Produktgruppen
34: Baumwollgarn, Importstop bis Jahresende (Überschreiten der EBA-Quote)
35: Argentinien, Peru, Sri Lanka
36: Jordanien, Libanon, Syrien
37: Malta (etwa ein Drittel der Exporte nach GB).

tierungen zu rechnen wäre. Eine ähnliche konditionierte Androhung von Importrestriktionen ist auch der Gegenstand der Abkommen mit Indonesien, Guatemala, Uruguay und Haiti.

Obgleich die verschiedenen Beschränkungsmaßnahmen die verschiedenen Exportländer mit unterschiedlicher Stärke treffen, ist klar, daß der weiteren Substitution lokaler Textil- und Bekleidungsproduktion der EG-Länder durch Erzeugnisse aus Niedriglohnländern vorläufig ein Riegel vorgeschoben worden ist. Die Entwicklungsländer können ihre Exporte nur in dem Maße auszuweiten hoffen, wie die Nachfrage zunimmt.[136] Der EG-Markt trägt also fürderhin keine Pläne von Ländern der Dritten Welt mehr, exportorientierte Textilerzeugung zu einem Pfeiler ihrer industriellen Entwicklung zu machen.

In Tabelle Nr. 4 sind die protektionistischen Maßnahmen der EG im Textilsektor synoptisch zusammengefaßt.

SONSTIGE LÄNDER

Wie die USA und die EG, die 1977 zusammen für mehr als drei Viertel aller OECD-Textilimporte aus Entwicklungsländern aufkamen, bremsten auch die anderen westlichen Industrienationen diese Einfuhren fast durchweg mit mengenmäßigen Beschränkungen ab. Ausnahmen bildeten lange Zeit Schweden und Norwegen, die aber in jüngster Zeit ebenfalls den Zugang der Entwicklungsländer zu ihren Märkten stark verengten, nachdem die heimischen Textil- und Bekleidungsindustrien rapide zusammengeschrumpft waren.

Japan hat kaum formale Einfuhrbeschränkungen gegenüber Entwicklungsländern eingesetzt,[137] hält Importe aber generell mit Hilfe informeller

136) Siehe hierzu die sehr deutlichen Worte in der Bilanz, die die EG-Kommission 198o im Hinblick auf die Verlängerung des MFA zog (EG 198o: S. 1).

137) Lediglich Produkte der Seidenspinnerei, -weberei und -verarbeitung sind importgenehmigungspflichtig. Diese Maßnahme betrifft vor allem die Einfuhren aus China, Korea, Taiwan, Hongkong, Macau und Thailand.

Präferenzbeziehungen zwischen den verschiedenen Stufen des nationalen Produktions- und Verteilungssystems unter Kontrolle.[138)]

Insgesamt fällt auf, daß die Importrestriktionen in den letzten drei Jahren merklich verschärft wurden. Kanada und Australien führten 1976 bzw. 1977 globale Importquoten ein, deren Höhe im Falle Australiens 1978 weiter herabgesetzt wurde. Österreich, das bereits Exportbeschränkungsabkommen mit wichtigen Lieferländern abgeschlossen hatte, hob im gleichen Jahre alle Zollpräferenzen für Entwicklungsländer im Textil- und Bekleidungsbereich auf.

Schuhe

Unter den internationalen Industriegütermärkten weist derjenige für Schuhe nach dem Textilmarkt die ausgeprägtesten protektionistischen Tendenzen auf. Bezeichnenderweise handelt es sich auch hier um typische arbeitsintensive Produkte, wie sie der ersten Phase der exportorientierten Industrialisierung von Entwicklungsländern eignen. Allerdings erreichten die Schuhexporte aus diesen Ländern erst mehr als ein Jahrzehnt später als die Textil- und Bekleidungsausfuhren ein Gewicht, das den konkurrierenden Industrien in den Importländern Anlaß zu Besorgnis gab. Die USA, die sich Mitte der 70er Jahre mit der vereinzelten Erhebung von Ausgleichszöllen gegen subventionierte Schuhimporte aus Taiwan und Brasilien zu wehren begonnen hatten, gingen 1977 zu einer ähnlichen Politik wie im Textilsektor über. Sie schlossen vierjährige Exportbeschränkungsabkommen (genannt orderly market agreements) mit Südkorea und Taiwan ab. Uruguay wurde erfolgreich unter Druck zum Abbau seiner Exportsubventionen gesetzt.

In der EG wurde in den letzten Jahren der Ruf nach Schutzmaßnahmen gegen die Schuhimporte aus Niedriglohnländern ebenfalls immer lauter. Bislang hat ihm aber nur Großbritannien stattgegeben, indem es Einfuhrquoten gegenüber Korea, Hongkong, Taiwan, Malaysia, Indien, Pakistan, Brasilien und Spanien verfügte. Die Gemeinschaft

---

138) Vgl. Kojima 1973, Financial Times vom 5. März 1979: S. 13 und Maier-Mannhart in der Süddeutschen Zeitung vom 11. April 1981

selbst unterwarf die Importe aus diesen Ländern (außer Indien) sowie aus Rumänien und der Volksrepublik China lediglich der Überwachung durch Lizensierungspflicht.

Kanada hob 1975 die Zollpräferenzen für Schuhe aus Entwicklungsländern auf und setzte für seine Gesamteinfuhren 1977 ein Kontingent fest, das dem jährlichen Durchschnitt der Einfuhren in den drei vorangegangenen Jahren entspricht. Es wurde bis Ende 198o verlängert. Im gleichen Jahr griff auch Australien zum Instrument des Globalkontingentes, dessen Anwendung es im darauffolgenden Jahr noch verschärfte. Schweden, Norwegen, Neuseeland und Südafrika setzten in den letzten Jahren ebenfalls Quoten für ihre Schuhimporte fest. Auch Japan hat die Einfuhr von Schuhen kontingentiert.

Sonstige Branchen

Industrieexporten der Entwicklungsländer außerhalb der Bereiche Textil, Bekleidung und Schuhe wurde bisher der Zugang zu den Industrieländermärkten nur sporadisch verwehrt. Doch ist auch hier eine Tendenz zur Zunahme von Handelshemmnissen festzustellen. Diese Hemmnisse richten sich sowohl gegen die Einfuhr von Produkten, die aufgrund ihrer Arbeitsintensität zu den typischen Entwicklungsländerexporten der ersten Phase gehören, als auch gegen technologisch anspruchsvollere und kapitalintensivere Produkte. Ersteren gehören z.B. Lederartikel, Spielzeug und Schirme an. In die zweite Gruppe fallen Chemieprodukte, Stahlerzeugnisse, Werkzeug und elektrische Geräte. Die Mittel, deren sich die Industrienationen bedienen, um unerwünschte Importe abzuwehren, reichen von herkömmlichen anti-dumping-Maßnahmen in Form von Ausgleichszöllen bis zu mengenmäßigen Beschränkungen in Form von Kontingenten und Exportbeschränkungsabkommen. Während erstere nur punktuell und vorübergehend wirksam werden und deshalb in ihrer handelshemmenden Bedeutung begrenzt sind, implizieren letztere bereits eine systematischere Einschränkung der Importe.

Wohl die wichtigste handelspolitische Maßnahme der USA gegenüber einem Entwicklungsland außerhalb der Bereiche Textil und Schuhe war der Abschluß von Exportbeschränkungsabkommen für Fernsehgeräte mit Taiwan und Südkorea im Jahre 1977/78. Kontingente wurden außerdem für bestimmte Stahlhalbwaren aus Südkorea festgelegt. Im EG-Bereich kam es ebenfalls zu Kontingentierungen von Eisen- und Stahlprodukten aus Taiwan und Südkorea. Großbritannien legte Quoten für Keramik-Artikel aus Taiwan (1977), Fernsehgeräte aus Singapur (1978). Südkorea (1977) und Taiwan (1976), Frankreich für Radios aus Taiwan (1976) und Südkorea (1971), Schirme aus Südkorea (1971 und 1977), Spielzeugartikel aus Südkorea (1974), Deutschland für Schirme aus Taiwan (1977) fest. Weiterhin kontingentierte die EG Chemieerzeugnisse aus Thailand (1977). Schweden schloß 1977 ein Selbstbeschränkungsabkommen mit Südkorea über die Ausfuhr von Lederbekleidung. Norwegen kontingentierte 1974 die Einfuhr von Reifen und Bestecken und 1975 die von Porzellanwaren aus dem gleichen Land. Australien verfügte ebenfalls gegenüber Südkorea Quoten für Sperrholzimporte (1976), Haushaltmaschinen (1975) und Stahlbleche (1975). Ebenso erließ es 1975 ein Globalkontigent für Werkzeug. Kanada tat das gleiche ein Jahr zuvor für Lederhandschuhe.

Diese Aufzählung ist weit davon entfernt, vollständig zu sein.[139)] Zum Beispiel ist der ganze mit Handelshemmnissen durchsetzte Bereich der Nahrungsmittelindustrie nicht erfaßt. Außerdem gibt es Anzeichen dafür, daß es vielfach zu Exportbeschränkungen ohne Abkommen auf Regierungsebene, aber nichtsdestoweniger auf politischen Druck von Importländern hin kommt.[14o)] Schließlich muß auch auf den diskriminierenden Effekt der Subventionen an die heimische Industrie

---

139) Sie stützt sich auf Informationen in Nowzad 1978 sowie diverse Meldungen in "Nachrichten für den Außenhandel" und "Financial Times". S. auch Yeats 1979: S. 117 ff. und 2o2 ff., Corden/Fels 1976, Page 198o und Hager/Noelke/Taylor 1981.

14o) S. UNCTAD 1978 c: S. 5 ff.

hingewiesen werden, eine Praxis, die z.B. im Schiffbau mehr und mehr als Abwehrmaßnahme gegen die Konkurrenz aus Entwicklungsländern angewandt wird.

Konsequenzen

Die von den Industrieländern veranlaßten Einfuhrrestriktionen sind zu vielfältig, zu wechselhaft und zu detailliert in ihrer Ausrichtung auf bestimmte Produkte, als daß sich ihre Auswirkung auf die Entwicklungsländerexporte in mehr als groben, generellen Kategorien bestimmen ließen. Selbst aufwendige Berechnungen zum Ausmaß der von Handelshemmnissen beeinflußten Warenströme können für sich genommen wenig aussagen über den Restriktionseffekt der Maßnahmen, da die Messung sich an das tatsächliche Handelsvolumen halten muß. Sie gewichten lediglich den Einflußbereich der Handelskontrollen und erlauben so einen Vergleich mit dem Bereich des freien Handels. Aber auch hierzu geben die verfügbaren Zahlenangaben nur sehr groben Aufschluß.[141)]

Die bisherige Entwicklung der Handelshemmnisse gegenüber Industrieexporten aus der Dritten Welt hat nur im Textil- und Bekleidungssektor zu einer ernsthaften Einschränkung der Ausfuhrmöglichkeiten geführt. Obgleich die seit 15 Jahren bestehenden Exportbeschränkungsabkommen mit einer beeindruckenden Expansion der Exporte der betreffenden Branchen einhergingen,[142)] ist nunmehr ein Grad der Abschirmung in den Industrieländern erreicht worden, der eine weitere

---

141) Murray, Schmidt und Walter (1978) berichten, daß 1976 Ausfuhren im Wert von $ 9,4 Md. von "freiwilligen" Exportbeschränkungsabkommen erfaßt wurden und daß dies 16 % aller OECD-Importe der von den Beschränkungen betroffenen Produktgruppen ausmache. Dabei sind auch japanische Exporte mit erfaßt. Es kann jedoch als erwiesen angesehen werden, daß der Prozentwert bezogen auf Entwicklungsländerexporte bedeutend höher ist. Die Abgrenzung der "betroffenen Produktgruppen" und damit ihr Gewicht im Gesamthandel bleiben allerdings unklar. S. auch Yeats 1979: S.1o8 ff. und UNCTAD 1978 c: S. 16.

142) Dies schmälert nicht die Effektivität der Handelshemmnisse, da angenommen werden muß, daß ohne dieselben die Exportausweitung der Entwicklungsländer wesentlich größere Ausmaße angenommen hätte und zu wesentlich höheren Marktanteilen geführt hätte.

Durchdringung ihrer Märkte effektiv verhindert. Da die Märkte selbst sich nur langsam ausdehnen, wird es zu einer spürbaren Verminderung des Exportwachstums kommen. Es dürfte sich mengenmäßig gesehen zwischen 5 und lo % jährlich einpendeln.

Neben der Einschränkung der Gesamtimporte aus Niedriglohnländern sorgt das Netzwerk von Kontingenten für eine weitestgehende Konservierung der Marktaufteilung. Es läßt keinem Entwicklungsland die Möglichkeit, seine Textil- und Bekleidungsausfuhren in die Industrieländer signifikant auszuweiten und verhindert damit das Entstehen neuer "Textil-Großmächte" wie Hongkong, Indien und Korea. Es schützt aber auch alle Lieferländer vor etwaiger Konkurrenz.

In den übrigen Produktionszweigen haben Handelshemmnisse bis heute die Exportmöglichkeiten der Entwicklungsländer insgesamt nicht wesentlich beeinträchtigt, obgleich einzelne Länder mitunter empfindlich getroffen wurden. Die Entwicklung der Einfuhrrestriktionen weist jedoch daraufhin, daß dem Vordringen auf den diversen Importmärkten Grenzen gesetzt sind. Es liegt darin eine Warnung, die im Schuhsektor schon recht deutlich ausgefallen ist. Auch in den Bereichen Lederverarbeitung, Stahl und Gebrauchselektronik zeichnet sich wachsender Widerstand gegen eine Zunahme von Billigeinfuhren ab.

Das Zustandekommen protektionistischer Maßnahmen

Die Frage ist, in welchem Ausmaß es zu einem Abblocken der Exportexpansion auf weiteren Märkten nach denen für Textilien und Bekleidung kommt. Gibt der Grad der dort von den Entwicklungsländern erreichten Importpenetration die Grenze an, die auch bei anderen Produktgruppen nicht wesentlich überschritten werden kann? Oder wurde die Entwicklung im Textilbereich von Bedingungen beeinflußt, die für andere Branchen nicht oder nicht in gleichem Maße zutreffen? Gibt es Gründe, anzunehmen, daß Wettbewerbsüberlegenheit von Entwicklungsländern sich auf bestimmten Märkten ungehindert auswirken können wird? Oder bleiben Behinderungen nur dort aus, wo keine klare Wettbewerbsüberlegenheit besteht, wo Entwicklungsländer mit den Industrieländern lediglich "gleichziehen"? Die Antworten auf derartige Fragen müssen spekulativ bleiben, doch lassen sich einige Anhaltspunkte aus der Analyse der handelspolitischen Entscheidungsprozesse ableiten.

Die Errichtung von Barrieren gegenüber Einfuhren aus Niedriglohnländern geht unmittelbar auf den politischen Druck der von diesen Einfuhren betroffenen Interessengruppen zurück. Dieser politische Druck muß sich in den meisten westlichen Industriestaaten gegen eine generalisierte Überzeugung durchsetzen, daß Freihandel im Interesse des wirtschaftlichen Gesamtwohls gegenüber Protektionismus vorzuziehen sei. Die Abweichung vom allgemein akzeptierten Prinzip, als dessen Hüter sich meist die Regierungen verstehen, setzt voraus, daß das Schutzinteresse der Importgeschädigten ebenfalls die Qualität eines gesamtgesellschaftlichen Anliegens erlangt. Die Chance hierzu hängt sowohl von der Bedeutung der betroffenen Branchen als auch von der wirtschaftlichen Kontextsituation, in die die handelspolitische Entscheidung fällt, ab. Protektionistischen Forderungen zu widerstehen, fällt einer Regierung umso schwerer, je größer die Zahl der Beschäftigten und damit das politische Gewicht der Branchen, je höher die sozialen Kosten vermehrter Importe und je geringer die Möglichkeit, diese Kosten durch Wachstum in anderen Branchen auszugleichen. Außerdem ist es nicht ganz unwichtig, wie stark die liberale Überzeugung in der politischen Öffentlichkeit verankert ist.[143)]

Dafür, daß sich maßgebliche politische Entscheidungsträger in fast allen Industrieländern das Schutzinteresse für Textil- und Bekleidungsindustrie (und ihrer Arbeitnehmer) zu eigen machten, erscheint letzten Endes deren beschäftigunspolitische Bedeutung als ausschlaggebend. Die Billigimporte aus Entwicklungsländern trafen eine Branche, deren Markt überall in den Industrieländern seit langem nur noch geringfügig wächst und die deshalb an die Importkonkurrenz absolut an Absatzvolumen verlor. Wichtiger noch, die relative Stagnation bzw. der Produktionsrückgang der Branche war mit hohen Beschäftigungseinbußen verbunden, da gleichzeitig - und zum Teil unter dem Druck der Importkonkurrenz - Rationalisierungsmaßnahmen vorgenommen wurden, die zu massiven Einsparungen an Arbeitsplätzen führten.

---

143) Eine systematische Diskussion der Faktoren, die im handelspolitischen Entscheidungsprozeß eine Rolle spielen, findet sich in Walter 1972.

Es ist plausibel, daß das Arbeitsplatzargument umso mehr ins Gewicht fällt, je prekärer die allgemeine Beschäftigungssituation ist und daß deshalb im Anschluß an die Rezession von 1974/75 protektionistische Forderungen einen breiteren Rückhalt fanden. Dies kann sicher die Verschärfung der Einfuhrrestriktionen in den letzten Jahren weitgehend erklären. Dem Schutzbegehren der Textilbranche wurde aber in den wichtigen Industrieländern schon lange vor der allgemeinen Rezession stattgegeben. Offensichtlich genügten die sektoralen Beschäftigungsprobleme, um das Prinzip der Handelsfreiheit erheblichen Einschränkungen zu unterwerfen. Die ursprüngliche Vorstellung, daß es sich dabei um vorübergehende Anpassungshilfen handele, muß in der Rückschau als eine Legitimationsformel zur Beschwichtigung des liberalen Gewissens angesehen werden. Sie kann gegebenenfalls durch andere Konstruktionen ersetzt werden, die auch einer permanenten Abschirmung Rechnung tragen. Ansätze hierzu treten in der Idee des "geordneten Freihandels" bereits zutage.

Der ausschlaggebende protektionistische Druck kommt weithin aufgrund von Motiven zustande, die vor der Einbindung in ein konsistentes Interpretationsschema und in eine längerfristige Strategie stehen. Es geht jeweils konkret um den unmittelbaren Schutz zahlenmäßig signifikanter Bevölkerungssegmente, deren wirtschaftliches Schicksal an die Aufrechterhaltung der Textilproduktion gebunden ist. Die Unterbringung der Betroffenen in anderen Produktionszweigen stellt sich demgegenüber stets als eine abstrakte, an den unmittelbaren Notwendigkeiten vorbeigehende Lösung dar, die allenfalls schrittweise auf längere Frist zu verwirklichen ist. Mit dem planmäßigen, sozialpolitisch abgestützten Abbau als nicht mehr konkurrenzfähig erkannter Produktionssektoren, wie er von den Befürwortern einer verstärkten internationalen Arbeitsteilung immer wieder gefordert wird, könnte der handelspolitische Liberalismus im Prinzip zwar eine praktikable Alternative zur Protektion anbieten. Eine langfristig und bewußt betriebene Schrumpfung etablierter Produktionszweige kann sich aber nur schwer gegen ordnungspolitische Bedenken (Unkenntnis längerfristiger Entwicklungen) durchsetzen, vom hartnäckigen Fortbestehen "merkantilistischer Instinkte"[144] ganz zu schweigen. Die

---

144) Die Formulierung stammt von Kindleberger (197o: S.117)

Gründe, warum außerdem die Wiederbeschäftigung freigesetzter Arbeitskräfte gerade in der gegenwärtigen Situation einen Verzicht auf Protektion politisch nicht hinreichend verankern kann, wurden oben im einzelnen dargelegt.

Auf jeden Fall fand die für eine nachhaltige Offenhaltung der Märkte gegenüber Billigimporten notwenige Bereitschaft zur weitgehenden Preisgabe des betroffenen einheimischen Produktionszweiges im Textilbereich bis heute keinen tragfähigen politischen Boden. Für einen Wandel in den politischen Kräftekonstellationen, der in Zukunft wieder zu einer Marktöffnung führen könnte, sind keine Anzeichen erkennbar. Es ist sehr wahrscheinlich, daß analoge handelspolitische Entwicklungen auch in anderen Produktionssektoren auftreten werden, die in eine vergleichbare Situation geraten. Zur Vergleichbarkeit der Situation gehört dabei

a) ein relativ hohes Beschäftigungsvolumen,

b) ein anhaltendes absolutes Schrumpfen der Produktion als Folge rückgängiger Marktanteile,

c) die Unmöglichkeit, den Produktionsrückgang innerhalb der gleichen Branche ausreichend zu kompensieren.

Diese drei Bedingungen machen Produkte handelspolitisch "sensibel".[145]

Es mag die These aufgestellt werden, daß die Industrieländer jede sensible Branche vor der Importkonkurrenz aus Niedriglohnländern schützen werden, auch wenn dies nicht das erklärte politische Ziel sein sollte. Darin sollte der grundlegende Rahmen gesehen werden, innerhalb dessen die konkrete Handelspolitik je nach Situationsbedingungen variiert. Bis zu welcher Größe Produktionszweige wichtig genug sind, um politische Unterstützung für ihre Erhaltung mobilisieren zu können, läßt sich nicht voraussagen. Alarmierend für die Exportinteressen muß jedoch die Protektion einer so kleinen Branche wie der US-amerikanischen Fernsehindustrie sein, die 1977 nicht mehr als 27.ooo Menschen[146] beschäftigte.

---

145) Vgl. auch Woolcock 1981: S. 16/17

146) Ohne Teilefabrikation und Zulieferbetriebe.

Welches Ausmaß an Marktdurchdringung die Industrieländer den Billigeinfuhren zugestehen, bevor ein weiteres Vordringen unterbunden wird, läßt sich aus den vorhandenen Erfahrungen ebenfalls nicht abschätzen. Während die Entwicklungsländer bei einigen Produkten der Bekleidungsbranche Marktanteile weit über 5o % erzielen dürfen, setzten die Beschränkungen für Farbfernsehgeräte in die USA bei einer Importpenetration des Marktes von 5 % ein. Das gleiche Land ließ bei den beschäftigungsmäßig viel sensibleren Schuhen einen Einfuhranteil am heimischen Markt von nahezu 5o % zu (wovon wiederum die Hälfte auf Entwicklungsländerimporte fiel), bevor es die ersten Restriktionen ergriff, die aber keineswegs den Markt bereits völlig gegen eine weitere Importdurchdringung abschirmten. Doch auf welcher Strecke des Weges die Hemmnisse auch errichtet werden, die Verlagerung von ganzen in den Industrieländern etablierten Branchen in die Entwicklungsländer muß im Lichte der bisherigen Erfahrung als utopisch angesehen werden.

Wendet man die Kategorien der Produktzyklustheorie an, welche den Entwicklungsländern Wettbewerbsvorteile in Produktionslinien mit weitgehend abgeschlossener technologischer Entwicklung zuschreibt, lassen sich die diversen Industriezweige gemäß ihrer Eignung für die internationale Arbeitsteilung in zwei Gruppen einteilen: Branchen, die sich überwiegend geschlossen in einer fortgeschrittenen Phase des Produktzyklus befinden, wie z.B. die Bekleidungs-, die Schuh- und die Lederwarenindustrie, werden durch die Entwicklungsländerkonkurrenz in ihrem Bestand bedroht und tendieren dazu, sich durch Handelshemmnisse zu verteidigen. Von Branchen hingegen, die sich durch einen fortwährenden Strom technischer Neuentwicklungen auszeichnen und deswegen sozusagen auf mehreren Beinen stehen, ist eine gelassenere Haltung gegenüber Billigimporten im Bereich der ausgereiften Produktlinien zu erwarten. Zu solchen Branchen gehören zweifellos die Chemie und der Maschinenbau. Voraussetzung für die Bereitschaft zur Arbeitsteilung ist allerdings auch in den technologisch heterogenen Branchen, daß der Verlust der "ausgereiften" Produktlinien an Niedriglohnländer volumenmäßig in etwa durch einen steigenden Absatz von neu entwickelten Produkten ausgeglichen wird. Sonst besteht die Gefahr, daß - wie im Stahlsektor - der Markt für "Massenware" als tragende Säule der Branche verteidigt wird.

Von Handelshemmnissen weitgehend unbehelligt dürften hingegen jene ausgelagerten Teilfertigungsprozesse bleiben, mit denen Industrieländer-Unternehmen ihre Wettbewerbsposition gegenüber anderen Industrieländer-Unternehmen verbessern bzw. erhalten wollen. Es ist in diesem Fall die betroffene Branche selbst, die ein Eigeninteresse an den Billigimporten hat und deshalb keine politischen Anstrengungen zur Errichtung protektiver Handelsschranken unternimmt. Dies gilt hinwiederum nicht für Produktionszweige, wie die Bekleidungs- oder die Schuhindustrie, die sich insgesamt in einem Abwehrkampf gegen Konkurrenz aus Entwicklungsländern sehen und sich durch die Teilauslagerung an die verschärften Wettbewerbsbedingungen vorläufig anzupassen suchen.

d) Das Handlungsfeld der Entwicklungsländer: die Herausforderung des Protektionismus

Die bewiesene Entschlossenheit praktisch aller Industrieländer (mit Ausnahme Japans vielleicht), signifikante Bereiche ihres L-Güter-Sektors vor der Verdrängung vom Markt zu schützen, hat für die Entwicklungsländer eine Situation geschaffen, die eine alleinige Ausrichtung ihrer Industrialisierungspolitik an Gesichtspunkten internationaler Wettbewerbsfähigkeit illusorisch macht. Ihre diesbezüglichen Optionen sind durch die Handelspolitik der Industrieländer deutlich eingeschränkt worden. Die Entwicklungsländer sind somit vor die doppelte Aufgabe gestellt,

a) ihre Industrialisierungspolitik an die eingeengten Möglichkeiten und das offenkundig gewordene Marktrisiko anzupassen, und

b) auf das Verhalten der Industrieländer so einzuwirken, daß sie dort möglichst offene und sichere Märkte für ihre Industrieexporte zugestanden bekommen.

Der Erfolg hinsichtlich des zweiten Ziels bestimmt dabei die Optionen bei der ersten Aufgabe, während andererseits seine Relevanz auch von der hinsichtlich des ersten Aspektes getroffenen Entscheidung abhängt. Um die Extrempunkte des Strategienspektrums der Entwicklungsländer aufzuzeigen: sie können den Protektionismus der Industrieländer als eine Gegebenheit außerhalb ihrer Kontrolle ansehen und von einer exportorienierten Industrialisierung wegen des damit verbundenen unabsehbaren Risikos, soweit es geht, Abstand nehmen. Sie können andererseits auch versuchen, die Industrieländer von weiteren Importbeschränkungen abzuhalten oder sie gar zur Rücknahme bestehender Handelshemmnisse zu bewegen und im Vertrauen auf den Erfolg solcher Bemühungen zusätzliche Exportkapazitäten aufbauen.

In Anbetracht der hohen wirtschaftlichen Kosten, die ein Verzicht auf industrielle Exportausweitung für die meisten Entwicklungsländer auf Dauer mit sich bringt, muß der Sicherung hinreichenden Zugangs zu den Industrieländermärkten erste politische Priorität zugeschrieben werden. Gleichzeitig führt natürlich die diesbezügliche Unsicherheit auch zu einer verstärkten Ausnutzung alternativer Markt-

mit starken Gewissensbissen abgewichen sind. So sehr die Entwicklungsländer aber bereit sind, über ihre internationalen Sprachrohre in den Chor der Freihandelsbefürworter mit einzustimmen, so wenig kann ihnen andererseits daran gelegen sein, ihre eigene Handelspolitik dieser unversellen Tugend unterzuordnen. Sie können zwar anklagend darauf hinweisen, daß die Industrieländer die von ihnen stets missionarisch vertretenen Prinzipien über Bord werfen, sobald ihre Interessenlage sich ändert, und können sich damit an der ideologischen Bloßstellung der Freihandelsnorm beteiligen. Aber sie können sich schwerlich zu Vorkämpfern ihrer vollen Wiederherstellung machen. Den Interessen der Entwicklungsländer näher liegt eine weltwirtschaftliche Ordnungsvorstellung, deren Kern die "gerechte" Verteilung von Einkommenschancen und somit von Produktionsprivilegien ist. Wirtschaftspolitisch zielt sie nicht auf das Recht der Entwicklungsländer ab, sich im Wettbewerb mit den Industrieländern messen und gegebenenfalls bewähren zu dürfen, sondern auf eine direkt Zuerkennung des Rechts, bestimmte Dinge produzieren und - ohne daß ihnen dies durch erneute Industrieländerkonkurrenz streitig gemacht würde - verkaufen zu dürfen. Eine Art geplanter Weltarbeitsteilung also, bei der die Industrieländer von vornherein bestimmte industrielle Produktionsprivilegien an die bislang zu kurz gekommene Dritte Welt abgeben. Dieser Gedanke schimmert, ohne daß er dort klar formuliert ist, bei der berühmten UNIDO-Forderung von Lima nach 25 % Weltindustrieproduktionsanteil für die Dritte Welt im Jahre 2ooo durch. Er kommt auch immer wieder in dem von Seiten der gleichen Institution propagierten Ziel der Produktionsverlagerung (redeployment) zum Ausdruck.[149)]

Die eigentliche Frage ist nun allerdings nicht: welches Ordnungsprinzip entspricht am besten den Interessen der Entwicklungsländer?, sondern: Wie können die Industrieländer einer Ordnung verpflichtet werden, in der die Marktzugangsinteressen der Dritten Welt effektiv gewahrt werden? Wie Mohs (1979) zeigt, haben die Entwicklungsländer

---

149) S. z.B. UNIDO 1979a: S.78 und 1979b: S.5 f. Auch den Zollpräferenzen, die den Entwicklungsländern gewährt werden und die von diesen weiterhin als wesentliches Element einer anzustrebenden Welthandelsordnung verfochten werden, liegt die weltwirtschaftliche Umverteilungsidee zugrunde. Vgl. Fiallo 1977: S. 3o4 ff., Finger 1979: S. 435 ff. und Baldwin/Mutti/Richardson 1979: S. 66 f. Eine ausführliche Diskussion der Frage allgemeiner Freihandel vs. Präferenzen für Entwicklungsländer findet sich in Golt 1977 sowie in Baldwin/Murray 1977.

als Gruppe keine wirksamen Druckmittel in der Hand, um die Industrieländer gegen deren Willen - und das heißt gegen deren Beschäftigungsinteresse - zur Offenhaltung ihrer Märkte zu zwingen. Weder mit der Zurückhaltung eigener Nachfrage nach Industrieländerprodukten noch mit der Zurückhaltung von Rohstoff-Lieferungen sind sie (wie gesagt: als Block) in der Lage, die Interessen ihrer handelspolitischen Kontrahenten hinreichend zu bedrohen.[15o)] Erfolgversprechender scheint eine strategische Linie zu sein, die auf die Aktivierung des Eigeninteresses der Industrieländer an einem uneingeschränkten Warenaustausch ausgerichtet ist. Dabei können die Industrieländer-Regierungen in ihrer Sorge um die Freiheit des Welthandels grundsätzlich als potentielle Verbündete angesehen werden. Die Entwicklungsländer müßten bestrebt sein, ihnen das Durchhalten einer antiprotektionistischen Position zu erleichtern. Um ein politisches Gegengewicht zu den Protektionsforderungen der importgeschädigten Gruppen zu bilden, wäre zunächst an die Mobilisierung einer Freihandelslobby zu denken, die sich aus Vertretern des Handels, der Exportindustrie und der Konsumenten bilden und in den handelspolitischen Auseinandersetzungen jeweils Druck zugunsten liberaler Entscheidungen ausüben könnte.[151)] Zu denken wäre auch an das Hinarbeiten auf Arrangements, welche die Phalanx der Protektionisten auseinanderbrechen könnten, indem sie die Interessen eines Teils der betroffenen Industrien explizit berücksichtigen.[152)]

Nun rührt jedoch die Verwundbarkeit der Entwicklungsländer gegenüber der handelspolitischen Willkür der Industrieländer wesentlich daher,

---

15o) Die diesbezüglich von Fiallo (1977) vorgeschlagene handelspolitische Strategie für Entwicklungsländer hat für die Dritte Welt insgesamt nur geringe Realisierungschancen.

151) Odell (1979) und Finger (198o) haben anhand konkreter handelspolitischer Streitfälle in den USA bestätigen können, daß Entwicklungsländer mit der Taktik der Mobilisierung innenpolitischer Verbündeter weitaus mehr erreichen als mit außenpolitischem Druck.

152) So führen Keesing und Wolf die Möglichkeit an, denjenigen Bekleidungsexporten der Dritten Welt die Märkte zu öffnen, die Tuche und Garne aus den Industrieländern verarbeiten (Keesing/Wolf 198o: S. 196 ff.)

daß sie keinen Anspruch auf Marktzugang haben, die Importbeschränkungen politisch handelbar und somit auch prinzipiell unkalkulierbar geworden sind. Wichtiger noch als die Stärkung der liberalen Position in den politischen Auseinandersetzungen wäre deshalb die Wiederetablierung einer verbindlichen Regelung, die die Frage des Marktzugangs für Industrieexporte aus Entwicklungsländern der direkten Entscheidungsbefugnis von Regierungen so weit wie möglich entzieht.[153)] Sie würde bewirken, daß in der innenpolitischen Auseinandersetzung die Importbeschränkungen für sich nicht mehr zur Debatte stehen, sondern gleich die viel gewichtigere Frage der Handelsordnung aufgeworfen werden muß. Eine verbindliche Regelung könnte den Industrieländer-Regierungen somit als neue gewissermaßen normativ befestigte Verteidigungslinie liberaler Prinzipien im Nord-Sud-Handel dienen, nachdem die vorderste, von den gegenwärtigen GATT-Regelungen gezogene Linie dem Ansturm der Protektionsforderungen nicht standhielt. Der Ansatzpunkt für ein gemeinsames Interesse zwischen Entwicklungsländer- und Industrieländer-Regierungen und die Möglichkeit, zu einem konkreten Arrangement zu kommen, wäre von daher gegeben.

Um die ihm hier zugedachten Funktionen erfüllen zu können, müßte ein derartiges Arrangement das Beschäftigungsinteresse der Industrieländer berücksichtigen und die Importbeschränkungen, von denen sich die Industrieländer in der gegebenen wirtschaftlichen Situation und unter den herrschenden Machtverhältnissen ohnehin nicht abbringen lassen, in eine allgemeine Marktordnung integrieren, die im übrigen ein Maximum an Handelsfreiheit und -sicherheit gewährleistet. Die Industrieländer dürften dabei nicht wie heute in der Lage sein, willkürlich bestimmte Produktbereiche von der allgemeinen Handelsordnung de facto auszunehmen. Das Erlassen von Importbeschränkungen müßte sie in irgendeiner Weise regreßpflichtig machen.[154)] Weiterhin müßte eine Marktordnung, die die Unausweichlichkeit länger dauernder Importbeschränkungen in bestimmten Bereichen anerkennt, die ökonomischen Kosten dieser Beschränkungen minimieren. Das bedeutet zweierlei.

---

153) Vgl. auch die Argumentation in Golt 1977.

154) In diese Richtung zielt der auch von der Brandt-Kommission aufgegriffene Vorschlag von Bhagwati, den Begriff der Marktzerrüttung (market disruption) auch für die Exportproduktion in Anwendung zu bringen und daran Kompensationsleistungen zu knüpfen (Bhagwati 1977 und ICIDI 198o: S. 18o).

Sie müßte ihren Umfang und ihre Dauer so gering wie möglich (d.h. politisch von den Industrieländern akzeptierbar) halten und sie müßte innerhalb der eingeschränkten Märkte soweit wie möglich die Gesetze von Angebot und Nachfrage zur Geltung bringen.[155)]
Das Instrument der Länderquoten müßte dabei durch ein weniger diskriminierendes ersetzt werden.[156)]

Neben einer größeren Sicherheit würde der entscheidende Nutzen einer derartigen Marktordnung für die Entwicklungsländer natürlich an der durch sie erreichten Offenheit der Märkte zu messen sein. Diese aber wird nicht dadurch gefördert, daß die Schutzinteressen der Industrieländer stärker berücksichtigt werden.
Im Gegenteil, eine revidierte Marktordnung müßte den Zweck erfüllen, diesem Schutzinteresse effektive Zügel anzulegen. Es müßte sozusagen "Schutz vor dem Ergreifen von Schutzmaßnahmen" bieten.
Die Chance für die Entwicklungsländer kann also nur darin liegen, daß die - nur widerstrebend protektionistischen - Industrieländer-Regierungen einem Schema zuzustimmen bereit sind, das sie wie das GATT in seiner gegenwärtigen Form in eine strikte handelspolitische Disziplin einbindet, ihnen aber gleichzeitig das Minimum an Protektionsspielraum läßt, das sie in der innenpolitischen Auseinandersetzung brauchen, um nicht zu weit weniger limitierbaren Sonderregelungen wie dem Welttextilabkommen Zuflucht nehmen zu müssen. Ein derartiges Schema wäre weniger streng als das jetzige GATT, aber dafür evtl. auch allgemeiner befolgbar und würde den Industrieländer-Regierungen in ihrem Bestreben, den protektionistischen Tendenzen Einhalt zu gebieten, auch dann noch den Rücken stärken, wenn die erste Barriere durchbrochen ist. Ökonomisch liefe es darauf hinaus, daß die Industrieländer mehr importbedingte Be-

---

155) Vgl. hierzu Keesing/Wolf 198o: S. 199 und das Plädoyer von Rothschild (1979) für eine abgestuftere Regelung der Ausnahmeklauseln, die bislang auch im GATT die Errichtung von Handelshemmnissen ermöglichen.

156) Vom Gesichtspunkt der Allokationseffizienz wäre dabei ein Zollsatz mit dem angestrebten quantitativen Beschränkungseffekt nicht-tarifären Mitteln vorzuziehen. (s. Haberler 1943).

schäftigungsverluste akzeptieren würden. Dies setzt allerding auch voraus, daß ökonomisch gesehen die Verluste sich in Grenzen halten (worauf die verfügbare empirische Evidenz hindeutet) und daß das Problem ihrer Tolerierbarkeit in erster Linie ein politisches ist (nämlich Akzeptierung zusätzlicher Arbeitslosigkeit dort, wo sie offensichtlich kurzfristig verhindert werden könnte).

Eine Modifizierung der Welthandelsordnung in der angedeuteten Richtung könnte überlegenswert werden, wenn eine effektive Aushöhlung der liberalen Welthandelsordnung durch immer neue und immer weitergehende Ausnahmen befürchtet werden muß. Solange der Textilbereich durch das Baumwoll- und später das Multifaserabkommen als Sonderfall (ähnlich dem Agrarbereich) von der übrigen Handelsordnung abgekapselt werden konnte und sonstige Importrestriktionen sich mehr oder weniger im Rahmen der dafür vorgesehenen GATT-Regelungen hielten, schien eine generelle Revision dieser Regelungen weder vonnöten noch angebracht. Mit dem Entstehen neuer Sonderprotektionismen im Schuh-, Stahl- und nunmehr auch im Automobilbereich (hier allerdings nur im Handel zwischen Industrieländern) ist jedoch der Grund zur Zuversicht geringer geworden.

Die (Wieder)Verpflichtung der Industrieländer auf die Offenhaltung ihrer Märkte dürfte den Entwicklungsländern leichter fallen, wenn sie die von ihnen selbst in Anspruch genommene Ausnahmebehandlung ebenfalls einer rigoroseren Disziplin zu unterwerfen bereit wären. Inhaltlich würde das bedeuten, daß sie die hohen Schutzmauern, mit denen sie in der Regel ihre gesamte Industrieproduktion umgeben, abbauen und sich auf zeitlich zu begrenzende Erziehungszölle für ihre neuen Industrien beschränken. Die Forderung nach mehr Reziprokität in den handelspolitischen Beziehungen mit den industriell forgeschritteneren Entwicklungsländern wird in den Industrieländern in der Tat seit langem erhoben.[157)]

---

157) Auch bei den kürzlich beendeten multilateralen Verhandlungen der Tokio-Runde bildete die Unterordnung der Entwicklungsländer unter eine striktere handelspolitische Disziplin eines der Hauptthemen hinsichtlich der Handelsbeziehungen zwischen Industrie- und Entwicklungsländern (s. z.B. US President 1979: S. 7o und US Congress 1979: S. 46 und 48. Vgl. auch Balassa 1978: S. 435 und Finger 1979: S. 438).

Gleichheit von Rechten und Pflichten ist für die Regelung dieser Beziehungen zunächst als fundamentales Legitimationsprinzip von Bedeutung, hat aber auch erhebliche ökonomische Implikationen. Unter einem wie auch immer abgestuften Reziprokitätsschema müßten die Entwicklungsländer sicherlich einen Teil ihrer importsubstituierenden Produktion aufgeben. Die Exportausweitung würde sie einen höheren Preis kosten, als in der bisherigen Ordnung einseitigen Marktzuganges; denn sie müßten alte Märkte zugunsten von neuen aufgeben. Die Folge wäre, daß entweder ihrem industriellen Produktionsvolumen und ihrem Anspruch auf nicht-substituierbare Importe (wie z.B. Rohstoffe und Investitionsgüter) engere Grenzen gesteckt werden oder ihre Exportproduktion noch größere Ausmaße annehmen müßte. Mit der Durchsetzung der Reziprokitätsforderung würden die Industrieländer entweder die industrielle Wachstumsdynamik der Entwicklungsländer verlangsamen (was, wie oben gezeigt, u.U. durchaus in ihrem Interesse liegen kann) oder aber den Wandel in der internationalen Arbeitsteilung mit all seinen Strukturverschiebungen noch beschleunigen.

Gegenüber der Alternative "Importbeschränkungen" bedeutet Reziprokität für die Entwicklungsländer eine Option für arbeitsteilige Produktion und damit prinzipiell für wirtschaftliche Effizienz. Vor einer etwaigen Entscheidung würde jedoch jedes Land konkret abwägen müssen, welche zusätzlichen Exportchancen durch den zu vereinbarenden Wegfall von Handelshemmnissen gewonnen werden und welche Marktchancen im Inland an die Importkonkurrenz verloren gehen. Außerdem müßte sorgfältig geprüft werden, wie weit die volle Integration in den Welthandel nicht doch zur Verfestigung der gegebenen komparativen Kostenstruktur führt und ein Vordringen in technologisch höherwertige Industriebereiche verbaut. Je nach Produktionsstruktur lägen die Interessen sehr unterschiedlich. Nur einige neu industrialisierende Länder dürften deshalb Reziprokität als einen adäquaten Preis für den Schutz vor Importrestriktionen der Industrieländer ansehen.[158)]

---

158) Vgl. Lal 1979: S. 37 ff. und Fiallo 1977: S. 2o5

Was letztere betrifft, so erzielen sie zwar gegenüber den meisten Fertigwarenexporteuren der Dritten Welt bislang ohnehin große Exportüberschüsse, aber die Aussicht auf zusätzliche Exportchancen könnte der antiprotektionistischen Lobby evtl. trotzdem einige neue Mitstreiter zuführen. Die Entwicklungsländer bekämen mit der Bereitschaft zur Öffnung ihrer Märkte ein gewisses Druckmittel in die Hand.[159] Dennoch, was die Industrieländer in der gegenwärtigen Situation zu größerer Importbereitschaft bewegen kann, ist vor allem die Reaktivierung des politischen Willens, unvermeidbare, aber gemessen an sonstigen Problemfaktoren relativ begrenzte Anpassungskosten auf sich zu nehmen, bzw. der politischen Fähigkeit, sie den Betroffenen aufzubürden. Deshalb kann auch der Kern eines internationalen antiprotektionistischen Arrangements nicht darin liegen, die Kosten der Strukturanpassung (so wie sie sich in der weltwirtschaftlichen Großwetterlage gegenwärtig darstellen) zu vermindern, sondern nur darin, sie politisch tragbarer zu machen.

Die Forderung nach sogenanntem "geordnetem Freihandel", wie sie von französischer Seite in die wirtschaftliche Diskussion eingebracht wurde,[16o] geht an diesem Kern vorbei, wenn sie darauf abzielt, den Wandel in der internationalen Arbeitsteilung vorhersehbarer und damit seine Folgen besser managebar zu machen. Dies wird in der Tat durch längerfristig angelegte Handelsbeschränkungen wie denen im Rahmen des Welttextilabkommens geleistet. Worauf es den Entwicklungsländern und den Verfechtern des freien Welthandels jedoch ankommt, ist die Zulassung eines Maximums an Wandel und somit auch der von ihm verursachten Kosten. Die Einführung des "Ordnungs"-Prinzips (im Gegensatz zur ungehemmten Entfaltung von Wettbewerb) dient als solches lediglich dazu, den Wandel zu bremsen und dadurch

---

159) Vgl. Mohs 1979, Balassa 1978: S. 435 und Baldwin/Mutti/Richardson 1979: S. 7o f.

16o) Der Ausdruck "geordneter Freihandel" (liberté organisée des échanges) geht auf den früheren französischen Premierminister Raymond Barre zurück (Barre 1977).

Anpassungskosten zu vermeiden. Diese Kosten soweit wie möglich nicht zu vermeiden, ist aber das Problem und zu seiner Lösung bedarf es eines starken Elements normativer Bindung. Die bindenden Normen für die veränderten Umstände erschwerter Befolgbarkeit neu zu formulieren, ist die eigentliche Aufgabe. Dabei kann allerdings das (auch dem GATT nicht fremde) Prinzip der Bewältigung veränderter Marktverhältnisse verstärkte Beachtung finden. Das heißt eine gewisse Verlangsamung von Importausweitungen kann zugestanden werden, um dadurch die ins Wanken geratene Verpflichtung zum freien Handel und zur Akzeptierung seiner strukturellen Konsequenzen neu zu festigen. Geht das Prinzip der stärkeren "Ordnung" des internationalen Handels jedoch von der Vorstellung anzustrebender Strukturveränderungen aus, auf die hin die Handelsströme zu regulieren wären, erscheinen die Chancen für die Entwicklungsländer schlechter. Denn Marktzugang und Einfuhrbeschränkungen bleiben dann auszuhandelnde, variable Bedingungen und somit besonders anfällig gegenüber dem politischen Druck betroffener Interessengruppen. Ein langfristig vereinbartes Strukturziel dürfte zwar die in den Industrieländern anfallenden Anpassungszwänge überschaubarer machen und damit evtl. auch ihre Bewältigung erleichtern.[161] Es wäre aber zu befürchten, daß die von Beschäftigungsproblemen geplagten Industrieländer-Regierungen es nicht vermeiden könnten, von vornherein für bescheidene Strukturveränderungen zu optieren. Es würde dann allzu leicht eine Markt-"Ordnung" im Dienste der Bewahrung bestehender Arbeitsteilungsmuster resultieren.

Die Chance, über die Neuverankerung handelspolitischer Disziplin in einer gegenüber protektionistischen Versuchungen widerstandsfähigeren Marktordnung wesentlich besseren Zugang zu den Industrieländermärkten zu erlangen, muß den Entwicklungsländern insgesamt gering erscheinen. Es kann allenfalls gehofft werden, daß einer hemmungslosen Proliferation von Sonderregelungen wie derjenigen im Textilbereich dadurch irgendwann ein Riegel vorgeschoben wird. Aber, wie Keesing und Wolf in Bezug auf den Textilprotektionismus feststellen, "... while there is room for some hope there is more for fear". (Keesing/Wolf 198o: S. 2o2). Selbst wenn eine Ergänzung

---

161) Vgl. Lipton 198o: S. 324 f.

der Welthandelsordnung in dem vorgestellten Sinne unter dem Druck alarmierender Entwicklungen als mögliche Lösungsformel politisch aufgegriffen wird, ist es fraglich, ob sie sich gegen den Widerstand der protektionistischen Interessen wird durchsetzen können. Einstweilen bleiben die Entwicklungsländer de facto der handelspolitischen Willkür der Industrieländer ausgesetzt, d.h. das Recht auf Marktzugang gilt nur solange, wie es die Industrieländer nicht für opportun erachten, es außer Kraft zu setzen. In dieser Situation der relativen Rechtlosigkeit kommt dem Aushandeln von Marktzugangsprivilegien zwischen einzelnen Ländern erhöhte Bedeutung zu.

Wenn allgemein verbindliche Regeln nicht mehr gelten, ist auch die Gleichbehandlung der Marktpartner nicht mehr zwangsläufig gegeben. Wieweit die Industrieländer den verschiedenen Entwicklungsländern Zugang zu ihren Märkten gewähren, wird zur Verhandlungssache. Verhandlungsmacht kommt ins Spiel, ja wird sogar wichtiger als Wettbewerbsfähigkeit. Die Importrestriktionen der Industrieländer gegenüber überlegenen Konkurrenten können zur Chance von weniger wettbewerbsfähigen Entwicklungsländern werden.[162)]

Verhandlungsmacht, mit der sich Marktzugangsprivilegien erzielen lassen, kann in der Verfügung über eigene verlockende Importmärkte bestehen. Die Unterwerfung der chinesischen Textilexporte z.B. unter das Schema ihrer Beschränkungsabkommen war für die USA und die EG äußerst schwierig, da sie gegen den umworbenen Handelspartner China nicht in der gleichen ultimativen Art und Weise vorgehen konnten, wie etwa gegen Hongkong, Sri Lanka oder Haiti. So gelang es dem ostasiatischen Riesen, seine Anteile an den europäischen und amerikanischen Textil- und Bekleidungsmärkten erheblich auszuweiten, als

---

162) Die etablierten Textilexportländer wie Hongkong, Taiwan und Korea werden so z.B. durch die vergleichsweise hohen Importmarktanteile, die ihnen von den Industrieländern im Rahmen des MFA-Quotensystems zugestanden werden, vor der Konkurrenz billiger anbietender Neuankömmlinge geschützt und können auf den solchermaßen abgeschirmten Märkten (nämlich innerhalb der Importquoten) sogar noch Knappheitsgewinne einstreichen. Andererseits profitieren auch die schwächeren unter den kleinen Anbieterländern von den Beschränkungen, die ihren großen Konkurrenten auferlegt werden (vgl. Keesing/Wolf 198o: S. 2oo). Daß derartige Interessen an der Diskriminierung der Konkurrenz in den Verhandlungen im Rahmen des Welttextilabkommens geltend gemacht werden, wird von Verreydt und Waelbroek (198o: S. 13) bestätigt.

fast alle anderen Anbieterländer der Dritten und auch der Zweiten Welt schon lange ihre Quoten zugewiesen bekommen hatten. Während andere Spätankömmlinge auf dem Welttextilmarkt sich mit bescheidenen Anteilen begnügen müssen, ist China, bis seine Exporte endlich ebenfalls eingeschränkt wurden, relativ unbehelligt zu einem der bedeutendsten Textilexporteure herangewachsen.

Ein anderer Faktor, der sich in Handelsprivilegien niederschlagen kann, ist die politische Bedeutung des Exportlandes für das importierende Industrieland. Das markanteste Beispiel bieten die südeuropäischen Beitrittskandidaten der EG, deren politisch motivierte Aufnahme in den gemeinsamen Markt ihren bislang kontingentierten Industrieexporten die Aussicht auf nahezu unbegrenzten Zugang zu diesem Markt eröffnet - höchstwahrscheinlich zu Lasten ihrer überseeischen Konkurrenz.

Es sind jedoch nur wenige Länder, die sich eine handelspolitische Sonderstellung sichern können. Der Rest muß sich mehr oder weniger den Kriterien beugen, nach denen die Industrieländer ihre Importmärkte aufteilen. Neben dem Bestreben, drastische Minderungen des "Besitzstandes" einzelner Länder und damit politischen Ärger nach Möglichkeit zu vermeiden (was zur Festschreibung historisch gewachsener Größenordnungen führt), spielen dabei entwicklungspolitische Vorstellungen eine gewisse Rolle. Wirtschaftlich schwache Lieferländer werden tendenziell großzügiger behandelt als die weiterentwickelten, exportstärkeren Länder.

Alles in allem steht der Dritten Welt der Neoprotektionismus der Industrieländer als eine weitgehend unveränderbare Gegebenheit gegenüber, an die sie den Aufbau ihrer Industrien anpassen müssen. Das heißt nicht, daß exportorientierte Industrialisierung keine Chance mehr hat und daß die Orientierung auf den eigenen nationalen oder regionalen Markt als einziger Ausweg neben der industriellen Stagnation bleibt. Die Möglichkeiten müssen jedoch differenzierter gesehen werden.

Gemäß dem unter IV.c. Gesagten liegt auf die Dauer die größte Chance für Entwicklungsländer, ihre spezifischen Wettbewerbsvorteile im Handel mit den Industrieländern zur Geltung zu bringen, in Produktionszweigen, in denen vermehrte Exporte nicht die bereits in den Industrieländern etablierten Industrien gefährden. Dies erfordert nicht unbedingt wachsende Märkte (wie z.B. bei Elektronikteilen). Auch auf stagnierenden Produktmärkten können Entwicklungsländer relativ unbehelligt vordringen, wenn der gleichen Branche Wachstumsmöglichkeiten in anderen Produktlinien offenstehen. Es kommt dann in zunehmendem Maße zu einer internationalen Arbeitsteilung innerhalb der Branche.[163)]

Für die verschiedenen Entwicklungsländer ergeben sich aufgrund der branchenmäßig abgestuften Protektionsentschlossenheit der Industrieländer sehr unterschiedliche Perspektiven.

1. Denjenigen neu industrialisierenden Ländern, die über eine relativ hohe technologische Kapazität mitsamt der dazugehörigen industriellen und humanen Infrastruktur verfügen, steht weiterhin ein beträchtlicher Expansionsspielraum für Industrieexporte offen. Ihr Ausfuhrpotential umfaßt eine breite Skala von technologisch vergleichsweise anspruchsvollen Gütern, die sich in den fortgeschritteneren Phasen ihres Entwicklungszyklus befinden. Dazu mögen auch Produkte gehören, die zwar für die Industrieländer grundsätzlich "sensibel" (im Sinne der obigen Definition) sind, in denen aber die Importdurchdringung des Marktes die politische Toleranzschwelle noch nicht erreicht hat. Im übrigen dürfte es sich jedoch um Bereiche handeln, in denen auch bei fortgeschrittener Marktpenetration Handelsschranken unwahrscheinlich sind. Zu den Ländern, die dieses Potential auszunutzen in der Lage sind, dürften Brasilien, Südkorea, Singapur, Israel, Indien, Jugoslawien, Spanien, Taiwan, Argentinien und Mexiko gehören.

---

163) An die Entlastung der "sensiblen" Industriezweige durch eine Diversifizierung der Entwicklungsländerexporte und ihre Verlagerung auf technologisch höherwertige Bereiche knüpfen die Protektionismusgegner in den Industrieländern und die Befürworter exportorientierter Industrialisierungsstrategien einige Hoffnung (s. z.B. Balassa 1978: S. 436).

2. Zusätzliche Möglichkeiten ergeben sich in Produktionszweigen, die auf der Weiterverarbeitung weltweit knapper Rohstoffe beruhen. Hier steht einigen Entwicklungsländern mit der Kontrolle über die Rohstoffe ein Druckmittel zur Verfügung, mit dem sie den Zugang ihrer weiterverarbeiteten Produkte zu den Industrieländermärkten erzwingen könnten. Einen ersten Testfall dazu dürften die künftigen Petrochemie-Exporte der OPEC-Länder liefern.[164] Grundsätzlich könnten sich auch die Exporteure anderer Bodenschätze, wie zum Beispiel Kupfer, des Rohstoffhebels bedienen, falls es ihnen gelänge, ihr Vorgehen diesbezüglich zu koordinieren. Die Schwierigkeiten, die dabei zu überwinden wären, entsprechen denen, die eine erfolgreiche Kartellbildung bei allen Rohstoffen außer Erdöl bisher verhindert haben.[165]

3. Die klassischen arbeitsintensiven Exportprodukte stoßen an die Grenze der Aufnahmemöglichkeit, oder besser -willigkeit des Weltmarktes. Den politisch eingeengten Markt müssen sich die Entwicklungsländer zudem mit den europäischen Staatshandelsländern teilen, die dort im letzten Jahrzehnt immer stärker als Konkurrenten in Erscheinung traten. All denjenigen Ländern, deren Wettbewerbsfähigkeit sich zunächst auf relativ einfache Erzeugnisse beschränkt, ist deshalb die Expansion auf den Industrieländermärkten durch Handelsbarrieren verwehrt. Diejenigen "leichten" Produktlinien aber, die in den offenen Bereich fallen (wie z.B. Elektronikteile oder Sportartikel), finden insgesamt nur ein relativ kleines Nachfragevolumen und können für sich genommen nicht die Rolle übernehmen, die für Länder wie Hongkong, Taiwan oder Indien die Textilexporte spielten.

Die Mehrzahl der Länder der dritten Welt dürfte von ihrer technologisch-industriellen Kapazität her auf absehbare Zeit außerstande sein, auf die von den handelspolitischen Restriktionen der Industrie-

---

164) S. z.B. Turner/Bedore 1977 und Ochel 1978: S. 174 f. Es muß aber auch vermerkt werden, daß sich die Golfstaaten allem Anschein nach dem von den Industrieländern vorgebrachten Argument der begrenzten Importmärkte nicht ganz verschlossen und ihre industriellen Expansionspläne entsprechend reduziert haben.

165) S. hierzu z.B. Jonas 1976.

länder relativ verschonten Märkte vorzudringen.[166] Aber auch die technologisch potenteren Länder sehen sich angesichts der stagnierenden Weltmarktentwicklung und der dadurch bewirkten Verschärfung (wenn man so will "Verrohung") [167] des Kampfes um Marktchancen beträchtlichen Risiken ausgesetzt, wenn sie ihr entwicklungspolitisches Heil vom Industriegüterexport abhängig machen wollen. Sie müssen sich evtl. auf einen merkantilistischen Konkurrenzkampf einlassen, in dem sie wegen ihrer relativen wirtschaftlichen Schwäche von vornherein benachteiligt sind und in dem vor allem auch kaum noch Raum für Solidarität unter den diversen Aufstiegsaspiranten ist.[168]

Doch wie wenig aussichtsreich das fortgesetzte Vordringen auf den internationalen Industriegütermärkten aus den diversen Gründen auch erscheinen mag, die Entwicklungsbemühungen der Dritten Welt müssen irgendwie außenwirtschaftlich abgesichert werden. Vier mögliche Alternativen lassen sich ausmachen.

1. Einige Länder können durch die verstärkte Ausfuhr nicht-industrieller Güter ihre Importkapazität erweitern und damit eine binnenmarktorientierte Produktionsausweitung abstützen. Länder, denen dies möglich ist, sind in erster Linie solche, die über international begehrte Rohstoffe wie Erdöl reichlich verfügen.[169] Für die meisten klassischen Rohstoff- und Agrarexporteute der Dritten Welt würde die Gangbarkeit dieses Weges jedoch von signifikanten Verbesserungen ihrer Erlössituation im Gefolge internationaler Rohstoffvereinbarungen abhängen. Der Industrieprotektionismus der Industrieländer trägt also mittelbar stark dazu bei, daß die Frage der Weltrohstoffordnung auf Dauer von entscheidender Bedeutung für die Dritte Welt bleibt.

---

166) Vgl. Hirsch 1977 und die anschließende Diskussion.

167) Vgl. die Klage Tumlirs (198o) über den Verfall der internationalen Wirtschaftsordnung.

168) Vgl. Amin 1981 und Galtung 1981

169) Mexiko hat z.B. unter dem Eindruck des neu erlangten Ölreichtums eine Kehrtwendung in seiner Industrialisierungsstrategie vollzogen: weg vom Weltmarkt und hin zur erweiterten Importsubstitution.

2. In ihrer Industrieentwicklung relativ zurückgebliebene Länder können eine Zeit lang dem klassischen Weg der Importsubstitution folgen, bevor dieser dann allerdings unweigerlich an seine Grenzen stößt. Große und mit natürlichen Ressourcen nicht zu knapp ausgestattete Entwicklungsländer könnten theoretisch verstärkte Autarkie-Bestrebungen entfalten und ihren Importbedarf sowohl an Kapitalgütern als auch an Rohstoffen durch die Entwicklung einheimischer Substitute verringern.[17o] Länder, die dazu in der Lage sind, haben allerdings auch in der industriellen Exportproduktion relativ große Chancen.

3. Entwicklungsländer, die aus eigener Kraft nicht in der Lage sind, in die noch relativ offenen Weltmärkte für Industriegüter vorzustoßen, können sich in verstärktem Maße als Produktionsstandorte für auslagernde Industrieländerunternehmen bewerben. Die Erfolgschancen einer derartigen Strategie hängen wesentlich davon ab, wie groß die unter den einzelnen Ländern der Dritten Welt zu verteilende Auslagerungsmasse an technologisch anspruchslosen Produktionsprozessen sein wird. Anspruchsvollere Fertigungen hingegen werden auch von transnationalen Unternehmen vorzugsweise in relativ fortgeschrittene Entwicklungsländer, bzw. solche, die über einen attraktiven Binnenmarkt verfügen, verlagert werden. Wenngleich zu erwarten ist, daß die Auslagerung von Teilfertigungsprozessen eine zunehmende Bedeutung auch in Bereichen erlangt, die heute noch kaum davon betroffen sind, erscheint es zweifelhaft, ob sie die vom Protektionismus abgeblockten Märkte für arbeitsintensive Massengüter ersetzen kann.

4. Die Abhängigkeit von den Industrieländermärkten könnte theoretisch bedeutend verringert werden, wenn die Entwicklungsländer sich gegenseitig ihre Märkte für ihre Industrieexporte öffnen würden. Dies würde im wesentlichen darauf hinauslaufen, daß Importe aus den Industrieländern durch solche aus anderen Entwicklungsländern ersetzt werden - also eine kollektive, arbeitsteilige Importsubstitution der Dritten Welt oder von Ländergruppen der Dritten Welt. Gegenüber der auf nationale Binnenmärkte beschränkten

---

17o) Ein Beispiel für in diese Richtung zielende Bemühungen ist die u.a. von Brasilien forcierte Herstellung von Brennstoff aus Agrarprodukten.

Importsubstitution ergäbe sich ein doppelter Vorteil. Der erweiterte Markt ermöglichte eine sinnvolle Produktion von Gütern, für die die meisten nationalen Märkte allein keine hinreichende Absatzmenge zulassen. Länder, deren technologische Kapazität nur zu relativ einfachen Herstellungsprozessen ausreicht, könnten damit einer weit größeren Zahl von Menschen Einkommensquellen bieten, als wenn sie nur den nationalen Markt beliefern dürfen.

Damit der Süd-Süd-Handel aber tatsächlich einen Ausweg aus den industriellen Marktproblemen von Entwicklungsländern darstellen kann, müßte sich innerhalb der Dritten Welt genau die Art von industrieller Arbeitsteilung etablieren lassen, gegen die sich die Industrieländer mit protektionistischen Maßnahmen wehren. Das heißt, den weniger entwickelten Ländern müßte die Rolle des Lieferanten von relativ einfachen und arbeitsintensiven Produkten zugestanden werden, während die fortgeschritteneren Länder technologisch höherwertige Güter herstellen. Bisher hat sich jedoch im Süd-Süd-Handel überwiegend das traditionelle Muster des industriellen Nord-Süd-Handels durchgesetzt. Länder wie Brasilien, Korea und Indien verkaufen an andere Entwicklungsländer in zunehmendem Maße Industrieprodukte, die letztere selbst nicht herstellen können. Sie machen dabei den früheren Industrieländerexporten erfolgreich Konkurrenz. Umgekehrt hat sich der industrielle "Norden" der Dritten Welt jedoch noch kaum bereit gefunden, Produkte wie Textilien, Schuhe etc. in signifikantem Ausmaß aus den industriell zurückgebliebenen Ländern zu beziehen. Im Gegenteil (und nicht zuletzt auch unter dem Schutz der von den Industrieländern durchgesetzten Quotenregelungen), suchen sie, derartige Produkte möglichst auch noch selbst zu exportieren. Es zeigt sich, daß auch die fortgeschritteneren Entwicklungsländer ungern Produktionsbereiche aufgeben, die vielen ihrer Bürger Beschäftigung geben.

Größere Marktchancen bieten den industriell schwachen Ländern der Dritten Welt wahrscheinlich jene Länder, die sich in einer ähnlichen Situation befinden. Denn es scheint leichter zu sein, noch zu schaffende Produktionsprivilegien untereinander aufzuteilen, als bereits vorhandene umzuverteilen. Aber auch ersteres ist, wie die Erfahrung praktisch aller wirtschaftlichen Integrationsversuche der Dritten Welt zeigt, schwierig genug. Selbst die programmierte Arbeitsteilung des Anden-Paktes, welche die bis dato in Integrationsräumen stets zu beobachtende räumliche Konzentration des industriellen Zuwachses verhindern sollte,[171] hat bis heute einen schweren Stand gegen den "merkantilistischen Instinkt" der beteiligten Regierungen. Angesichts der eher desillusionierenden Versuche der Dritten Welt, Industriekapazität arbeitsteilig aufzubauen, kann Hoffnung für die Zukunft nur darin erblickt werden, daß erhöhter Problemdruck (nämlich Mangel an alternativen Märkten) die Bereitschaft zu kooperativen Lösungen stärkt.

Betrachtet man die vier aufgezeigten Ersatzmöglichkeiten zur exportorientierten Industrialisierung, will es insgesamt scheinen, daß der Protektionismus der Industrieländer den Weg des industriellen Fortschritts für einen großen Teil der Dritten Welt bedeutend mühsamer und unsicherer gemacht hat. Es kann sich herausstellen, daß die Möglichkeit, arbeitsintensive Massengüter für den Weltmarkt zu fertigen, eine vorübergehende Chance darstellte, die einige Länder im gegebenen historischen Moment wahrnehmen konnten, um ihre Entwicklung voranzutreiben, die sich aber in dieser Form nicht noch einmal bietet.[172]

---

171) S. zur Integrationsstrategie des Andenpaktes Salgado 1975.

172) Vgl. die Einschätzung in Woolcock 1981: S. 14

e) Die Internationalisierung des Kampfes um die Einkommensverteilung

Die politische Dimension der Frage, in welchem Land was produziert wird, liegt in der Festlegung der ökonomischen Handlungsfreiheiten. Sie ist im Zuge der industriellen Exporterfolge der Dritten Welt in den Vordergrund getreten, weil interessierte Gruppen die Industrieländer-Regierungen unter Druck setzten, diese Handlungsfreiheiten neu zu definieren, um so den Wandel in der Verteilung von Produktionsstandorten zu beeinflussen.

In den Industrieländern stehen sich dabei protektionsfordernde Produzentengruppen (Arbeitnehmer plus Unternehmer) und Befürworter eines relativ freien internationalen Warenaustausches gegenüber. Die Entwicklungsländer fordern, je nachdem wieweit sie industrielle Exportabsichten haben, möglichst ungehinderten Zugang zu den Industrieländermärkten, wobei sie mit der Behinderung der Konkurrenz mitunter durchaus einverstanden sind. Innerhalb der Entwicklungsländer wird die Frage Export- oder Binnenmarktorientierung weniger als Interessengegensatz denn als Diskussion der Erfolgschancen alternativer Industrialisierungsstrategien aufgeworfen, obwohl auch hier Umorientierungen zu branchenspezifischen Anpassungsschwierigkeiten führen. Export- und Binnenorientierungsbefürworter können deshalb nicht ohne weiteres als potentielle Verbündete von Protekionisten und Protektionsgegnern in den Industrieländern angesehen werden. Vielmehr ist die Stärke der Industrieländerprotektionisten ein wichtiges Motiv für die Haltung der Binnenmarktbefürworter in den Entwicklungsländern.

In der handelspolitischen Auseinandersetzung um die Industrieexporte der Dritten Welt verläuft die Frontlinie quer durch die Industrieländer. Die Entwicklungsländer, soweit sie der Auseinandersetzung nicht fern bleiben, haben dabei Verbündete in den meisten Exportindustrien, dem Handelssektor, den Konsumentenverbänden, den multinationalen Unternehmen und prinzipiell (d.h. was die Gesinnung betrifft) auch dem Großteil der Regierungs- und höheren wirtschaftlichen Verwaltungskader der Industrieländer. Ihre Gegner sind die importkonkurrierenden Industrien mitsamt den zugehörigen Gewerkschaften sowie die ihren Schutzinteressen verpflichteten politischen Instanzen einschließlich der Regierungen. Die Kampfziele sind auf der einen Seite Marktzugang, Freihandel und Strukturaufwertung (upgrading). Auf der anderen Seite geht es um die Vermeidung von Anpassungsschwierigkeiten, speziell von Arbeitsplatzverlusten.

Die skizzierte Konstellation kennzeichnet in etwa den gegenwärtig dominierenden Aspekt der politischen Auseinandersetzung um die Industrieexporte der Dritten Welt. Unter dieser Oberfläche beginnen sich jedoch andere Konfliktkonstellationen zu formieren, deren Potential an politischer Brisanz noch nicht abzusehen ist. Ansatzpunkt hierfür sind die in Kapitel III.e. besprochenen Verteilungsimplikationen der "neuen internationalen Arbeitsteilung". Die Konkurrenz der Arbeitskräfte in den Entwicklungsländern um Arbeit und die Konkurrenz zwischen den Entwicklungsländern um Exportchancen hat zur Folge, daß die Beschäftigten in den Exportindustrien der Dritten Welt häufig gegen äußerst niedrige Entlohnung und zu äußerst schlechten Bedingungen arbeiten. Ihre Arbeitskraft wird zu einem weitaus höheren Grad ausgebeutet als in vergleichbaren Beschäftigungen in den Industrieländern - zum Nutzen der Unternehmen oder der Käufer in den Importländern. Dieser Tatbestand ist nun nicht nur Gegenstand sozial engagierter Kritik, sondern er ist auch zur Zielscheibe von Bemühungen um weltweite Ächtung geworden. Derartige Bestrebungen gehen von der internationalen Arbeitsorganisation und internationalen Gewerkschaftsverbänden aus.[173] Sie fanden ihren konkreten Niederschlag in dem Plädoyer für die Bindung von Marktzugangsrechten an sogenannte Sozialklauseln, d.h. an die Einhaltung bestimmter sozialer Mindestnormen in den Arbeitsbedingungen der Exportindustrien. Diese Forderung wurde bereitwillig von denjenigen aufgegriffen, die an einer Eindämmung der Konkurrenz aus der Dritten Welt interessiert sind, ganz besonders von Industrieländergewerkschaften der Textil- und Bekleidungsbranche. Sie verbindet sich auch mit weitergehenden Vorstellungen, die eine von Masseneinkommen getragene, binnenmarktorientierte Entwicklung als erstrebenswerte Alternative zur Weltmarktproduktion propagieren.

---

173) S. z.B. ITBLAV 198o

Wieweit derartige Vorstellungen politische Wirksamkeit erlangen können, hängt wesentlich davon ab, welchen Interessen sie dienlich sein können und welche politischen Kräfte sich folglich hinter ihnen zusammenschließen können.

Bereits genannt wurden die protektionistischen Interessengruppen der Industrieländer, denen sich hier die Möglichkeit bietet, ihre Forderungen in ein gewissermaßen "achtbares" Ordnungsmodell der Nord-Süd-Beziehungen einzubringen. Das protektionistische Eigeninteresse verbindet sich mit der altruistischen Sorge um das Wohl der Arbeitnehmer in den Entwicklungsländern. Gelänge es, die industrielle Expansionsdynamik der erfolgreichen Exportländer der Dritten Welt auf ihre Binnenmärkte umzulenken, über höhere Arbeitskosten ihren internationalen Preisvorteil abzubauen und durch beides die Importmärkte der Industrieländer zu entlasten, käme das auch den ordnungspolitischen Präferenzen der heute zum Protektionismus gezwungenen Industrieländer-Regierungen entgegen. Handelsbarrieren könnten ohne Gefahr für die heimische Industrie abgebaut werden.

Es wäre jedoch zu kurz gegriffen, die Forderungen nach besseren Arbeitsbedingungen in den Exportindustrien der Dritten Welt als protektionistische Scheinheiligkeit abzutun. Wie oben dargelegt, ist die Gefahr nicht von der Hand zu weisen, daß eine massive Verlagerung industrieller Produktion in Länder der Dritten Welt zu einer signifikanten Reduzierung des weltweiten Lohneinkommens führt und damit eine ernsthafte weltwirtschaftliche Krise heraufbeschwört. Es muß im Interesse des gegebenen Weltwirtschaftsystems und damit der für sein Funktionieren verantwortlichen politischen Stellen liegen, daß die geographische Umschichtung der Produktion nicht zur Nettosubstitution von Hochlohn- durch Niedriglohnarbeit führt, sondern zur Umverteilung von Produktionsaufgaben zwischen beiden Gruppen und gegebenenfalls zur Inkorporierung <u>zusätzlicher</u> Niedriglohnarbeit in die arbeitsteilige Weltproduktion. Nicht nur die Beschäftigung der Industrieländer, sondern auch die an den Lohneinkommen hängende Nachfrage muß erhalten werden. Dies sicherzustellen, kann - besonders wenn sonstige Wachstumsimpulse schwach ausgeprägt sind - eines von zwei Dingen erfordern:

Die Produktionsverlagerung wird gebremst oder die Entwicklungsländer entfalten genügend eigene Nachfrage, um den einstweiligen Lohnsummenrückgang in den Industrieländern zu kompensieren. Ein wachsender Binnenmarkt kann für letzteres eine entscheidende Voraussetzung sein, obgleich er natürlich nicht unbedingt vom Masseneinkommen gespeist werden muß.[174)] Wir kommen darauf noch in Kürze zurück.

Eine dritte Interessenrichtung, aus der politischer Druck zur Verbesserung der Arbeitsbedingungen in der Dritten Welt entstehen könnte, sind die betroffenen Arbeitnehmer selbst. Hier lassen sich unter Umständen auch die "nationalen Interessen" der Entwicklungsländer zurechnen, deren Position in der internationalen Arbeitsteilung starke Parallelen zu derjenigen ihrer Arbeitnehmer auf dem "internationalen Arbeitsmarkt" aufweist. Gekennzeichnet ist diese Position, wie im vorangegangenen Kapitel gezeigt, durch eine fundamentale Ambivalenz. Arbeitsplätze und Einkommen der Entwicklungsländer hängen von der Konkurrenzfähigkeit ihrer Industrien auf dem Weltmarkt bzw. ihrer Ökonomien auf dem internationalen Standortmarkt ab. Es kann ihnen deshalb wenig nutzen, die Konkurrenzfähigkeit durch kostenerhöhende Sozialverbesserungen zu unterminieren. Für sie gilt zunächst die bittere Devise: schlechte Jobs sind besser als gar keine. Andererseits liegt es in ihrem Interesse, die Konkurrenz zu vermindern und sich so eine bessere Machtposition - gegenüber dem Arbeitgeber wie gegenüber der Käuferseite - zu verschaffen. Ihr Optimalziel wäre es, durch internationale solidarische Aktionen die Arbeitsbedingungen zu verbessern, ohne daß die Arbeitsplätze dadurch gefährdet werden. Gelänge es, über höhere Löhne den Binnenmarkt auszuweiten und zur rasch wachsenden Basis neuer Produktionsmöglichkeiten zu machen, wäre das natürlich sowohl im Entwicklungsinteresse des Landes als auch im Beschäftigungs- und Entlohnungsinteresse seiner Arbeitnehmerschaft.

Es läßt sich eine potentielle Allianz von Arbeitnehmerinteressen in Industrie- und Entwicklungsländern erkennen, der sich das "aufgeklärte" Gesamt- oder Systemerhaltungsinteresse beider Länder-

---

174) Vgl. die ausführliche Argumentation dieser Zusammenhänge bei Elsenhans (1976 und 1979).

gruppen anschließen könnte.[175] Ihr gegenüber stünden die transnationalen Unternehmen, die ein unmittelbares Interesse am Zugang zu billiger Arbeitskraft und an uneingeschränkter Dispositionsfreiheit haben. Daß eine Allianz der skizzierten Art politische Realität wird, muß allerdings als äußerst zweifelhaft angesehen werden. Der Grund liegt darin, daß konkrete Maßnahmen sich zu den jeweiligen Zielen der diversen Interessenrichtungen ambivalent verhalten. Es ist weder klar, daß sie für jeden die erwünschten Resultate erbringen, noch daß diese Resultate anders nicht besser erzielt werden können.

In die politische Debatte eingebracht wurde bislang die Idee der Sozialklauseln, die ein Instrument internationaler Solidarität abgeben könnten, mit Hilfe dessen dem internationalen Konkurrenzzwang wirksam zu begegnen und Sozialmaßnahmen in den Entwicklungsländern abzusichern wären. Gleichzeitig stellen Sozialklauseln aber auch ein Instrument in der Hand der Industrieländer ab, mit dem diese den Zugang zu ihren Importmärkten erschweren würden. Während den Industrieländergewerkschaften in erster Linie an der durch sie erzielbaren Protektionswirkung gelegen ist, kommt es den Arbeitnehmern der Dritten Welt (und gegebenenfalls ihren Regierungen) auf die Erhöhung ihrer Einkommen und die Verbesserung ihrer Arbeitsbedingungen (sowie evtl. die Steigerung der Exporterlöse) an. Die Interessen beider treffen sich nur dadurch, daß beide Wirkungen erzielt werden. Die Verfügung von sogenannnten Sozialklauseln als Marktzugangsbedingung seitens der Industrieländer kann jedoch zu recht unterschiedlichen Konsequenzen führen.

Es ist möglich, daß ihre Befolgung die Wettbewerbsfähigkeit der Exportindustrien in der Dritten Welt beeinträchtigt. In dem Maße, wie deshalb der Importdruck in den Industrieländern nachließe, könnte auf andere Handelsbeschränkungen verzichtet werden. Wieweit dies allerdings der Fall sein würde, bleibt offen. Es wäre auch vorstellbar, daß die neu geschaffene "Sozialhürde" den bereits be-

---

175) Während die unmittelbar importbedrohten Arbeitnehmer in den Industrieländern an der Verminderung der Lohndifferenz interessiert sind, haben diejenigen Arbeitnehmersektoren, die in den technologisch führenden, standortgebundenen und von daher international immunen "Wachstumsindustrien" beschäftigt sind, zunächst eher ein Interesse an der Aufrechterhaltung der internationalen industriellen Hierarchie, an deren Spitze sie stehen (vgl. auch Fröbel/Heinrichs/Kreye 1981: S. 17).

stehenden und weiterhin entstehenden Importbarrieren einfach vorangestellt würde. Auf jeden Fall wäre die Exportfähigkeit der Entwicklungsländer unterschiedlich betroffen, da sie je nach Produktbereich und je nach Produktivität in unterschiedlichem Maße auf niedrige Arbeitskosten angewiesen sind, um konkurrieren zu können. Für relativ wettbewerbsfähige Entwicklungsländer kann eine Sozialklausel somit bisherige Handelshemmnisse ohne quantitativen Nettoeffekt substituieren, wenn es auch Strukturanpassungen erfordern kann. Gleichzeitig kann sie relativ wettbewerbsschwache Länder ohne Kompensation aus Märkten verdrängen oder ihnen den sonst möglichen Zugang verwehren.

Verwehrung des Exports garantiert aber nun nicht eo ipso einen expandierenden Binnenmarkt. Die mit der Sozialklauselidee verbundene Hoffnung, daß sich die neu industrialisierenden Länder stärker ihren Binnen- oder Regionalmärkten zuwenden, hat dort die meiste Berechtigung, wo Sozialklauseln zu höheren Lohneinkommen und (aufgrund verkürzter Arbeitszeit) zu höherer Beschäftigung in den Exportindustrien führt. Dort wo sie den Exportindustrien die Lebensfähigkeit entziehen, rückt zwar die Notwendigkeit alternativer Industrialisierungsstrategien stärker in den Vordergrund, aber nicht unbedingt die Möglichkeit. Es spricht einiges für die Erwartung, daß Länder, die mit Sozialklauseln international nicht mehr konkurrieren können, auch große Schwierigkeiten haben werden, die Produktion für den Binnenmarkt zu forcieren. Die Kräfte zur Überwindung dieser Schwierigkeiten, die oft in der gewachsenen sozioökonomischen Struktur einer Gesellschaft begründet sind, werden nicht durch unerfüllbare Exportauflagen mobilisiert. Wenn die Exportmöglichkeiten sowieso hinfällig werden, unterbleiben auch die von den Sozialklauseln geforderten Lohnerhöhungen und Sozialverbesserungen.

Es zeichnet sich ab, daß der Einkommens- und Strukturveränderungseffekt international sanktionierter Umverteilungsmaßnahmen umso ausgeprägter sein dürfte, je geringer ihr Protektionseffekt ist. Die Hoffnung derer, die sich von einer durch Sozialauflagen zu erzwingenden Einkommensumverteilung in den Entwicklungsländern eine möglichst unmittelbare Entlastung des Weltmarktes von Billigfertigwaren erwarten, dürfte sich also kaum erfüllen können. Zu erwarten wäre lediglich eine direkte Verdrängung derjenigen Angebote vom Markt, die ohne "Sozialverzicht" nicht konkurrenzfähig sind. Dort erreichen, wie gesagt, die Sozialauflagen aber auch keine Umverteilung. Von größerer potentieller Tragweite scheint die Möglichkeit der Binnenmarktausweitung in jenen Ländern zu sein, deren Arbeitnehmer aufgrund international durchgedrückter Sozialklauseln signifikant höhere Einkommen aus der Exportproduktion beziehen. Auch eine erfolgreiche Dynamisierung des Binnenmarktes wird allerdings nicht ohne weiteres zu einem verminderten Exportwachstum oder gar zu einem Rückzug vom Weltmarkt führen. Denn eine wachsende Wirtschaft erfordert in den meisten Ländern auch wachsende Importe und damit höhere Exporterlöse. Was jedoch in Gang gebracht wird, ist eine beschleunigte Absorption der verfügbaren Arbeitskräfte in nicht-exportorientierten Produktionsbereichen. Das Stadium, in dem Arbeit knapper und somit teurer wird, rückt auf diese Weise schneller heran. Sobald dieses Stadium aber erreicht ist, beginnt der spezifische Lohn-"Vorteil" des Landes zu schwinden. Etwaige technologische Nachteile, Transportkosten und dergleichen würden stärker zu Buche schlagen, die Hochlohnkonkurrenz würde vielleicht mehr Luft bekommen.

Die weiterhin zunehmenden Exporte solcher rasch wachsenden und vollbeschäftigten Entwicklungsländerökonomien würden sich aber vorerst dennoch auf diejenigen Produktionsbereiche konzentrieren müssen, die bei ebenbürtiger Produktivität Lohnkostenvorteile aufweisen. Notfalls müßten diese Vorteile durch entsprechende Wechselkursfestlegung zum Vorschein gebracht werden. Letzten Endes ist zu erwarten, daß von rasch wachsenden Entwicklungsländern (angestrebter Effekt der Binnenmarktdynamisierung!) ein mindestens ebenso starker Exportdruck ausgehen wird wie von reinen Auslagerungsländern. Der für die Weltwirtschaft entscheidende Unterschied zwischen beiden würde in der Nachfrage liegen, die sie auf dem Weltmarkt entfalten. An dieser Nachfrage aber hängt es, ob die Industrieexporte aus Entwicklungsländern zu einer neuen internationalen Arbeitsteilung führen oder ob sie lediglich eine Verlagerung der Produktion (mit ihren bedenklichen Konsequenzen für die Weltwirtschaft) signalisieren.[176] Einkommensumverteilung in den Entwicklungsländern würde letzterer Tendenz entgegenwirken, aber gleichzeitig den Wandel in der Nord-Süd-Arbeitsteilung (und somit den Anpassungsdruck im Norden) eher noch verstärken. Sie wäre insofern umso dringender angebracht, je weniger der Prozeß der Produktionsverlagerung durch protektionistische Maßnahmen verhindert werden kann.

Unsere Analyse läßt Sozialklauseln mit größerer Berechtigung als politische Waffe für die Protektionismusgegener als für die protektionistischen Interessen erscheinen, obwohl es letztere sind, die sich ihrer gerne bedienen möchten. Das erstere hingegen diese Waffe bisher nicht ergriffen haben, liegt nicht nur daran, daß sie sein Wirkungspotential noch nicht erkannt haben. Auf der Entwicklungsländerseite gründet sich Skepsis auf die Befürchtung, daß die Zutrittsschwelle zu den Industrieländermärkten erhöht wird, daß sich Produktivitätsschwächen (die in der Aufbauphase einer Industrie besonders ausgeprägt sind) stärker exporthemmend auswirken werden. Diejenigen Länder, die ihren Vorteil im Wettbewerb unter den Entwicklungsländern in ihren besonders niedrigen Arbeitskosten sehen, müssen damit rechnen, diesen Vorteil durch eine sozialklauselbedingte Nivellierung der Arbeitskosten zu verlieren. Die Nutznießer wären die Länder mit größerer Produktionseffizienz, also der Tendenz nach die fortgeschritteneren unter den Entwicklungsländern. Zu diesem ökonomischen Kalkül kommt sicherlich die politisch wirksam artikulierte Ablehnung von Lohnerhöhungen und Restriktionen in den Arbeitsbedingungen seitens einheimischer und ausländischer Unternehmer, die dadurch in ihren Gewinnmöglichkeiten prinzipiell beschnitten werden (nämlich überall dort, wo der Preis durch die internationale Konkurrenz festgelegt ist). Von offizieller Entwicklungsländerseite ist also insgesamt wenig Unterstützung für Sozialklauselpläne zu erwarten.

---

176) Letztere Variante wird als dominierender Prozeß in Fröbel 198o (insbes. S. 34 ff) diagnostiziert.

Die letztendliche Entscheidung liegt jedoch bei den Industrieländer-Regierungen, die derartige Auflagen als Marktzugangsbedingung verfügen sollen. Neben den oben aufgeführten Bedenken hinsichtlich der Wettbewerbsfähigkeit schwacher Anbieter und der von daher kommenden Neigung, Sozialklauseln als verkapptes Protektionsinstrument abzulehnen, kommt hier noch ein anderer Aspekt der Skepsis ins Spiel. Die Sicherstellung der Entwicklungsländernachfrage, die ja ein zentrales Interesse des sich internationalisierenden kapitalistischen Produktionssystems berührt - und zwar in dem Maße, wie Protektion nicht greift und das bisher in sich weitgehend geschlossene Hochlohnsystem der Industrieländer trotz handelspolitischer Defensivmaßnahmen sich zur Niedriglohnumwelt hin öffnet -, scheint den bisherigen Erfahrungen nach durchaus nicht unbedingt einer Anhebung des Masseneinkommens zu bedürfen. Die Nachfrage einer kaufkräftigen Ober- und Mittelschicht, die Investitionsnachfrage des Staates sowie derjenigen Industrien, die sich daranmachen, bereits vorhandene Märkte der ausländischen Konkurrenz (durch Importsubstitution oder Export) zu entreißen, waren bisher weitaus wichtigere Stützen raschen Wirtschaftswachstums in Entwicklungsländern als die Massennachfrage. Im Gegenteil, diejenigen Länder, die massive Umverteilung betrieben (Chile, Peru, Uruguay, Argentinien), gerieten früher oder später typischerweise in ernste wirtschaftliche Schwierigkeiten. Eine weltweite Einkommenspolitik im Dienste der Nachfrage- und Beschäftigungssicherung mag deshalb zwar theoretisch naheliegen, aber als zwingend und von daher auch potentiell politikbestimmend stellt sie sich vorläufig noch nicht dar.

Die herrschende wirtschaftspolitische Indifferenz gegenüber dem globalen Nachfragesicherungsgedanken definitiv zu beurteilen, ist die vorliegende Studie aufgrund der in ihr entwickelten Kriterien nicht in der Lage. Aus einem anderen Grund erscheint die Sozialklauselidee jedoch für die liberal eingestellten Industrieländer-Regierungen aufgreifenswert. In Anknüpfung an die Überlegungen in Sektion d dieses Kapitels kann die Verfügung von Sozialklauseln, selbst wenn sie - wie zu erwarten - gegen den Willen der meisten Entwicklungsländer-Regierungen durchgesetzt werden muß, mit einer festeren antiprotektionistischen Politik verbunden werden. Sozialklauseln könnten demzufolge gewissermaßen als im einzelnen zu präzisierende Verpflichtung etabliert werden, ihre Befolung mit Marktzugang zu honorieren. Eine derartige handelspolitische Regelung würde wahrscheinlich von den Protektionsinteressenten ebenso bekämpft werden (aus ihrer Warte mit Recht) wie von den kompromißlosen Freihandelsbefürwortern (wobei prinzipiell Unternehmerinteressen stärker als das eigentliche Freihandelsinteresse ins Gewicht fallen würden). Auf der anderen Seite ließe sich, falls von den Regierungen ernsthaft betrieben, sowohl das Motiv der internationalen Solidarität aktivieren (dem sich in dieser Form zumindest die gewerkschaftliche Seite wohl kaum ganz verschließen könnte), als auch in weit stärkerem Maße als bisher das Konsumenteninteresse an einem billigen Güterangebot.

V. Schlußbetrachtungen

Die zunehmende Herstellung von Industriegütern in der Dritten Welt, die für die Verwendung in den Industrieländern bestimmt sind, läßt sich kaum als eindimensionale Tendenz begreifen und politisch verarbeiten. Hinter dem Phänomen der sich verändernden Handelsströme stehen Prozesse mit unterschiedlichen Triebfedern, unterschiedlichen Konsequenzen für die Weltwirtschaft und die einzelnen Volkswirtschaften, sowie konkurrierenden Durchsetzungsansprüchen. Die auslösenden Faktoren sind ihnen gemeinsam: ehedem auf einige wenige Länder der Erde beschränktes Produktionswissen wurde mehr oder weniger über den ganzen Globus übertragbar. Die physischen Kommunikationsbarrieren zwischen entfernten geographischen Regionen wurden mit technischer Hilfe drastisch verringert und somit ökonomisch überwindbar für ein wesentlich breiteres Spektrum an Austauschbeziehungen als je zuvor. Die sich dadurch ergebenden Möglichkeiten wurden sowohl von Produzenten in der industriell zurückgebliebenen Welt dazu genutzt, Industrieprodukte herzustellen und in den bisherigen industriellen Zentren anzubieten, als auch von Unternehmen dieser Zentren, um anderswo günstiger zu produzieren. Die Staaten der Dritten Welt begannen, die Exportproduktion auf ihren Territorien zu fördern, um im Lande Einkommen entstehen zu lassen, das

a) Ansprüche auf wirtschaftliche Leistungen anderer Länder, sprich Importkraft, verschafft und
b) den Markt für die heimische Produktion erweitert und damit zur Entstehung neuen Einkommens führt.

Im Gefolge der zunehmenden industriellen Exportproduktion in den Entwicklungsländern werden bestehende Märkte neu aufgeteilt, d.h. es gehen Einkommensquellen von Industrieländer-Produzenten auf Entwicklungsländer-Produzenten über, und es entstehen neue Märkte. Diese Umverteilung und Neuentstehung von Märkten trifft Gesellschaften, die zwei fundamentale ökonomische Probleme zu bewältigen haben: den möglichst effizienten Einsatz knapper wirtschaftlicher Ressourcen und die Gewährleistung hinreichender Nachfrage, um physisch mögliche Produktion zur Durchführung kommen zu lassen. Je weiter das zweite

Problem von einer Lösung entfernt ist, desto weniger relevant ist das erste. Die Frage nach den Auswirkungen internationaler Produktionsumschichtungen auf die produktive Effizienz tritt deshalb zurück hinter die Frage nach den Konsequenzen für die Absatzmärkte. Diese aber bilden sich aus dem Einkommen, das im Verlaufe des Produktions- und Vermarktungsprozesses geschaffen wird.

Die Einkommenskonsequenzen der Produktionsverlagerungen von Nord nach Süd setzen sich dabei aus den Ergebnissen dreier unterschiedlicher Wirkungsketten zusammen. Der Ersatz von Hochlohn- durch Niedriglohnarbeit tendiert für sich alleingenommen dazu, die nachfragewirksame Einkommensmenge schrumpfen zu lassen. Dies ist insbesondere dann zu befürchten, wenn die Arbeitssubstitution mit einer signifikanten Umverteilung des aus der betroffenen Produktion entstehenden Einkommens zugunsten der Unternehmensgewinne verbunden ist, wenn also die Lohnsenkung sich nicht in einer äquivalenten Reduzierung der Güterpreise niederschlägt. Die Tatsache, daß zwischen den Niedriglohn- und den Hochlohnstandorten nationale Grenzen verlaufen, ist dabei prinzipiell unerheblich.

Der zweite Wirkungszusammenhang, der ins Gewicht fällt, betrifft die Einkommenserzeugung in den "Auslagerungsländern" im Zuge des dortigen Wachstumsprozesses. Je kräftiger das Wachstum in Entwicklungsländern ist, desto größer wird auch ihre Bedeutung als Kunde der Nord-Industrien. Derartiges Wachstum kann gefördert und außenwirtschaftlich abgesichert werden durch eine zunehmende inudstrielle Exportproduktion. Diese allein aber bringt noch kein anhaltendes Wachstum hervor. Wieweit industrielle Produktionsverlagerung für die Industrieländer zu einer Kontraktion ihrer Absatzmärkte und wieweit zu einer Umschichtung im Sinne erweiterter internationaler Arbeitsteilung führt, ist deshalb prinzipiell offen.

Entscheidend ist hierfür, wieweit die Auslagerung mit einer wirksamen Entwicklungspolitik in den betroffenen Ländern gekoppelt ist. Das zentrale Kriterium für eine derartige Politik ist die Gewährleistung eines ständig wachsenden Einkommensstromes, der über die unmittelbar in der Exportindustrie gezahlten Löhne weit hinausgeht und der darin auch nicht seine alleinige Quelle haben kann. "Reine" Produktionsauslagerung in Niedriglohnländer, die mit den neu gewonnenen Produktionsprivilegien keinerlei wirtschaftliche Wachstumsdynamik verbindet, kann deshalb den unmittelbaren Kontraktionseffekt, der in der Substitution von Hochlohn- durch Niedriglohnarbeit liegt, nicht ausgleichen.

Bilden Entwicklungsländer jedoch aufgrund ihres wirtschaftlichen Wachstums neue Märkte, die auch den Exportindustrien des Nordens zugute kommen, ist damit keineswegs eine volle Kompensation für die durch Auslagerung verlorenen Produktionsprivilegien gewährleistet. Die Relation zwischen neu gewonnenen Exportchancen und an die Dritte Welt abgetretenen Märkten ist prinzipiell unbestimmt und wird von der Faustregel, daß zusätzliche Exporte zusätzlichen Importen entsprechen, nicht hinreichend im Sinne der politisch relevanten Fragen erfaßt. Die Faktoren, die zu signifikanten Abweichungen von dieser Regel führen können, sind: die unbestimmte ländermäßige Zuordnung von Nord-Süd-Handelsströmen (nicht alle Importländer von Süd-Fertigwaren haben gleichermaßen Teil an neuen Exportchancen und nicht alle Süd-Exportländer fragen im gleichen Maße Nord-Güter nach), der Kampf um Exportüberschüsse zur Finanzierung von Rohstoffimporten sowie die Nichtentsprechung von abgetretenen und hinzugewonnenen Produktionsprivilegien hinsichtlich ihrer Beschäftigungswirkung. Letzteres hat zur Folge, daß selbst dann, wenn in die Entwicklungsländer genau so viel zusätzlich exportiert wie importiert wird, in den Industrieländern Arbeitsplätze wegfallen.

Der dritte Wirkungszusammenhang, der die Einkommenseffekte der industriellen Produktionsverlagerung vom Norden in den Süden mitbestimmt, ist derjenige, der hinter dem wirtschaftlichen Wachstum des Nordens steht. Gewährleistet er eine hinreichende Nachfrage zur vollen Ausnutzung der produktiven Möglichkeiten, können Märkte an die Entwicklungsländer abgetreten werden, ohne daß eine kontraktive Wirkung befürchtet werden muß. Im Gegenteil, die Freisetzung produktiver Ressourcen kann Engpässe beseitigen, die einer Befriedigung der Nachfrage im Wege stehen. Dabei kann es sogar wünschenswert sein, daß von Seiten der Auslagerungsländer keine zusätzlichen Nachfrageimpulse auftreten. Die zur Erweiterung der Produktionsmöglichkeiten herangezogene Niedriglohnarbeit der Dritten Welt ist dann in der Tat vor allem als billiger Produktionsfaktor willkommen und wird nicht als Nachfragequelle benötigt. Je schwächer die Wachstumsdynamik des Nordens hingegen ist, desto mehr bedürfte die Abtretung von Märkten an den Süden der Kompensation durch eine von der dortigen Wachstumsdynamik ausgehenden Nachfragesteigerung. Die unterbeschäftigte "industrielle Reservearmee" der Dritten Welt wäre dann umso weniger als Produktiv- und umso mehr als Marktpotential von Bedeutung.

Die Ansprüche, welche die industrielle Produktionsverlagerung an die Wachstumsdynamik (des Südens oder des Nordens) stellt, müssen dabei in zwei Stufen gesehen werden. Auf der ersten Stufe geht es darum, eine Kontraktion der Gesamtnachfrage zu vermeiden, die von der Substitution der Hochlohn- durch Niedriglohnarbeit her droht. Die zweite Stufe betrifft allein den Norden, den auch bei voller Aufrechterhaltung der globalen Wachstumsdynamik die Verlagerung auf höher produktive Fertigungsbereiche in Beschäftigungsschwierigkeiten bringen kann. Diese Gefahr abzuwerten, bedarf es <u>zusätzlichen</u> Wachstums (oder alternativ dazu einer Verknappung des Angebotes an Arbeitskraft).

Die industrielle Produktionsverlagerung vom Norden in den Süden wird sowohl von Kräften betrieben, die einer forcierten Wachstumsdynamik im Süden affin sind, als auch von solchen, die sich eher an stagnierenden Weltmärkten orientieren. Sie mit politischen Interventionen zu bremsen, kann stabilisierend wirken, wenn die Wachstumsperspektiven in Nord und Süd ungünstig sind. Es kann aber ebenso zur Schwächung von Wachstum führen, nämlich dann, wenn bei allgemeiner Stagnation im Norden (wie derzeit gegeben) dadurch Wachstumsansätze im Süden außenwirtschaftlich abgewürgt werden. Auch wenn Nachfrageimpulse aus dem Süden nicht das angezeigte Heilmittel für die gegenwärtige Wachstumsschwäche des Nordens sind (eine Frage, die hier offen gelassen werden muß), könnte umgekehrt eine Drosselung der Süd-Nachfrage dennoch ein zusätzliches Erschwernis darstellen.

Die politische Reaktion auf die Veränderungen in der industriellen Standortverteilung sind allerdings noch kaum durch derartige globalstrategische Überlegungen bestimmt. Die politische Energie, die Gegenmaßnahmen hervorbringt, kommt von der unmittelbaren Betroffenheit bestimmter Personengruppen. Sie wird erzeugt von dem Bestreben, unmittelbar entstehende wirtschaftliche Nachteile abzuwenden, und kommt insofern zunächst einmal unabhängig von den weltwirtschaftlichen Perspektiven zustande.Allenfalls versuchen schutzfordernde Interessengruppen des Nordens zusätzliche Rechtfertigung zu erlangen, indem sie auf diese Perspektiven, natürlich jeweils in ihrem Sinne, Bezug nehmen. Die aus dem Interessendruck resultierenden Importbeschränkungen der Industrieländer mögen volks- und weltwirtschaftlich dennoch sinnvoll sein, je nachdem, wie man die Wachstumsperspektiven im Norden und im Süden sowie die Zusammenhänge zwischen ihnen einschätzt. Mit der Überlegung, daß (durch Protektionsmaßnahmen verhinderte) arbeitsteilige Produktion effizienter und somit prinzipiell wohlfahrtsfördernder sei als eine weniger arbeitsteilige, ist jedenfalls über den Sinn der gegen die industrielle Produktionsverlagerung ergriffenen Abwehrmaßnahmen noch nicht entschieden.

Andererseits ist aber auch mit den Importbeschränkungen nicht hinreichend über die Zukunft weltweiter industrieller Standortverteilung entschieden. Während die Industrieländer die Entwicklung einer neuen industriellen Arbeitsteilung mit der Dritten Welt weitgehend unterbinden können, kommt die Produktionsverlagerung an Niedriglohnstandorte nicht zum Stillstand. Denn auch wenn der Norden seine eigenen Märkte jeweils durch Handelshemmnisse abschottet, wird er auf den Exportmärkten weiterhin Positionen räumen müssen. Auf der Seite der Entwicklungsländer werden einige mit Hilfe ihrer diversifizierten und deshalb weniger behinderten Fertigwarenexporte (vor allem auch in andere Länder der Dritten Welt) ihre industrielle Entwicklung vorantreiben können. Für die Mehrheit der Entwicklungsländer hat jedoch der Industrieländerprotektionismus die Aussichten einer exportorientierten Industrialisierungsstrategie signifikant verschlechtert. Ironischerweise werden viele von ihnen aber auch in Zukunft als Standorte für (wenig entwicklungsträchtige) Produktionsauslagerungen transnationaler Unternehmen dienen.

Angesichts der internationalen Produktionsumschichtungen ist die Außenwirtschaftspolitik der Industrieländer zwischen zwei Polen eingespannt: dem Kampf um Anteile an einem insgesamt unzureichenden Weltmarkt und der Verantwortung für die Ausweitung der Weltmärkte. Der erste setzt sie in Konkurrenz zu den Bestrebungen der neu industrialisierenden Länder, der zweite würde einen Ansatzpunkt gemeinsamer Bemühungen bilden. Nur wenn es gelingt, ein hinreichendes Nachfragevolumen für die alten Industrieländer zu sichern, können diese es sich leisten, auf den Verteilungskampf mit den neu industrialisierenden Ländern zu verzichten und sich auf anspruchsvolle Technologie zu spezialisieren. Auf der anderen Seite ist es jedoch keineswegs gewährleistet, daß die Industrieländer bei ihrer heute gegebenen Exportabhängigkeit den Kampf um Marktanteile mit handelspolitischen Mitteln für sich entscheiden können. Die Situation kann sich für sie durchaus so entwickeln, daß ihnen angesichts des unaufhaltsamen Vordringens der neu industrialisierenden Länder auf dem Weltmarkt für L-Güter nur der Ausweg in das Wachstum bleibt.

Um es spieltheoretisch auszudrücken: Wenn aufgrund unüberwindbarer Wachstumsschwierigkeiten das Nicht-Nullsummen-Spiel wenig Erfolg verheißt, erscheint ein verstärkter Einsatz im merkantilistisch-protektionistischen Nullsummenspiel erforderlich. Aber die Gefahr ist nicht von der Hand zu weisen, daß die meisten Industrieländer in einem derartigen Nullsummenspiel (sprich Konkurrenzkampf) starke Verluste werden hinnehmen müssen, so daß sie evtl. unter allen Umständen und trotz aller Schwierigkeiten für das Nicht-Nullsummen-Spiel (sprich konzertierte Wachstumspolitik) optieren sollten.

In diesem Feld strategischer Möglichkeiten könnte eine liberale Handelspolitik ohne gleichzeitige Wachstumspolitik allzu leicht auf eine Kombination der negativen Aspekte des Nullsummen- und des Nicht-Nullsummen-Spiels hinauslaufen. Ein immer ungehemmterer "merkantilistischer" Kampf um insgesamt unzureichende und vielleicht sogar noch schrumpfende Märkte würde ohne protektionistische Absicherung eine Welt von Verlierern und günstigstenfalls eine Handvoll Gewinner hinterlassen.

Für eine konzertierte Wachstumspolitik, die sich auf eine qualitative Reorganisation der Industrieländer-Ökonomien, aber auch auf einen quantitativen Nachfrageexpansionsschub der Dritten Welt gründen könnte, sind wenig Ansatzpunkte erkennbar. Daß die Weltwirtschaft verschärftem "merkantilistischem" Konkurrenzkampf entgegengeht, erscheint so gesehen eher wahrscheinlich als unwahrscheinlich. Dabei stünde zu erwarten, daß es nicht zu einem Kampf aller Nationalstaaten gegen alle anderen kommt, sondern daß sich hierarchisch strukturierte Blöcke mit starkem internen Nord-Süd-Gefälle bilden werden. Der Zusammenhalt solcher Blöcke würde auf den Marktprivilegien beruhen, die dem Insider gewährt werden und die gerade in einer "merkantilistischen" Umwelt von besonderer Bedeutung sind. Die Blockbildung mag schließlich auch den Ausweg für die Verlierer im merkantilistisch-protektionistischen Rennen weisen - nämlich in die kollektive Autarkie.

Literaturverzeichnis

Adelman, Irma | 198o: Some Thoughts on the Restructuring of North-South Interaction. In: Journal of Policy Modeling 2,2 (Mai 198o)

Aho, Michael/ Rosen, Howard | 198o: Trends in Technology-Intensive Trade: With Special Reference to U.S. Competitiveness. Washington: Bureau of International Labor Affairs, U.S. Department of Labor (hektographiert)

Amin, Samir | 1981: In: Friedrich-Ebert-Stiftung (Hg.): Towards One World? International Responses to the Brandt Report. London: Maurice Temple Smith

Angelopoulos, Angelos | 1978: For a New Policy of International Development. New York: Praeger

Annerstedt, Jan/ Gustavsson, Rolf | 1975: Towards a New International Division of Labor? Patterns of Dependence and Conditions for Liberation in the Periphery of Capitalism. Viborg: Ruc Boghandel u. Forlag

Balassa, Bela | 1977a: A "Stages" Approach to Comparative Advantage. Washington: World Bank (Staff Working Paper No. 256)

Balassa, Bela | 1977b: Export Incentives and Export Performance in Developing Countries: A Comparative Analysis. Washington: World Bank (Staff Working Paper No. 248)

Balassa, Bela | 1978: The "New Protectionism" and the International Economy. In: Journal of World Trade Law (September/ Oktober 1978)

Balassa, Bela | 198o: Structural Change in Trade in Manufactured Goods Between Industrial and Developing Countries. Washington: World Bank (Staff Working Paper No. 396)

Baldwin, Robert E. 1976: The Political Economy of Postwar U.S. Trade Policy. New York: Center for the Study of Financial Institutions, Graduate School of Business Administration, New York University (Bulletin 1976-4)

Baldwin, Robert E./ Murray, Tracy 1977: MFN Tariff Reductions and Developing Country Trade Benefits Under the GSP. In: Economic Journal 87 (März 1977)

Baldwin, Robert E./ Mutti, John H./ Richardson, David J. 1979: Crucial Issues for Current International Trade Policy. In: Denoon, David B.H. (ed.): The New International Economic Order: A U.S. Response. New York: New York University Press

Barati-Novbari, Nosratollah/ Seelow, Frank 1979: Perspectives of a Strategy of Collective Import Substitution. In: Vierteljahresberichte 75 (März 1979)

Bardan, Benyamin 1973: The Cotton Textile Agreement 1962-1972. In: Journal of World Trade Law 7,1 (1973)

Barre, Raymond 1977: Pour une liberté organisée des échanges. In: Journal de Genève 15. September 1977

Bärtschi, Wolfgang 1976: Ausbeutung und Einkommensumverteilung in den internationalen Wirtschaftsbeziehugen Berlin: Duncker & Humblot (Schriften zu internationalen Wirtschaftsfragen Nr. 3)

Bauer, Raymond/ De Sola Pool, Ithiel/ Dexter, Lewis A. 1972: American Business and Public Policy: The Politics of Foreign Trade. Second edition Chicago: Aldine - Atherton

Bennett, Douglas/ Sharpe, Kenneth 1979: Transnational corporations and the political economy of export promotion: the case of the Mexican automobile industry. In: International Organization 33,2 (Spring 1979)

Bennaçeur, Seifedinne/ Gêze, François 198o: New Forms of Technological Dependence in Developing Countries Inherent in the World-wide Organization of the Electronics Industry. In: Ernst, Dieter (Hg.): The New International Division of Labour, Technology and Underdevelopment - Consequences For the Third World. Frankfurt: Campus-Verlag

Bhagwati, Jagdish 1977: Market Disruption, Export Market Disruption, Compensation, and GATT Reform. In: Bhagwati, Jagdish (ed.): The New International Economic Order: The North-South Debate. Cambridge, Mass.: MIT-Press

Bienefeld, Manfred/ Godfrey, Martin/ Schmitz, Hubert 1977: Trade Unions and the New Internationalization of Production. In: Development and Change 8,4 (Oktober 1977)

Biersteker, Thomas 1979: Distortion or Development? Contending Perspectives on the Multinational Corporation. Cambridge, Mass.: MIT-Press

Biggs, Margaret A. 198o: The challenge: adjust or protect? Ottawa: North-South-Institute (Canada and Third World Trade No. 1)

Bowen, Harry 198o: Changes in the International Pattern of Factor Abundance and the Composition of Trade: A Multi-Country Analysis of Changing Comparative Advantage in Manufactured Goods with Special Reference to the United States. Washington: Bureau of International Labor Affairs, U.S. Department of Labor (hektographiert)

Cable, Vincent 1979: Britain, the New Protectionism and Trade with the Newly Industrializing Countries. In: International Affairs 55, 1 (Januar 1979)

Cable, Vincent/ Weston, Ann 1979: South Asia's Exports to the EEC - Obstacles and Opportunities. London: Overseas Development Institute

Chenery, Hollis 1979: Long-Run World Development Issues and Prospects. Paper presented at the symposium "World Development and the Restructuring of Industrial Economies". Bellagio, 1o.-15. September 1979

Chenery, Hollis/ Keesing, Donald 1979: The changing composition of developing country exports. Washington: World Bank (Staff Working Paper No. 314)

Chung, Jae — 198o: Trade Liberalization and Factor Prices: An Application to the U.S. Manufacturing Sector. In: Journal of Policy Modeling 2,1 (Januar 198o)

Cline, William/ Kawanabe, Noboru/ Kransjö, T./ Williams, Thomas — 1978: Trade Negotiations in the Tokyo Round: A Quantitative Assessment. Washington: Brookings

Corden, William/ Fels, Gerhard (eds.) — 1976: Public Assistance to Industry: Protection and Subsidies in Britain and Germany. London: Macmillan

Corea, Gamani — 1979: Statement to the Second Committee of the General Assembly (Excerpts). In: UNCTAD-Bulletin 156 (November 1979)

Curzon, G./ Curzon-Price, V. — 1979: The undermining of the world trade order. In: ORDO 3o (1979)

Dahrendorf, Ralf — 198o: Wider Romantik und Mythos. Die Unterschiede zwischen reichen und armen Staaten wachsen. In: Die Zeit 33 (8. August 198o)

Destler, I.M. — 198o: Making Foreign Economic Policy. Washington: Brookings

Deutsches Institut für Wirtschaftsforschung (DIW) — 1978: Beschäftigungswirkungen von Importen aus Entwicklungsländern nicht dramatisieren. In: DIW Wochenbericht 45 (5. Jan. 78)

Deutsches Institut für Wirtschaftsforschung (DIW) — 1981: Handel der Europäischen Gemeinschaft mit Entwicklungsländern. Beschäftigungseffekte nicht überschätzen. In: DIW Wochenbericht 17/81

Dicke, Hugo/ Glismann, Hans/ Horn, Ernst-J./ Neu, Axel — 1976: Beschäftigungswirkungen einer verstärkten Arbeitsteilung zwischen der Bundesrepublik und den Entwicklungsländern. Tübingen: J.C.B. Mohr (Kieler Studien 137)

Donges, Juergen — 1974: Conditions for Successful Import Substitution and Export Diversification in LDCs: A Summary Appraisal. In: Giersch, Herbert (ed.): The International Division of Labour. Problems and Perspectives (International Symposium). Tübingen: J.C.B. Mohr

Donges, Juergen — 1976: A Comparative Survey of Industrialization Policies in Fifteen Semi-Industrial Countries. In: Weltwirtschaftliches Archiv 112 (1976)

Donges, Juergen / Juhl, Paulgeorg — 1979: Deutsche Privatinvestitionen im Ausland: Export von Arbeitsplätzen? In: Konjunkturpolitik 13,4 (1979)

Donges, Juergen / Müller-Ohlsen, Lotte — 1978: Außenwirtschaftsstrategien und Industrialisierung in Entwicklungsländern. Tübingen: Mohr (Kieler Studien 157)

Drucker, Peter — 198o: Japan gets ready for tougher times. In: Fortune Nov. 3, 198o

Dunning, John — 1973: Multinational Enterprises and Trade Flows of Developing Countries. In: Streeten, Paul (ed.): Trade Strategies for Development: Papers of the 9th Cambridge Conference on Development Problems, Sept. 1972. London: Macmillan

Elsenhans, Hartmut — 1976: Die neue internationale Wirtschaftsordnung - Chance für die Überwindung von Unterentwicklung oder die letzte Karte im Kampf um die Aufrechterhaltung der ungleichen Spezialisierung? In: Internationale Entwicklung 1976, II

Elsenhans, Hartmut — 1979:Entwicklungsstrategien für die Dritte Welt. In: Kiersch, Gerhard/Seidelmann, Reimund (Hg.): Eurosozialismus. Die demokratische Alternative. Köln: Europäische Verlagsanstalt

Elsenhans, Hartmut — 198o: Gesellschaftliche Reformen in der Dritten Welt gegen Konzessionen in der Weltwirtschaftsordnung. In: Wirtschaftsdienst 10 (198o)

Epstein, B./ Mirow, K. — 1977: Impact on Developing Countries of Restrictive Business Practices of Transnational Corporations in the Electrical Equipment Industry: a Case Study of Brasil. Genf: UNCTAD

Ernst, Dieter | 198o: International Transfer of Technology, Technological Dependence and Underdevelopment: Key Issues. In: Ernst, Dieter (Hg.): The New International Division of Labour, Technology and Underdevelopment - Consequences For the Third World. Frankfurt: Campus-Verlag

Europäische Gemeinschaften (EG) | 1979: The European Economic Community and Changes in the International Division of Labour. Report of an Expert Group on the Reciprocal Implications of the Internal and External Policies of the Community (Chairman: Paul-Marc Henry). Brüssel

Europäische Gemeinschaften (EG) | 198o: Zwei Jahre Allfaserabkommen: Eine Bilanz. Brüssel (Informatorische Aufzeichnung P-7o)

Fasbender, Karl/ Hasenpflug, Hajo/ Jägeler, Franz/ Kebschull, Dietrich | 1973: EWG-Zollpräferenzen und Welthandelsstruktur. Die Auswirkungen der Assoziierungs- und Präferenzabkommen auf die Struktur des Welthandels. Hamburg: Weltarchiv

Feldsieper, Manfred | 1975: Zollpräferenzen für Entwicklungsländer. Tübingen: Horst Erdmann Verlag (Bochumer Schriften für Entwicklungsforschung und Entwicklungspolitik, Bd. 2o)

Ffrench-Davis, Ricardo | 1975: Exports and Industrialization in an Orthodox Model: Chile, 1973-78. In: Vierteljahresberichte 75 (März 1979)

Fiallo, Fabio | 1977: The Negotiating Strategy of Developing Countries in the Field of Trade Liberalization. In: Journal of World Trade Law (Mai-Juni 1977)

Financial Times | 1979: Selling to Japan: the hidden barrier. (5. März 1979)

Finger, J.M. | 1979: Trade Liberalization: A Public Choice Perspective. In: Amacher, Ryan C./ Haberler, Gottfried/ Willett, Thomas D.: Challenges to a Liberal International Economic Order. A Conference sponsored by the American Enterprise Institute for Public Policy Research. Washington: American Enterprise Institute for Public Policy Research

Finger, J.M. | 198o: The Industry-Country Incidence of "Less than Fair Value" Cases in the United States Import Trade. Paper prepared for the NBER-FIPE Conference on "Trade Prospects Among the Americas: Latin American Export Diversification and the New Protectionism" in Sao Paulo March 23-26, 198o. Washington: U.S. Treasury Department

Finger, J.M./ Hall, Keith. H./ Nelson, Douglas R. | The Political Economy of Administered Protection. Washington: U.S. Treasury Department (ohne Datum, hektographiert)

Frank, Isaiah | 198o: Foreign Enterprise in Developing Countries. Baltimore: Johns Hopkins University Press

Fröbel, Folker | 198o: Zur gegenwärtigen Entwicklung der Weltwirtschaft. In: Starnberger Studien 4: Strukturveränderungen in der kapitalistischen Weltwirtschaft. Frankfurt: Suhrkamp

Fröbel, Folker/ Heinrichs/Jürgen/ Kreye, Otto | 1977: Die neue internationale Arbeitsteilung. Strukturelle Arbeitslosigkeit in den Industrieländern und die Industrialisierung der Entwicklungsländer. Reinbek: Rowohlt Taschenbuch Verlag

Fröbel, Folker/ Heinrichs, Jürgen/ Kreye, Otto | 1981: Einleitung zu Fröbel, Folker/ Heinrichs, Jürgen/ Kreye, Otto (Hg.): Krisen in der kapitalistischen Weltökonomie. Reinbek: Rowohlt Taschenbuch Verlag

Galeano, Eduardo | 1973: Die offenen Adern Lateinamerikas. Die Geschichte eines Kontinents von der Entdeckung bis zur Gegenwart. Wuppertal: Hammer Verlag

Gälli, Anton | 198o: Der Handel der Bundesrepublik Deutschland mit Ostasien - einseitige Dynamik. In: IFO-Schnelldienst 3o/8o

Galtung, Johan | 1981: In:Friedrich-Ebert-Stiftung (Hg.): Towards One World? International Responses to the Brandt Report. London: Maurice Temple Smith

General Agreement on Tariffs and Trade (GATT) | 1966: A Study on Cotton Textiles. Genf

General Agreement on Tariffs and Trade (GATT) 1978: Networks of World Trade. By Areas and Commodity Classes 1955 - 1976. Genf

General Agreement on Tariffs and Trade (GATT) 198o: International Trade 1979/8o. Genf

Golt, Sidney 1977: Special or Free and Secure Access to Markets for Developing Countries? In: The World Economy 1,1 (Oktober 1977)

Green, Reginald 197o: Political Independence and the National Economy: An Essay on the Political Economy of Decolonization. In: Allen, Christopher/ Johnson, R.W. (eds.): African Perspectives. Cambridge: Cambridge University Press

Haberler, Gottfried 1943: Quantitative Trade Controls, Their Causes and Nature. Genf: Völkerbund

Halbach, Axel-J. 198o: Taiwan an der Schwelle zum Industriestaat. In: IFO-Schnelldienst 21/8o

Hager, Wolfgang/ Noelke, Michael/ Taylor, Robert 1981: Protectionist Measures in Key Sectors of EC Industries. Present and Future Trends. Brüssel: European Research Associates

Heinrichs, Jürgen 198o: The Impact of the New International Division of Labour on the Patterns of Transfer of Technology and the Related Social Costs. In: Ernst, Dieter (Hg.): The New International Division of Labour, Technology and Underdevelopment - Consequences for the Third World. Frankfurt: Campus-Verlag

Hirsch, Seev 1974: Capital or Technology? Confronting the Neo-Factor Proportions and Neo-Technology Accounts of International Trade. In: Weltwirtschaftliches Archiv 11o, 4

Hirsch, Seev 1977: Scope for Manufactured Export Expansion in Developing Countries. In: Giersch, Herbert (ed.): Reshaping the World Economic Order. Symposium 1976. Tübingen: Mohr

Ho, Dac Tuong/ Yeats, Alexander	198o: Income Levels, Industrialization and Developing Country Exports. In: Development and Change 11,4 (Oktober 198o)
Hone, Angus	1974: Multinational Corporations and Multinational Buying Groups: Their Impact on the Growth of Asia's Exports of Manufactures - Myths and Realities. In: World Development 2,2 (1974)
Hübl, Lothar/ Möller, Klaus-Peter	1978: The Federal Republic in the North-South-Dialogue. Some Longer-Term Projections. In: Intereconomics 13 (November/Dezember 1978)
Hymer, Stephen	1972: The Multinational Corporation and the Law of Uneven Development. In: Bhagwati, Jagdish (ed.): Economics and World Order. New York: Macmillan
Independent Commission on International Development Issues (ICIDI)	198o: North-South: A Programme for Survival. The Report of the Independent Commission on International Development Issues under the Chairmanship of Willy Brandt. London: Pan Books
Internationale Textil-, Bekleidungs- und Lederarbeitervereinigung (ITBLAV)	198o: Die internationale Arbeitsteilung und der internationale Handel in Textil-, Bekleidungs-, Schuh- und Lederwaren (einschließlich Lohnveredelung). 3. Teil: Sozialklauseln (Diskussionsdokument zum 3. Weltkongreß der ITBLAV in Wien, 6.-1o. Okt. 198o)
Johnston, R.J.	1976: The World Trade System: Some Enquiries into its Spatial Structure. London: Bell
Jonas, Rainer	1976: Rohstoffkartelle und Entwicklungsfinanzierung. In: Jonas, Rainer/ Tietzel, Manfred (Hg.): Die Neuordnung der Weltwirtschaft. Bonn-Bad Godesberg: Verlag Neue Gesellschaft
Junz, Helen	1979: Changing Patterns of World Trade. In: Economic Impact 26 (2/79)
Keesing, Donald/ Wolf, Martin	198o: Textile Quotas Against Developing Countries. London: Trade Policy Research Centre (Thames Essay No. 23)

Kindleberger, Charles — 197o: Power and Money: The Economics of International Politics and the Politics of International Economics. London: Macmillan

Kojima, Kiyoshi — 1973: Hidden Trade Barriers in Japan. In: Journal of World Trade Law 7 (1973)

Krauss, Melvyn — 1978: The New Protectionism. The Welfare State and International Trade. New York: New York University Press.

Krueger, Anne — 1978: Foreign Trade Regimes and Economic Development: Liberalization Attempts and Consequences. New York: National Bureau of Economic Research

Krueger, Anne — 198o: Restructuring for Import Competition from Developing Countries, In:Labor Displacement and Economic Redeployment in the United States. In: Journal of Policy Modeling 2,2 (May 198o)

Lage, G. M./ Kiang, T.F. — 1979: The Potential for Mutually Beneficial Trade Negotiations Between the U.S. and Advanced LDCs. In: Weltwirtschaftliches Archiv 115, 2 (1979)

Lal, Deepak — 1979: Market Access for Semi-Manufactures from Developing Countries. London: Trade Policy Research Centre

Lall, Sanjaya — 198o: The International Automotive Industry and the Developing World. In: World Development 8 (198o S. 789-812)

Laumer, Helmut — 198o: Japans Wirtschaft in den achtziger Jahren - Perspektiven, Chancen, Risiken. In: IFO-Schnelldienst 33, 35/36

Lim, David — 198o: Industrial Processing and Location: A Study of Tin. In: World Development 8, 3 (März 198o)

Lipton, Michael — 198o: Brandt: Whose Common Interest? In: International Affairs 56, 2 (Spring 198o)

Little, Jan/ Scitovsky, T./ Scott, M. — 197o: Industry and Trade in Some Developing Countries. A Comparative Study. Oxford: Oxford University Press

Lorenz, Detlef 1981: Ursachen und Konsequenzen des Neomerkantilismus. In: Woll, Artur: Internationale Anpassungsprozesse. Berlin: Duncker & Humblot (Schriften des Vereins für Socialpolitik, Band 114)

Löwenthal, Richard 1977: Jenseits des Kapitalismus. Ein Beitrag zur sozialistischen Neuorientierung. Mit einer ausführlichen Einführung: Nach 3o Jahren. Bonn: Dietz Nachf.

Mahfuzur, Rahman 1973: Exports of Manufactures from Developing Countries. Rotterdam: Universitaire Pers Rotterdam

Maier-Mannhart 198o: Hürden gegen Importe. Wie sich die Japaner Konkurrenz vom Leibe halten. In: Süddeutsche Zeitung 11./12. Oktober 198o

Major, R.L. 198o: Prospects. In: Batchelor, R.A./ Major, R.L./ Morgan, A.D.: Industrialisation and the basis for trade. Cambridge: Cambridge University Press

Malkin, David 198o: New Patterns of Capital Goods Production and Trade and Developing Countries' Technological Dependence. In: Ernst, Dieter (Hg.): The New International Division of Labour, Technology and Underdevelopment - Consequences for the Third World. Frankfurt: Campus-Verlag

Malmgren, Harald 1977: The Significance of Trade Policies in the World Economic Outlook. In: The World Economy 1,1 (Oktober 1977)

Mamalakis, Markos 1973: Nuevamente la teorîa de los choques y coaliciones sectoriales. In: Trimestre Econômico. (Mexiko)

Mayr, Alexander 198o: OPEC-Überschüsse machen auch Industrieländer ärmer. In: Süddeutsche Zeitung 16. Dezember 198o

Michalet, Charles-Albert 198o: From Unequal Industrial Development to Unequal Scientific and Technological Development: The Role of Multinational Corporations in the "International" Transfer of Technology. In: Ernst, Dieter (Hg.): The New International Division of Labour, Technology and Underdevelopment - Consequences for the Third World. Frankfurt: Campus-Verlag

Mohs, Ralf-Matthias — 1979: Where to Sell Increasing Manufactured Exports? In: Vierteljahresberichte 75 (März 1979)

Morgan, A.D. — 1980: Export Competition and Import Substitution: the Industrial Countries 1963 to 1971. In: Batchelor, R.A./ Major, R.L./Morgan, A.D.: Industrialisation and the basis for trade. Cambridge: Cambridge University Press

Müller-Ohlsen, Lotte — 1974: Importsubstitution und Exportdiversifizierung im Industrialisierungsprozeß Mexikos. Strategien, Ergebnisse, Perspektiven. Tübingen: J.C.B. Mohr

Murray, Tracy — 1973: UNCTAD's Generalized Preferences: An Appraisal. In: Journal of World Trade Law 7 (1973)

Murray, Tracy — 1977: Trade Preference for Developing Countries. London: Macmillan

Murray, Tracy/ Schmidt, Wilson/ Walter, Ingo — 1978: Alternative Forms of Protection Against Market Disruption. In: Kyklos 31, 4 (1978)

Newfarmer, R. — 1978: The International Market Power of Transnational Corporations. A Case Study of the Electrical Industry. Genf: UNCTAD

Nowzad, Bahram — 1978: The Rise in Protectionism. Washington: IMF (Pamphlet Series No. 24)

Ochel, Wolfgang — 1978: Die Industrialisierung der arabischen OPEC-Länder und des Iran. Erdöl und Erdgas im Industrialisierungsprozeß. München: Weltforum Verlag (IFO-Studien zur Entwicklungsforschung 5)

Odell, John — 1979: Latin American Industrial Exports and Trade Negotiations with the United States. Washington: Latin American Program, The Wilson Center (Working Paper No. 41)

Organization of Economic Cooperation and Development (OECD) 1976: Statistics of Foreign Trade. Series C: Trade by Commodities (Market Summaries: Imports, Jan.-Dec. 1976)

Organization of Economic Cooperation and Development (OECD) 1979: The Case for Positive Adjustment Policies. A Compendium of OECD Documents. Paris

Page, Sheila 1980: The Increased Use of Trade Controls by the Industrial Countries. In: Intereconomics 15,3 (Mai/Juni 1980)

Pausenberger, Ehrenfried 1980: Internationale Unternehmungen in Entwicklungsländern. Ihre Strategien und Erfahrungen. Düsseldorf

Pfaller, Alfred 1978: Industrial Development, Generation of Employment and Regional Integration in Latin America. In: Vierteljahresberichte 73 (September 1978)

Quintana, Carlos 1979: Redeployment From Developed to Developing Countries: The Case of Mexico. UNIDO (ID/WG.315/4)

Riedel, James 1974: The Industrialization of Hong Kong. Tübingen: J.C.B. Mohr (Kieler Studien 124)

Riese, Hajo 1979 a: Wirtschaftspolitik unter veränderten historischen Bedingungen. In: Frankfurter Hefte 1979

Riese, Hajo 1979 b: Inflation und Krisenbekämpfung. In: Petwaidic, W. (Hg.): Wirtschafts- und Gesellschaftspolitik in kritischen Zeiten. Festschrift zum 80. Geburtstag von H. Dräger. Frankfurt

Rode, Reinhard 1980: Amerikanische Handelspolitik gegenüber Westeuropa. Frankfurt: Campus-Verlag

Rothschild, Kurt 1979: Außenhandelstheorie, Außenhandelspolitik und Anpassungsdruck. In: Kyklos 32, 1/2 (1979)

Salgado, Germânico 1975: La integración económica de paises en desarollo y la función de una planificación industrial conjunta. In: Revista de la Planificación del Desarrollo 8 (1975)

Schui, Herbert 1978: Stagnation als Folge zunehmend differenzierter Profitraten. In: Konjunkturpolitik 24, 1 (1978)

Schydlowsky, Daniel M. 1975: Price and Scale Obstacles to Export Expansion in LDCs. Boston: Center for Latin American Development Studies. Boston University (Discussion Paper Series No. 11)

Senghaas, Dieter 1977: Weltwirtschaftsordnung und Entwicklungspolitik. Plädoyer für Dissoziation. Frankfurt: Suhrkamp

Senghaas-Knobloch, Eva 198o: The New International Division of Labour and International Labour Standards: Do Levels of Technology or Socio-Economic Structures Matter? In: Ernst, Dieter (Hg.): The New International Division of Labour, Technology and Underdevelopment - Consequences for the Third World. Frankfurt: Campus-Verlag

Tharakan, P.K.M. 1978: Heckscher-Ohlin and Chamberlain Determinants of Comparative Advantage. An Empirical Analysis of the Penetration of Manufactures From the Developing Countries In the European Market. In: European Economic Review 11 (1978)

Tiberghien, Rafael 198o: The Capital Goods Industry in the Developing Countries and the Objectives Set at the Lima Conference. In: Ernst, Dieter (Hg.): The New International Division of Labour, Technology and Underdevelopment - Consequences for the Third World. Frankfurt: Campus-Verlag

Tucker, Robert 1981: In: Friedrich-Ebert-Stiftung (Hg.): Towards One World? International Responses to the Brandt Report. London: Maurice Temple Smith

Tumlir, Jan 198o: Der Befund: Die Weltwirtschaftsordnung heute - eine kritische Bestandsaufnahme. Vortrag auf dem Symposion VII "Zwischenbilanz der Diskussion über eine neue Weltwirtschaftsordnung" der Ludwig-Erhard-Stiftung in Bonn, 26. Juni 198o

Turner, Louis/ Bedore, James | 1977: Saudi and Iranian Petrochemicals and Oil Refining: Trade Warefare in the 198os? In: International Affairs 53,4 (Oktober 1977)

United Nations (UN) | Yearbook of International Trade Statistics 1978. Volume I: Trade by Country

United Nations Conference on Trade and Development (UNCTAD) | 1978 a: Recent trends and developments in trade in manufactures and semi-manufactures of developing countries and territories: 1977 Review. Report by the UNCTAD secretariat (TD/B/C.2/19o)

United Nations Conference on Trade and Development (UNCTAD) | 1978 b: Electronics in developing countries: issues in transfer and development of technology (TD/B/C.6/34)

United Nations Conference on Trade and Development (UNCTAD) | 1978 c: Growing protectionism and the standstill on trade barriers against imports from developing countries. Report by the UNCTAD secretariat (TD/B/C.2/194)

United Nations Conference on Trade an Development (UNCTAD) | 1979: Issues Before UNCTAD V. Genf (Press Release TAD/INF/1o32, 1 March 1979)

United Nations Industrial Development Organization (UNIDO) | 1978: The Impact of Trade With Developing Countries On Employment In Developed Countries. Empirical Evidence from Recent Research. Wien (UNIDO Working Paper on Structural Change, 3, UNIDO/ICIS. 85)

United Nations Industrial Development Organization (UNIDO) | 1979 a: Structural adjustment in developed countries. In: Industry and Development 3, 1979

United Nations Industrial Development Organization (UNIDO) | 1979 b: Redeployment of Industries from Developed to Developing Countries. Studies undertaken by UNIDO. Report by the Executive Director. Wien 1979 (ID/B/222, 28 February 1979)

United States - Central Intelligence Agency (US-CIA) | 1979: The Burgeoning LDC Steel Industry: More Problems for Major Steel Producers. Washington: National Foreign Assessment Center, C.I.A.

United States - Congress | 1979: The Effects of the Tokyo Round of Multilateral Trade Negotiations on the U.S. Economy: An Updated View. Washington: U.S.Government Printing Office

United States - Department of Commerce | 1978: U.S. Production, Imports & Import/Production Ratios for Cotton, Wool & Man-Made Fiber Textiles and Apparel. Washington

United States - Department of Labor | 198o: Study of U.S. Competitiveness. Study of Export Trade Policy as Mandated in Section 111o of the Trade Agreements Act of 1979. Washington

United States - House of Representatives | 198o: World Auto Trade: Current Trends and Structural Problems. Hearings before the Subcommittee on Trade of the Committee on Ways and Means, House of Representatives, Ninety-Sixth Congress, March 7, 18, 198o. Washington: U.S. Government Printing Office

United States - International Trade Commission (USITC) | 1978: The History and Current Status of the Multifiber Arrangement. Washington (USITC Publication 85o)

United States - President | 1979: Twenty-Fourth Annual Report of the President of the United States On the Trade Agreements Program.1979. Washington

Vaitsos, Constantine | 1978: Crisis en la cooperación económica regional: la integración entre paises subdesarrollados. Mexico: ILET (DEE/E/1)

Vaitsos, Constantine | 1979: World industrial development and the transnational corporations: the Lima target as viewed by economic actors. In: Industry and Development 3, 1979

Vaitsos, Constantine | 1981: In: Friedrich-Ebert-Stiftung (Hg.) : Towards One World? International Responses to the Brandt Report. London: Maurice Temple Smith

Vernon, Raymond — 1966: International Investment and International Trade in the Product Cycle. In: Quarterly Journal of Economics 8o (1966)

Verreydt, Eric/ Waelbroeck, Jean — 198o: European Community Protection Against Manufactured Imports from Developing Countries: A Case Study in the Political Economy of Protection. Washington: World Bank (Staff Working Paper 432)

Wall, David — 198o: Industrial Processing of Natural Resources. In: World Development 8,4 (April 198o)

Wallerstein, Immanuel — 1979: The Capitalist World-Economy. Cambridge: Cambridge University Press

Walter, Ingo — 1972: How Trade Policy Is Made: A Politico-Economic Decision System. In: Hawkins, Robert/Walter, Ingo (eds.): The U.S. and International Markets. Commercial Policy Options in an Age of Controls. Lexington, Mass.: Lexington Books

Watkins, Stephan/ Karlik, John — 1978: Anticipating Disruptive Imports. A Study prepared for the use of the Joint Economic Committee, Congress of the U.S. Washington: U.S. Government Printing Office

Weltbank — 198o: Weltentwicklungsbericht 198o Washington

Wolter, Frank — 198o: Restructuring for Import Competition from Developing Countries, II: The Case of the Federal Republic of Germany. In: Journal of Policy Modeling 2,2 (May 198o)

Woolcock, Stephen — 1981: The Newly Industrializing Countries, Trade, and Adjustment in the OECD Economies. In: Intereconomics 16,1 (Januar/Februar 1981)

Yeats, Alexander — 1979: Trade Barriers Facing Developing Countries. London: Macmillan

FORSCHUNGSBERICHTE
des Landes Nordrhein-Westfalen

Herausgegeben
vom Minister für Wissenschaft und Forschung

Die „Forschungsberichte des Landes Nordrhein-Westfalen" sind in zwölf Fachgruppen gegliedert:

Geisteswissenschaften
Wirtschafts- und Sozialwissenschaften
Mathematik / Informatik
Physik / Chemie / Biologie
Medizin
Umwelt / Verkehr
Bau / Steine / Erden
Bergbau / Energie
Elektrotechnik / Optik
Maschinenbau / Verfahrenstechnik
Hüttenwesen / Werkstoffkunde
Textilforschung

WESTDEUTSCHER VERLAG
5090 Leverkusen 3 · Postfach 300620

GPSR Compliance

The European Union's (EU) General Product Safety Regulation (GPSR) is a set of rules that requires consumer products to be safe and our obligations to ensure this.

If you have any concerns about our products, you can contact us on ProductSafety@springernature.com

In case Publisher is established outside the EU, the EU authorized representative is:

Springer Nature Customer Service Center GmbH
Europaplatz 3
69115 Heidelberg, Germany

Batch number: 10809636

Printed by Printforce, the Netherlands